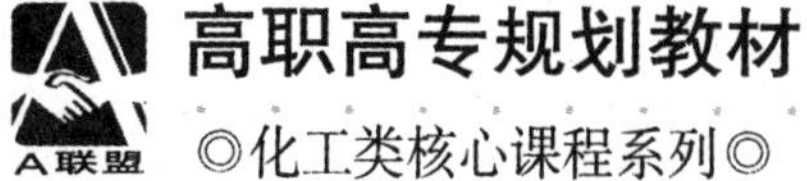

◎化工类核心课程系列◎

化工单元技能训练指导

主　编　方向红　孙文娟

副主编　陈桂娟　王志艳

北京师范大学出版集团
BEIJING NORMAL UNIVERSITY PUBLISHING GROUP
安徽大学出版社

图书在版编目(CIP)数据

化工单元技能训练指导/方向红,孙文娟主编. —合肥:安徽大学出版社,2013.8

高职高专规划教材.化工类核心课程系列

ISBN 978-7-5664-0501-2

Ⅰ.①化… Ⅱ.①方… ②孙… Ⅲ.①化工单元操作—高等职业教育—教材
Ⅳ.①TQ02

中国版本图书馆 CIP 数据核字(2013)第 170439 号

化工单元技能训练指导 **方向红 孙文娟 主编**

出版发行: 北京师范大学出版集团
安徽大学出版社
(安徽省合肥市肥西路 3 号 邮编 230039)
www.bnupg.com.cn
www.ahupress.com.cn

印　　刷: 中国科学技术大学印刷厂
经　　销: 全国新华书店
开　　本: 184mm×260mm
印　　张: 20.25
字　　数: 500 千字
版　　次: 2013 年 8 月第 1 版
印　　次: 2013 年 8 月第 1 次印刷
定　　价: 37.00 元
ISBN 978-7-5664-0501-2

策划编辑: 李　梅　张明举
责任编辑: 武溪溪　张明举
责任校对: 程中业
装帧设计: 李　军
美术编辑: 李　军
责任印制: 赵明炎

前　言

随着各行各业对人才需求的迅速增长，职业院校作为培养和输送各类技能型、技术型实用人才的基地，在经过迅速扩大办学规模的发展阶段后，现进入调整专业结构、加强内涵建设、提高人才培养质量的新发展阶段，以适应社会主义市场经济对各类实用人才的需求。职业教育的根本任务是培养有较强实际动手能力和职业能力的技能型人才，而实际训练是培养这种能力的关键环节。

基于健康、安全和环保的理念，安徽职业技术学院乘着国家示范性院校建设的东风，化工系与北京东方仿真有限公司和天津大学过程工业技术与装备研究所及天津市睿智天成科技发展有限公司合作，建设应用化工仿真实训中心和化工单元技能训练中心——其中应用化工仿真实训中心引进北京东方仿真有限公司15个化工单元仿真训练软件、仿真模拟化工单元操作、化工单元技能训练中心采用化工技术、自动化控制技术和网络技术的最新成果，实现了工厂情景化、故障模拟化、操作实际化和控制网络化，属国内首创。

化工单元过程及设备课程是化工技术类专业核心课程，理论知识的学习和实践能力的训练犹如火车的两条铁轨，是化工高技能人才培养过程中两个必不可少的条件。主编根据多年的教育教学经验，在先进的教学理念指导下，根据化工生产过程“三传一反”的共性特点，组织编写了化工单元过程与设备系列教材——《化工单元过程与设备》和与之配套的《化工单元技能训练指导》。

《化工单元技能训练指导》分为两个模块，模块一：仿真训练项目指导；模块二：实操训练项目指导。本教材使学生在学习化工单元过程与设备理论知识的同时，可以进行化工单元仿真项目和实际操作训练，注重培养学生的应用能力和实际操作能力，以及化工生产操作人员应当具有的基本素质，以充分提升化工技术类学生的职业技能。

由于化工生产的特殊性，实践教学在高等职业院校中受到硬件条件的限制，院校大多没有与真实生产过程完全相同的生产装置。针对这种情况，本教材从实际出发，以化工生产操作为背景，利用多数学校现有的化工单元实训装置，模拟生产过程，开发出一些基本的生产操作任务，这些操作任务虽不能完全代表真实生产过程中的操作内容，但通过操作训练，能够使学习者对化工生产操作的基本程序、操作要求、操作规范、安全知识等有一个概括的了解，能够使学生掌握基本的操作技能，并初步养成化工生产操作人员应当具有的基本素质。

本书由方向红、孙文娟担任主编，郝建文、陈桂娟、王志艳等老师参与编写。编写过程中，学院领导给予了大力支持，教务处给予了大力帮助，安徽大学出版社给予了大力协助，北京东方仿真有限公司、天津睿智天成有限公司、中国化工教育协会、国家化学工业技能鉴定指导中心鼎力相助，在此一并表示衷心的感谢！同时对为本书的出版给予过帮助的各位老师表示感谢！

由于编者水平有限，书中不完善甚至错误之处在所难免，敬请读者和同仁指正。

编　者

2013 年 1 月

目 录

模块一 仿真训练项目指导

模块二　实操训练项目指导

附 录

仿真训练项目指导

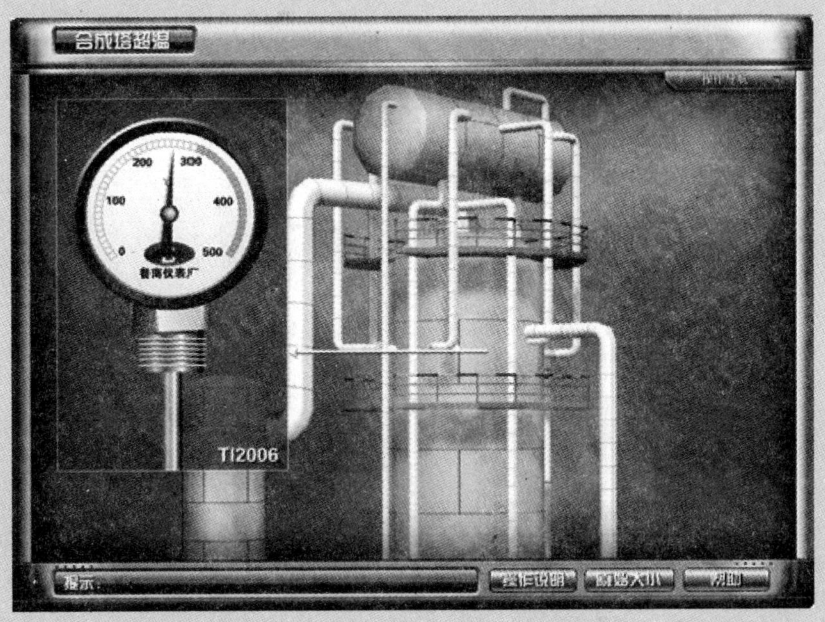

项目 1
液位控制系统单元仿真培训系统

一、项目流程说明

(一)项目说明

本流程为液位控制系统,通过对三个罐的液位及压力的调节,使学员掌握简单回路和复杂回路的控制及其相互关系。

缓冲罐V101仅一股来料,8kg/cm^{2}压力的液体通过调节阀FIC101向罐V101充液。此罐压力由调节阀PIC101分程控制,缓冲罐压力高于分程点(5.0kg/cm^2)时,PV101B自动打开泄压;压力低于分程点时,PV101B自动关闭,PV101A自动打开给罐充压,使V101压力控制在5kg/cm^2。缓冲罐V101液位调节器LIC101和流量调节阀FIC102串级调节,一般液位正常控制在50%左右,自V101底抽出液体通过泵P101A或P101B(备用泵)打入罐V102,该泵出口压力一般控制在9kg/cm^2,FIC102流量正常控制在20000kg/hr。

罐V102有两股来料,一股为V101通过FIC102与LIC101串级调节后来的流量;另一股为8kg/cm^{2}压力的液体通过调节阀LIC102进入罐V102。一般V102液位控制在50%左右,V102底液抽出通过调节阀FIC103进入V103,正常工作时FIC103的流量控制在30000kg/h。

罐V103也有两股进料,一股来自于V102的底抽出量,另一股为8kg/cm^{2}压力的液体通过FIC103与FI103比值调节进入V103,比值为2∶1,V103底液体通过LIC103调节阀输出,正常时罐V103液位控制在50%左右。

(二)本单元控制回路说明

本单元主要包括:单回路控制系统、分程控制系统、比值控制系统、串级控制系统。

1.单回路控制系统

单回路控制系统又称单回路反馈控制。由于在所有反馈控制中,单回路反馈控制是最基本、最简单的一种,因此,它又被称为简单控制。

单回路反馈控制由四个基本环节组成,即被控对象(简称"对象")或被控过程(简称"过程")、测量变送装置、控制器和控制阀。

所谓"控制系统的整定",就是对于一个已经设计并安装就绪的控制系统,通过控制器参数的调整，使得系统的过渡过程达到最为满意的质量指标要求。

本单元的单回路控制有 FIC101、LIC102 和 LIC103。

2. 分程控制系统

通常一台控制器的输出只控制 1 只控制阀。然而分程控制系统却不然，在这种控制回路中，一台控制器的输出可以同时控制 2 只甚至 2 只以上的控制阀，控制器的输出信号被分割成若干个信号的范围段，而由每一段信号去控制 1 只控制阀。

本单元的分程控制回路有：PIC101 分程控制冲压阀 PV101A 和泄压阀 PV101B。如图 1-1所示：

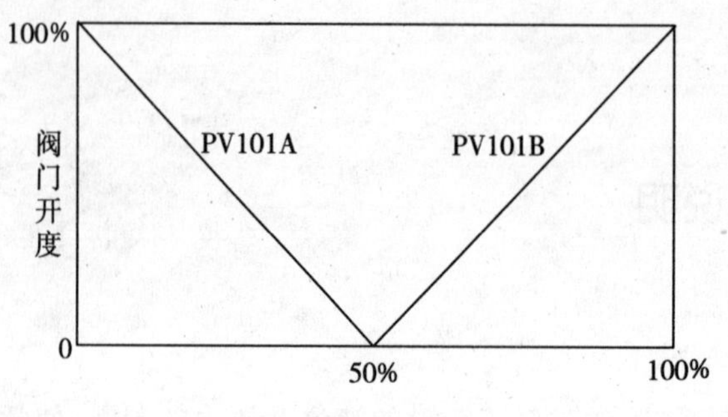

图 1-1　PIC101. OP

3. 比值控制系统

在化工、炼油及其他工业生产过程中，工艺上常需要 2 种或 2 种以上的物料保持一定的比例关系，比例一旦失调，将影响生产或造成事故。

实现 2 个或 2 个以上参数符合一定比例关系的控制系统，称为比值控制系统。通常以保持 2 种或几种物料的流量为一定比例关系的系统，称为流量比值控制系统。

比值控制系统可分为开环比值控制系统、单闭环比值控制系统、双闭环比值控制系统、变比值控制系统、串级和比值控制组合的系统等。

FFIC104 为一比值调节器，根据 FIC1103 的流量，按一定的比例，调整 FI103 的流量。

对于比值调节系统，首先是要明确哪种物料是主物料，然后由主物料来配比另一种物料。在本单元中，FIC1425(以 C2 为主的烃原料)为主物料，而 FIC1427(H2)的量是随主物料(为 C2 为主的烃原料)的量的变化而改变。

4. 串级控制系统

如果系统中不止采用一个控制器，而且控制器间相互串联，一个控制器的输出作为另一个控制器的给定值，这样的系统称为串级控制系统。

串级控制系统的特点：

(1)能迅速地克服进入副回路的扰动。

(2)改善主控制器的被控对象特征。

(3)有利于克服副回路内执行机构等的非线性。

在本单元中罐 V101 的液位是由液位调节器 LIC101 和流量调节器 FIC102 串级控制。

5. 设备一览

V101：缓冲罐

V102：恒压中间罐

V103:恒压产品罐

P101A:缓冲罐 V101 底抽出泵

P101B:缓冲罐 V101 底抽出备用泵

二、装置的操作规程

(一)冷态开车规程

本操作规程仅供参考,详细操作以评分系统为准。

装置的开车状态为 V102 和 V103 两罐已充压完毕,保压在 2.0kg/cm^2,缓冲罐 V101 压力为常压状态,所有可操作阀均处于关闭状态。

1.缓冲罐 V101 充压及液位建立

(1)确认事项

V101 压力为常压。

(2)V101 充压及建立液位

①在现场图上,打开 V101 进料调节器 FIC101 的前后手阀 V1 和 V2,开度为 100%。

②在 DCS 图上,打开调节阀 FIC101,阀位开度一般为 30%左右,给缓冲罐 V101 充液。

③待 V101 见液位后再启动压力调节阀 PIC101,阀位先开至 20%充压。

④待压力达 5kg/cm^{2}左右时,PIC101 投自动。

2.中间罐 V102 液位建立

(1)确认事项

①V101 液位达 40%以上。

②V101 压力达 5.0kg/cm^{2}左右。

(2)V102 建立液位

①在现场图上,打开泵 P101A 的前手阀 V5 为 100%。

②启动泵 P101A。

③当泵出口压力达 10kg/cm^{2}时,打开泵 P101A 的后手阀 V7 为 100%。

④打开流量调节器 FIC102 前后手阀 V9 及 V10 为 100%。

⑤打开出口调节阀 FIC102,手动调节 FV102 开度,使泵出口压力控制在 9.0kg/cm^{2}左右。

⑥打开液位调节阀 LV102 至 50%开度。

⑦V101 进料流量调整器 FIC101 投自动,设定值为 20000.0kg/hr。

⑧操作平稳后调节阀 FIC102 投入自动控制,并与 LIC101 串级调节 V101 液位。

⑨V102 液位达 50%左右,LIC102 投自动,设定值为 50%。

3.产品罐 V103 建立液位

(1)确认事项

V102 液位达 50%左右。

(2)V103 建立液位

①在现场图上,打开流量调节器 FIC103 的前后手阀 V13 及 V14。

②在 DCS 图上，打开 FIC103 及 FFIC104，阀位开度均为 50%。

③当 V103 液位达 50%时，打开液位调节阀 LIC103 开度为 50%。

④LIC103 调节平稳后投自动，设定值为 50%。

(二)正常操作规程

正常工况下的工艺参数。

(1)FIC101 投自动，设定值为 20000.0kg/hr。

(2)PIC101 投自动(分程控制)，设定值为 5.0kg/cm^2。

(3)LIC101 投自动，设定值为 50%。

(4)FIC102 投串级(与 LIC101 串级)。

(5)FIC103 投自动，设定值为 30000.0kg/hr。

(6)FFIC104 投串级(与 FIC103 比值控制)，比值系统为常数 2.0。

(7)LIC102 投自动，设定值为 50%。

(8)LIC103 投自动，设定值为 50%。

(9)泵 P101A(或 P101B)出口压力 PI101 正常值为 9.0kg/cm^2。

(10)V102 外进料流量 FI101 正常值为 10000.0kg/hr。

(11)V103 产品输出量 FI102 的流量正常值为 45000.0kg/hr。

(三)停车操作规程

本操作规程仅供参考，详细操作以评分系统为准。

1.正常停车

(1)关进料线

①将调节阀 FIC101 改为手动操作，关闭 FIC101，再关闭现场手阀 V1 及 V2。

②将调节阀 LIC102 改为手动操作，关闭 LIC102，使 V102 外进料流量 FI101 为 0kg/hr。

③将调节阀 FFIC104 改为手动操作，关闭 FFIC104。

(2)将调节器改手动控制

①将调节器 LIC101 改手动调节，FIC102 解除串级改手动控制。

②手动调节 FIC102，维持泵 P101A 出口压力，使 V101 液位缓慢降低。

③将调节器 FIC103 改手动调节，维持 V102 液位缓慢降低。

④将调节器 LIC103 改手动调节，维持 V103 液位缓慢降低。

(3)V101 泄压及排放

①罐 V101 液位下降至 10%时，先关出口阀 FV102，停泵 P101A，再关入口阀 V5。

②打开排凝阀 V4，关 FIC102 手阀 V9 及 V10。

③罐 V101 液位降到 0 时，PIC101 置手动调节，打开 PV101 为 100%放空。

(4)当罐 V102 液位为 0 时，关调节阀 FIC103 及现场前后手阀 V13 及 V14。

(5)当罐 V103 液位为 0 时，关调节阀 LIC103。

2.紧急停车

紧急停车操作规程同正常停车操作规程。

(四)仪表一览表

位号	说明	类型	正常值	量程高限	量程低限	工程单位	高报值	低报值	高高报值	低低报值
FIC101	V101 进料流量	PID	20000.0	40000.0	0	kg/h				
FIC102	V101 出料流量	PID	20000.0	40000.0	0	kg/h				
FIC103	V102 出料流量	PID	30000.0	60000.0	0	kg/h				
FIC104	V103 进料流量	PID	15000.0	30000.0	0	kg/h				
LIC101	V101 液位	PID	50.0	100.0	0	%				
LIC102	V102 液位	PID	50.0	100.0	0	%				
LIC103	V103 液位	PID	50.0	100.0	0	%				
PIC101	V101 压力	PID	5.0	10.0	0	kgf/cm^2				
FI101	V102 进料液量	AI	10000.0	20000.0	0	kg/h				
FI102	V103 出料流量	AI	45000.0	90000.0	0	kg/h				
FI103	V103 进料流量	AI	15000.0	30000.0	0	kg/h				
PI101	P101A/B 出口压	AI	9.0	10.0	0	kgf/cm^2				
FI01	V102 进料流量	AI	20000.0	40000.0	0	kg/h	22000.0	5000.0	25000.0	3000.0
FI02	V103 出料流量	AI	45000.0	90000.0	0	kg/h	47000.0	43000.0	50000.0	40000.0
FY03	V102 出料流量	AI	30000.0	60000.0	0	kg/h	32000.0	28000.0	35000.0	25000.0
FI03	V103 进料流量	AI	15000.0	30000.0	0	kg/h	17000.0	13000.0	20000.0	10000.0
LI01	V101 液位	AI	50.0	100.0	0	%	80	20	90	10
LI02	V102 液位	AI	50.0	100.0	0	%	80	20	90	10
LI03	V103 液位	AI	50.0	100.0	0	%	80	20	90	10
PY01	V101 压力	AI	5.0	10.0	0	kgf/cm^2	5.5	4.5	6.0	4.0
PI01	P101A/B出口压力	AI	9.0	18.0	0	kgf/cm^2	9.5	8.5	10.0	8.0
FY01	V101 进料流量	AI	20000.0	40000.0	0	kg/h	22000.0	18000.0	25000.0	15000.0
LY01	V101 液位	AI	50.0	100.0	0	%	80	20	90	10
LY02	V102 液位	AI	50.0	100.0	0	%	80	20	90	10
LY03	V103 液位	AI	50.0	100.0	0	%	80	20	90	10
FY02	V102 进料流量	AI	20000.0	40000.0	0	kg/h	22000.0	18000.0	25000.0	15000.0
FFY04	比值控制器	AI	2.0	4.0	0		2.5	1.5	4.0	0.0
PT01	V101 的压力控制	AO	50.0	100.0	0	%				
LT01	V101 的液位调节器的输出	AO	50.0	100.0	0	%				
LT02	V102 的液位调节器的输出	AO	50.0	100.0	0	%				
LT03	V103 的液位调节器的输出	AO	50.0	100.0	0	%				

三、事故设置一览

下列事故处理操作仅供参考，详细操作以评分系统为准。

(一)泵 P101A 坏

1.原因

运行泵 P101A 停。

2.现象

画面泵 P101A 显示为开，但泵出口压力急剧下降。

3.处理

先关小出口调节阀开度，启动备用泵 P101B，调节出口压力，压力达 9.0atm(表)时，关泵 P101A，完成切换。

4.处理方法

(1)关小 P101A 泵出口阀 V7。

(2)打开 P101B 泵入口阀 V6。

(3)启动备用泵 P101B。

(4)打开 P101B 泵出口阀 V8。

(5)待 PI101 压力达 9.0atm 时，关 V7 阀。

(6)关闭 P101A 泵。

(7)关闭 P101A 泵入口阀 V5。

(二)调节阀 FIC102 阀卡

1.原因

FIC102 调节阀卡 20%开度不动作。

2.现象

罐 V101 液位急剧上升，FIC102 流量减小。

3.处理

打开副线阀 V11，待流量正常后，关调节阀前后手阀。

4.处理方法

(1)调节 FIC102 旁路阀 V11 开度。

(2)待 FIC102 流量正常后，关闭 FIC102 前后手阀 V9 和 V10。

(3)关闭调节阀 FIC102。

四、仿真界面

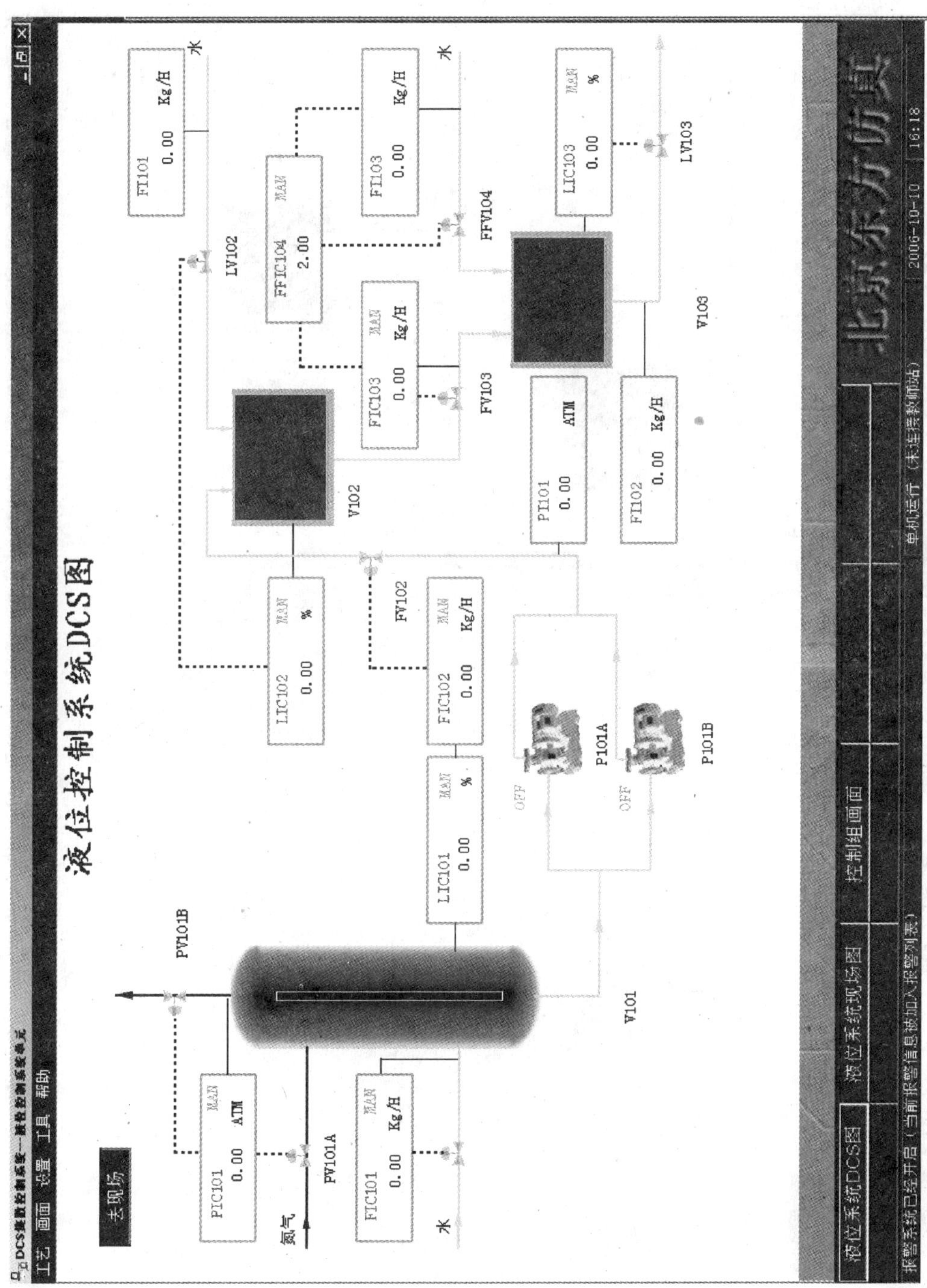

DCS液位控制系统—液位控制系统单元
工艺 画面 设置 工具 帮助
液位控制系统DCS图
去现场
PIC101 MAN 0.00 ATM
FIC101 MAN 0.00 Kg/H
LIC101 MAN 0.00 %
LIC102 MAN 0.00 %
FIC102 MAN 0.00 Kg/H
FIC103 MAN 0.00 Kg/H
FFIC104 MAN 2.00
FI101 0.00 Kg/H
FI103 0.00 Kg/H
LIC103 MAN 0.00 %
PI101 0.00 ATM
FI102 0.00 Kg/H
PV101A
PV101B
V101
V102
V103
P101A
P101B
OFF
FV102
FV103
FFV104
LV102
LV103
氮气
水
液位系统DCS图
液位系统现场图
控制组画面
北京东方仿真
报警系统已经开启（当前报警信息被加入报警列表）
单机运行（未连接教师站）
2006-10-10
16:18

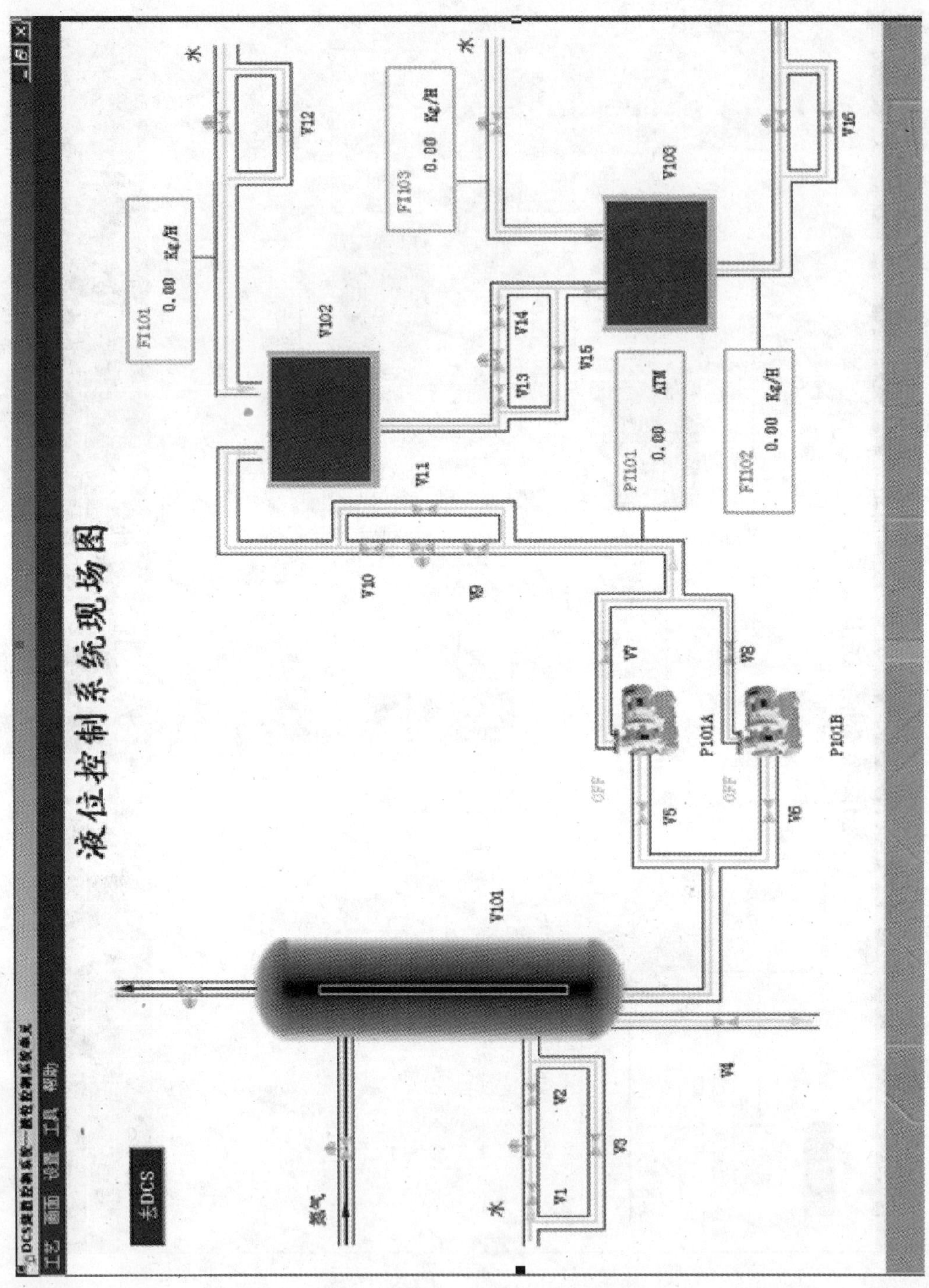
液位控制系统现场图
去DCS
工艺 画面 设置 工具 帮助
氮气
水
V1
V2
V3
V4
V5
V6
V7
V8
V9
V10
V11
V12
V13
V14
V15
V16
V101
V102
V103
P101A
P101B
OFF
OFF
FI101 0.00 Kg/H
FI102 0.00 Kg/H
FI103 0.00 Kg/H
PI101 0.00 ATM

五、思考题

1. 通过本单元的学习，理解什么是“过程动态平衡”，掌握通过仪表画面了解液位发生变化的原因和解决的方法。

2. 在调节器 FIC103 和 FFIC104 组成的比值控制回路中，哪一个是主动量？为什么？并指出这种比值调节属于开环还是闭环控制回路？

3. 本仿真培训单元包括串级、比值、分程 3 种复杂调节系统，你能说出它们的特点吗？它们与简单控制系统的差别是什么？

4. 在开/停车时，为什么要特别注意维持流经调节阀 FV103 和 FFV104 的液体流量比值为 2？

5. 请简述开/停车的注意事项。

项目 2 离心泵单元仿真培训系统

一、项目流程说明

(一)离心泵工作原理基础

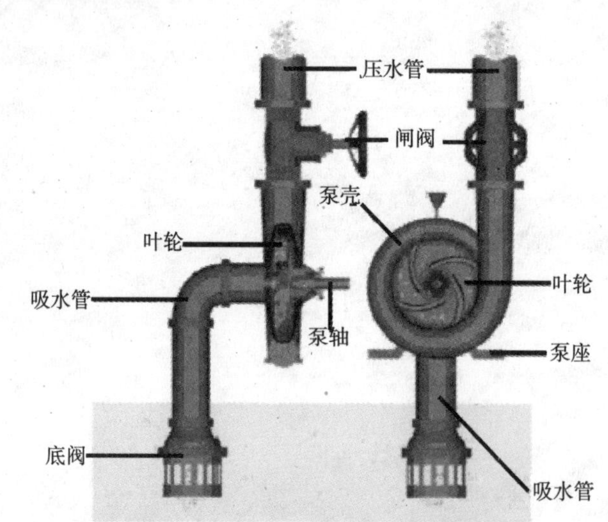

图 1-2 单级单吸式离心泵的结构

在工业生产和国民经济的许多领域,常需对液体进行输送或加压,能完成此类任务的机械称为泵,而其中靠离心作用完成此类任务的叫离心泵。离心泵由于具有结构简单、性能稳定、检修方便、操作容易和适应性强等特点,在化工生产中应用十分广泛,据统计,离心泵在液体输送设备中超过 80%。所以,离心泵的操作是化工生产中的最基本的操作。

离心泵由吸入管、排出管和离心泵主体组成。离心泵主体分为转动部分和固定部分。转动部分由电机带动旋转,将能量传递给被输送的部分,主要包括叶轮和泵轴;固定部分包括泵壳、导轮、密封装置等。叶轮是离心泵中使液体接受外加能量的部件。泵轴的作用是把电动机的能量传递给叶轮。泵壳是通道截面积逐渐扩大的蜗形壳体,它将液体限定在一定的空间里,并将液体大部分动能转化为静压能。导轮是一组与叶轮旋转方向相适应且固定于泵壳上的叶片。密封装置的作用是防止液体泄漏或空气倒吸入泵内。

启动灌满了被输送液体的离心泵后,在电机的作用下,泵轴带动叶轮一起旋转,叶轮的叶片推动其间的液体转动，在离心力的作用下，液体被甩向叶轮边缘并获得动能；在导轮的引领下沿流通截面积逐渐扩大的泵壳流向排出管，液体流速逐渐降低，而静压能增大。排出管的增压液体经管路即可送往目的地。与此同时，叶轮中心因为液体被甩出而形成一定的真空，由于贮槽液面上方压强大于叶轮中心处，在压力差的作用下，液体不断从吸入管进入泵内，以填补被排出的液体位置。因此，只要叶轮不断旋转，液体便不断地被吸入和排出。因此，离心泵之所以能输送液体，主要是依靠高速旋转的叶轮。

离心泵的操作中有两种现象应当避免：气缚和气蚀。

在启动泵前，泵内没有灌满被输送的液体，或在运转过程中泵内渗入了空气，因为气体的密度小于液体，产生的离心力小，无法把空气甩出去，导致叶轮中心所形成的真空度不足以将液体吸入泵内。尽管此时叶轮在不停地旋转，却由于离心泵失去了自吸能力而无法输送液体，这种现象称为气缚。

当贮槽液面的压力一定时，如叶轮中心的压力降低到等于被输送液体当前温度下的饱和蒸汽压时，叶轮进口处的液体会出现大量的气泡，这些气泡随液体进入高压区后又迅速被压碎而凝结，致使气泡所在空间形成真空，周围的液体质点以极大的速度冲向气泡中心，造成瞬间冲击压力，从而使得叶轮部分很快损坏，同时伴有泵体震动，发出噪音，泵的流量、扬程和效率明显下降，这种现象叫气蚀。

(二)项目流程简介

离心泵是化工生产过程中输送液体的常用设备之一，其工作原理是靠离心泵内外压差不断地吸入液体，靠叶轮的高速旋转使液体获得动能，靠扩压管或叶轮将动能转化为压力，从而达到输送液体的目的。

本工艺为单独培训离心泵而设计，其工艺流程(参考流程仿真界面)如图 1-3 所示。

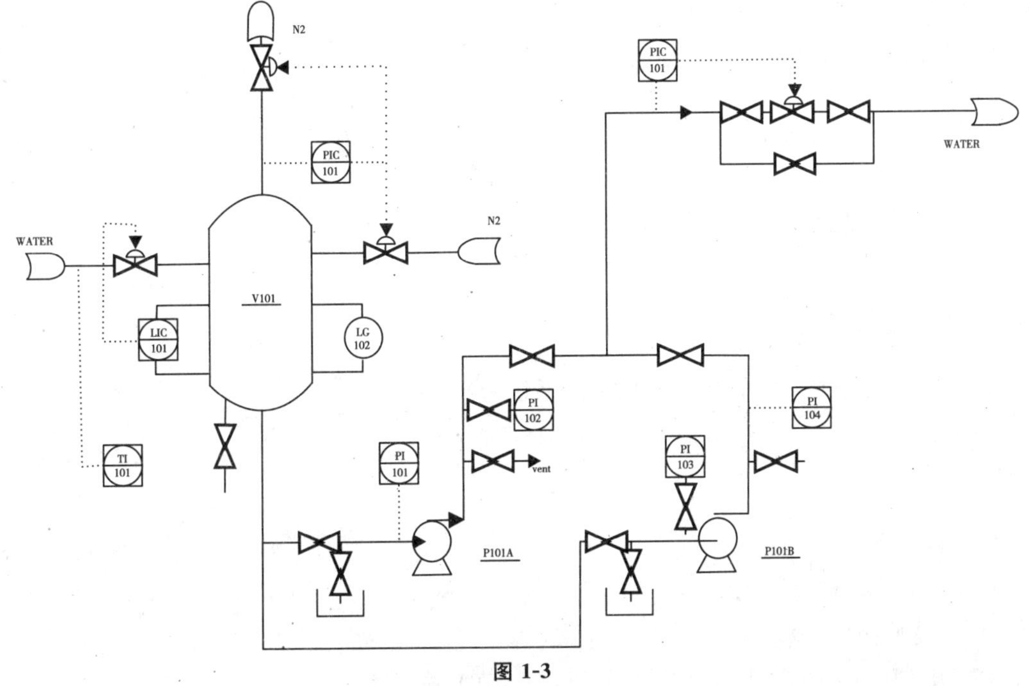

图 1-3

来自某一设备约40℃的带压液体经调节阀LV101进入带压罐V101，罐液位由液位控制器LIC101通过调节V101的进料量来控制；罐内压力由PIC101分程控制，PV101A、PV101B分别调节进入V101和排出V101的氮气量，从而保持罐压恒定在5.0atm(表)。罐内液体由泵P101A/B抽出，泵出口流量在流量调节器FIC101的控制下输送到其他设备。

(三)控制方案

V101的压力由调节器PIC101分程控制，调节阀PV101的分程动作示意图如图1-4所示。

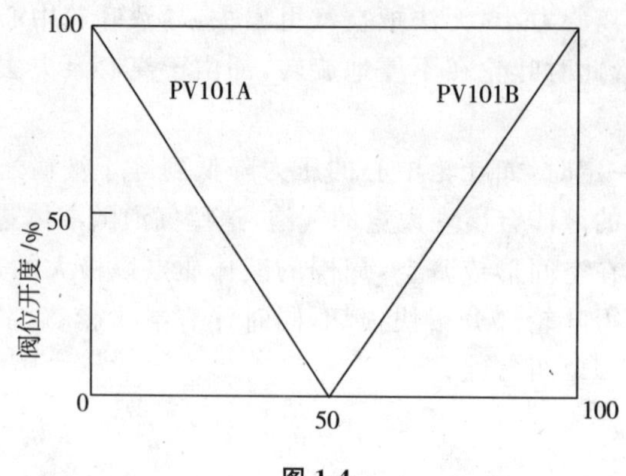

图 1-4

补充说明：本单元现场图中现场阀旁边的实心红色圆点代表高点排气和低点排液的指示标志，当完成高点排气和低点排液时，实心红色圆点变为绿色。此标志也出现在换热器单元的现场图中。

(四)设备一览

V101：离心泵前罐

P101A：离心泵A

P101B：离心泵B(备用泵)

二、离心泵单元操作规程

(一)开车操作规程

本操作规程仅供参考，详细操作以评分系统为准。

1.准备工作

(1)盘车。

(2)核对吸入条件。

(3)调整填料或机械密封装置。

2.罐V101充液、充压

(1)向罐V101充液

①打开LIC101调节阀，开度约为30%，向V101罐充液。

②当 LIC101 达到 50%时,LIC101 设定 50%,投自动。

(2)罐 V101 充压

①待 V101 罐液位>5%后,缓慢打开分程压力调节阀 PV101A 向 V101 罐充压。

②当压力升高到 5.0atm 时,PIC101 设定 5.0atm,投自动。

3.启动泵前准备工作

(1)灌泵

待 V101 罐充压充到正常值 5.0atm 后,打开 P101A 泵入口阀 VD01,向离心泵充液。观察 VD01 出口标志变为绿色后,说明灌泵完毕。

(2)排气

①打开 P101A 泵后排气阀 VD03,排放泵内不凝性气体。

②观察 P101A 泵后排空阀 VD03 的出口,当有液体溢出时,显示标志变为绿色,标志着 P101A 泵已无不凝气体,关闭 P101A 泵后排空阀 VD03,启动离心泵的准备工作已就绪。

4.启动离心泵

(1)启动离心泵

启动 P101A(或 B)泵。

(2)流体输送

①待 PI102 指示比入口压力高 1.5～2.0 倍后,打开 P101A 泵出口阀(VD04)。

②将 FIC101 调节阀的前阀、后阀打开。

③逐渐开大调节阀 FIC101 的开度,使 PI101、PI102 趋于正常值。

(3)调整操作参数

微调 FV101 调节阀,在测量值与给定值相对误差 5%范围内且较稳定时,FIC101 设定到正常值,投自动。

(二)正常操作规程

1.正常工况操作参数

(1)P101A 泵出口压力 PI102:12.0atm。

(2)V101 罐液位 LIC101:50%。

(3)V101 罐内压力 PIC101:5.0atm。

(4)泵出口流量 FIC101:20000kg/h。

2.负荷调整

可任意改变泵、按键的开关状态,手操阀的开度及液位调节阀、流量调节阀、分程压力调节阀的开度,观察其现象。

P101A 泵功率正常值:15kW。

FIC101 量程正常值:20t/h。

(三)停车操作规程

本操作规程仅供参考,详细操作以评分系统为准。

1.V101 罐停进料

LIC101 置手动,并手动关闭调节阀 LV101,停 V101 罐进料。

2. 停泵

(1)待罐 V101 液位小于 10%时,关闭 P101A(或 B)泵的出口阀(VD04)。

(2)停 P101A 泵。

(3)关闭 P101A 泵前阀 VD01。

(4)FIC101 置手动并关闭调节阀 FV101 及其前后阀(VB03、VB04)。

3. 泵 P101A 泄液

打开泵 P101A 泄液阀 VD02,观察 P101A 泵泄液阀 VD02 的出口,当不再有液体泄出时,显示标志变为红色,关闭 P101A 泵泄液阀 VD02。

4. V101 罐泄压、泄液

(1)待罐 V101 液位小于 10%时,打开 V101 罐泄液阀 VD10。

(2)待 V101 罐液位小于 5%时,打开 PIC101 泄压阀。

(3)观察 V101 罐泄液阀 VD10 的出口,当不再有液体泄出时,显示标志变为红色,待罐 V101 液体排净后,关闭泄液阀 VD10。

(四)仪表及报警一览表

位号	说明	类型	正常值	量程高限	量程低限	工程单位	高报值	低报值	高高报值	低低报值
FIC101	离心泵出口流量	PID	20000.0	40000.0	0	kg/h				
LIC101	V101 液位控制系统	PID	50.0	100.0	0	%	80.0	20.0		
PIC101	V101 压力控制系统	PID	5.0	10.0	0	atm(G)		2.0		
PI101	泵 P101A 入口压力	AI	4.0	20.0	0	atm(G)				
PI102	泵 P101A 出口压力	AI	12.0	30.0	0	atm(G)	13.0			
PI103	泵 P101B 入口压力	AI		20.0	0	atm(G)				
PI104	泵 P101B 出口压力	AI		30.0	0	atm(G)	13.0			
TI101	进料温度	AI	50.0	100.0	0	DEG C				

三、事故设置一览

下列事故处理操作仅供参考,详细操作以评分系统为准。

(一)P101A 泵坏操作规程

事故现象:

(1)P101A 泵出口压力急剧下降。

(2)FIC101 流量急剧减小。

处理方法:切换到备用泵 P101B。

(1)全开 P101B 泵入口阀 VD05,向泵 P101B 灌液,全开排空阀 VD07,排出 P101B 的不凝气，当显示标志为绿色后，关闭 VD07。

(2)灌泵和排气结束后，启动 P101B。

(3)待泵 P101B 出口压力升至入口压力的 1.5～2 倍后，打开 P101B 出口阀 VD08，同时缓慢关闭 P101A 出口阀 VD04，以尽量减少流量波动。

(4)待 P101B 进出口压力指示正常，按停泵顺序停止 P101A 运转，关闭泵 P101A 入口阀 VD01，并通知维修工。

(二)调节阀 FV101 阀卡操作规程

事故现象：FIC101 的液体流量不可调节。

处理方法：

(1)打开 FV101 的旁通阀 VD09，调节流量使其达到正常值。

(2)手动关闭调节阀 FV101 及其后阀 VB04、前阀 VB03。

(3)通知维修部门。

(三)P101A 入口管线堵操作规程

事故现象：

(1)P101A 泵入口、出口压力急剧下降。

(2)FIC101 流量急剧减小到零。

处理方法：按泵的切换步骤切换到备用泵 P101B，并通知维修部门进行维修。

(四)P101A 泵气蚀操作规程

事故现象：

(1)P101A 泵入口、出口压力上下波动。

(2)P101A 泵出口流量波动(大部分时间达不到正常值)。

(五)P101A 泵气缚操作规程

事故现象：

(1)P101A 泵入口、出口压力急剧下降。

(2)FIC101 流量急剧减少。

处理方法：按泵的切换步骤切换到备用泵 P101B。

四、仿真界面

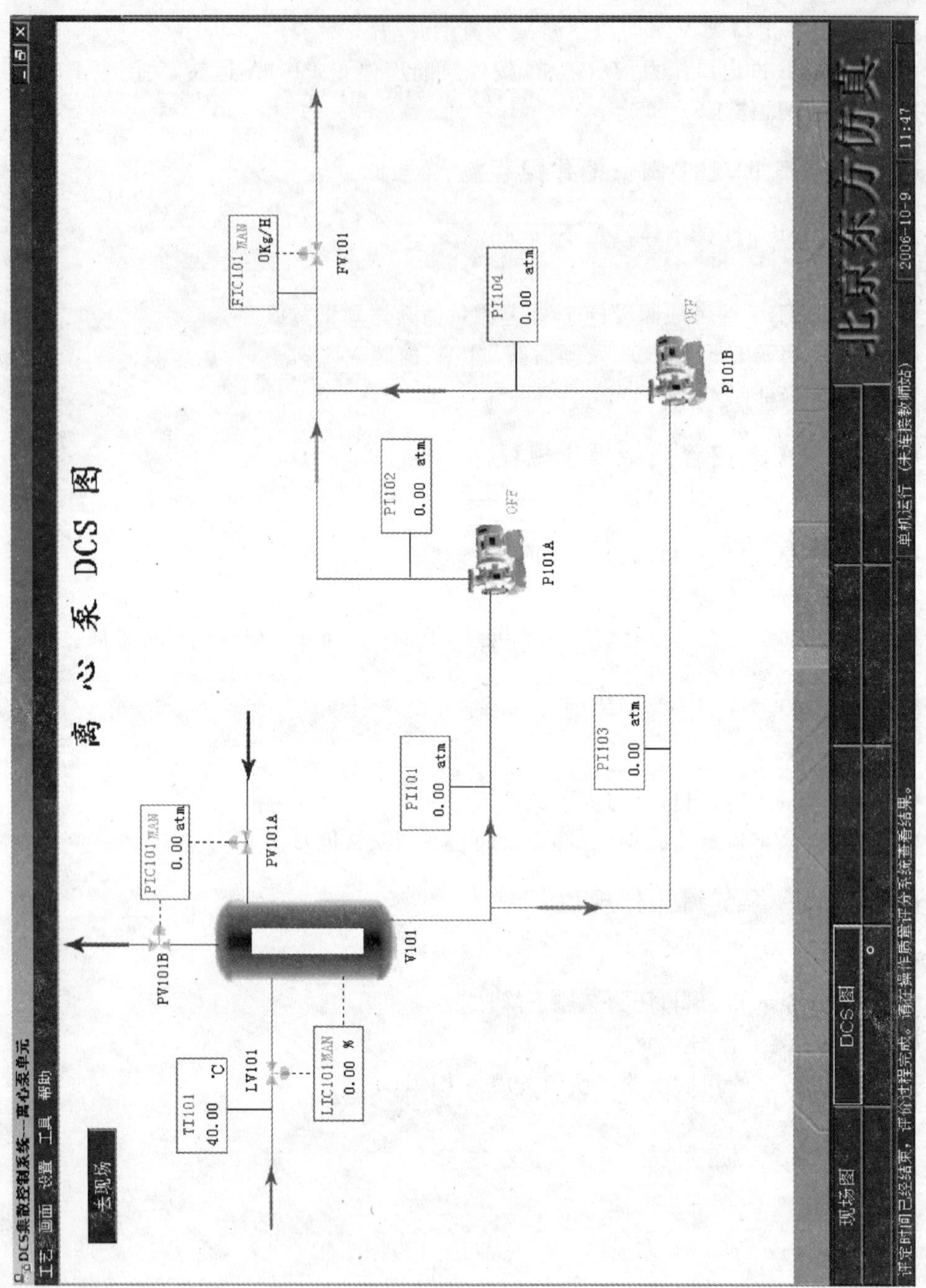
DCS集散控制系统--离心泵单元
工艺 画面 设置 工具 帮助
去现场
离 心 泵 DCS 图
TI101
40.00 ℃
LV101
LIC101 MAN
0.00 %
PV101B
PIC101 MAN
0.00 atm
PV101A
V101
PI101
0.00 atm
PI103
0.00 atm
PI102
0.00 atm
P101A
OFF
FIC101 MAN
0Kg/H
FV101
PI104
0.00 atm
P101B
OFF
现场图
DCS图
北京东方仿真
评定时间已经结束，评价过程完成。请在操作质量评分系统查看结果。
单机运行（未连接教师站）
2006-10-9
11:47

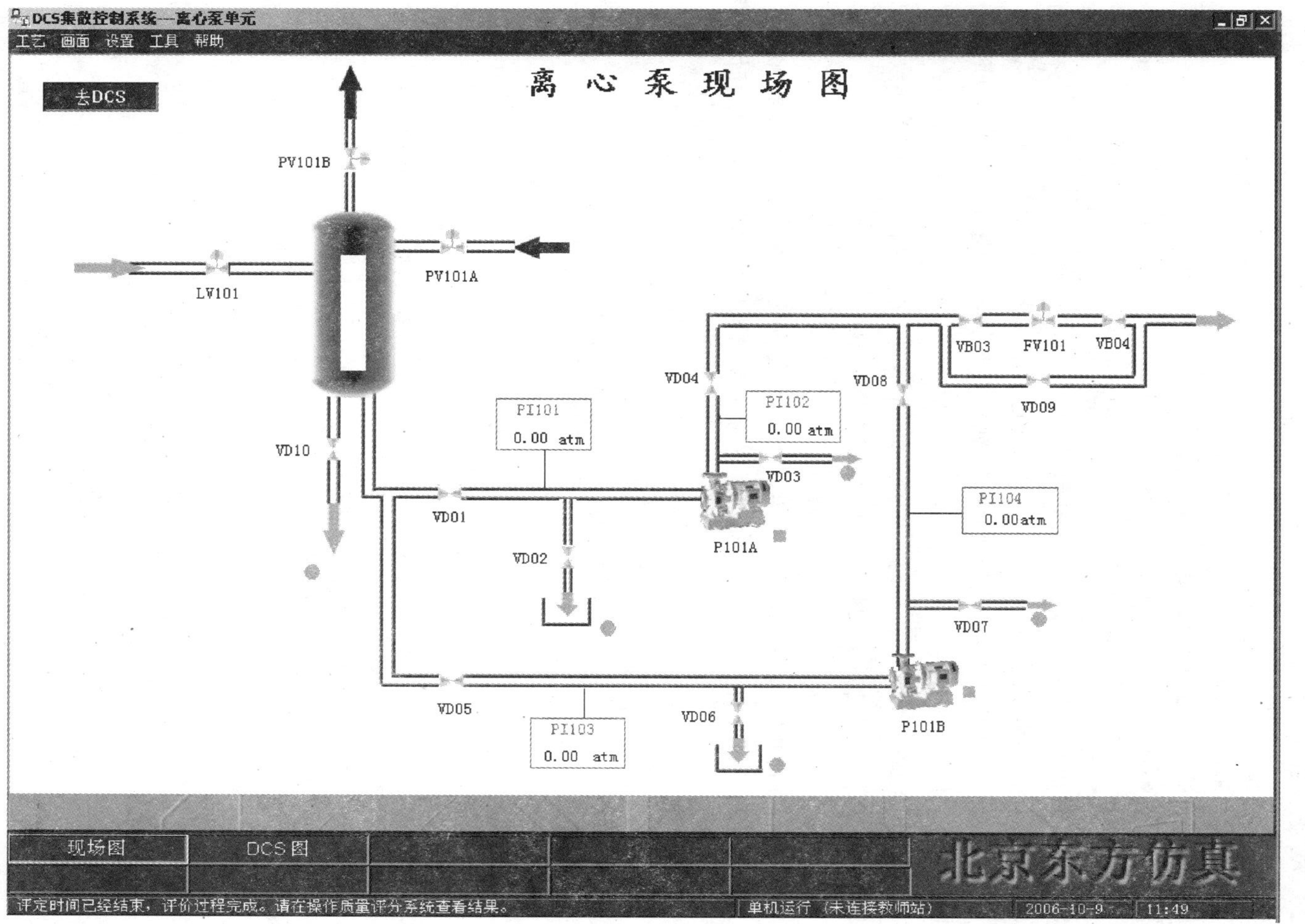
DCS集散控制系统—离心泵单元
工艺 画面 设置 工具 帮助
去DCS
离 心 泵 现 场 图
PV101B
PV101A
LV101
VD10
VD01
VD02
VD03
VD04
VD05
VD06
VD07
VD08
VD09
VB03
VB04
FV101
PI101
0.00 atm
PI102
0.00 atm
PI103
0.00 atm
PI104
0.00atm
P101A
P101B
现场图
DCS图
北京东方仿真
评定时间已经结束，评价过程完成。请在操作质量评分系统查看结果。
单机运行（未连接教师站）
2006-10-9
11:49

五、思考题

1.简述离心泵的工作原理和结构。

2.举例说出除离心泵以外其他类型的泵。

3.什么叫气蚀现象？气蚀现象有什么破坏作用？

4.发生气蚀现象的原因有哪些？如何防止气蚀现象的发生？

5.为什么启动前一定要将离心泵灌满被输送液体？

6.离心泵在启动和停止运行时泵的出口阀应处于什么状态？为什么？

7.泵 P101A 和泵 P101B 在进行切换时，应如何调节其出口阀 VD04 和 VD08？为什么要这样做？

8.一台离心泵在正常运行一段时间后，流量开始下降，可能会由哪些原因导致？

9.离心泵出口压力过高或过低应如何调节？

10.离心泵入口压力过高或过低应如何调节？

11.若两台性能相同的离心泵串联操作，其输送流量和扬程较单台离心泵相比有什么变化？若两台性能相同的离心泵并联操作，其输送流量和扬程较单台离心泵相比有什么变化？

项目 3
透平压缩机单元仿真培训系统

一、项目流程说明

(一)项目说明

透平压缩机是进行气体压缩的常用设备。它以汽轮机(蒸汽透平)为动力,蒸汽在汽轮机内膨胀做功驱动压缩机主轴,主轴带动叶轮高速旋转。被压缩气体从轴向进入压缩机,在高速转动的叶轮作用下随叶轮高速旋转并沿半径方向甩出叶轮,叶轮在汽轮机的带动下高速旋转把所得到的机械能传递给被压缩气体。因此,气体在叶轮内的流动过程中,一方面受离心力作用增加了气体本身的压力,另一方面得到了很大的动能。气体离开叶轮进入流通面积逐渐扩大的扩压器,气体流速急剧下降,动能转化为压力能(势能),使气体的压力进一步提高,使气体压缩。

本仿真培训系统选用甲烷单级透平压缩的典型流程作为仿真对象。

在生产过程中产生的压力为1.2～1.6kg/cm^2(绝),温度为30℃左右的低压甲烷经VD01阀进入甲烷贮罐FA311,罐内压力控制在300mmH_2O。甲烷从贮罐FA311出来,进入压缩机GB301,经过压缩机压缩,出口排出压力为4.03kg/cm^2(绝对压力)、温度为160℃的中压甲烷,然后经过手动控制阀VD06进入燃料系统。

该流程为了防止压缩机发生喘振,设计了由压缩机出口至贮罐FA311的返回管路,即由压缩机出口经过换热器EA305和PV304B阀到贮罐的管线。返回的甲烷经冷却器EA305冷却。另外,贮罐FA311有一超压保护控制器PIC303,当FA311中压力超高时,低压甲烷可以经PIC303控制放火炬,使罐中压力降低。压缩机GB301由蒸汽透平GT301同轴驱动,蒸汽透平的供汽为压力15kg/cm^2(绝)的来自管网的中压蒸汽,排汽为压力3kg/cm^2(绝)的降压蒸汽,进入低压蒸汽管网。

流程中共有两套自动控制系统:PIC303为FA311超压保护控制器,当贮罐FA311中压力过高时,自动打开放火炬阀。PRC304为压力分程控制系统,当此调节器输出在50%～100%范围内时,输出信号送给蒸汽透平GT301的调速系统,即PV304A,用来控制中压蒸汽的进汽量,使压缩机的转速在3350～4704r/min之间变化,此时PV304B阀全关。当此调节器输出在0～50%范围内时,PV304B阀的开度对应在0～100%范围内变化。透平在起始升速阶段由手动控制器HC311手动控制升速,当转速大于3450r/min时可由切换开关切换到 PIC304 控制。

1.压缩比

压缩比是压缩机各段出口压力和进口压力的比值。正常压缩比越大,代表着本级压缩机的额定功率越大。

2.喘振

当转速一定,压缩机的进料减少到一定值,造成叶道中气体的速度不均匀和出现倒流,当这种现象扩展到整个叶道,叶道中的气流通不出去,造成压缩机中压力突然下降,而级后相对较高的压力将气流倒压回级里,级里的压力又恢复正常,叶轮工作也恢复正常,重新将倒流回的气流压出去。此后,级里压力又突然下降,气流倒回,这种现象重复出现,压缩机工作不稳定,称为喘振现象。

(二)本单元复杂控制回路说明

分程控制是指由 1 只调节器的输出信号控制 2 只或更多的调节阀,每只调节阀在调节器的输出信号的某段范围中工作。

压缩机切换开关的作用:当压缩机切换开关指向 HC3011 时,压缩机转速由 HC3011 控制;当压缩机切换开关指向 PRC304 时,压缩机转速由 PRC304 控制。PRC304 为分程控制阀,分别控制压缩机转速(主气门开度)和压缩机反喘振线上的流量控制阀。当 PRC304 逐渐开大时,压缩机转速逐渐上升(主气门开度逐渐加大),压缩机反喘振线上的流量控制阀逐渐关小,最终关成 0(本控制方案属较老的控制方案)。

(三)本单元包含的设备

FA311:低压甲烷储罐

GT301:蒸汽透平

GB301:单级压缩机

EA305:压缩机冷却器

二、透平压缩机单元操作规程

(一)开车操作规程

本操作规程仅供参考,详细操作以评分系统为准。

1.开车前准备工作

(1)启动公用工程

按公用工程按钮,公用工程投用。

(2)油路开车

按油路按钮。

(3)盘车

①按盘车按钮开始盘车。

②待转速升到 200r/min 时,停盘车(盘车前先打开 PV304B 阀)。

(4)暖机

按暖机按钮。

(5)EA305 冷却水投用

打开换热器冷却水阀门 VD05,开度为 50%。

2. 罐 FA311 充低压甲烷

(1)打开 PIC303 调节阀放火炬,开度为 50%。

(2)打开 FA311 入口阀 VD11,开度为 50%,微开 VD01。

(3)打开 PV304B 阀,缓慢向系统充压,调整 FA311 顶部安全阀 VD03 和 VD01,使系统压力维持在 300~500mm H_2O。

(4)调节 PIC303 阀门开度,使压力维持在 0.1atm。

3. 透平单级压缩机开车

(1)手动升速

①缓慢打开透平低压蒸汽出口截止阀 VD10,开度递增级差保持在 10%以内。

②将调速器切换开关切到 HC3011 方向。

③手动缓慢打开 HC3011,开始压缩机升速,开度递增级差保持在 10%以内。使透平压缩机转速在 250~300r/min。

(2)跳闸实验(视具体情况决定此操作的进行)

①继续升速至 1000r/min。

②按动紧急停车按钮进行跳闸实验,实验后压缩机 XN311 转速迅速下降为零。

③手动关闭 HC3011,开度为 0,关闭蒸汽出口阀 VD10,开度为 0。

④按压缩机复位按钮。

(3)重新手动升速

①重复 1.3 步骤(1),缓慢升速至 1000r/min。

②HC3011 开度递增级差保持在 10%以内,升转速至 3350r/min。

③进行机械检查。

(4)启动调速系统

①将调速器切换开关切到 PIC304 方向。

②缓慢打开 PV304A 阀(即 PIC304 阀门开度大于 50%),若阀开得太快会发生喘振。同时可适当打开出口安全阀旁路阀(VD13),调节出口压力,使 PI301 压力维持在 3.03atm,防止喘振发生。

(5)调节操作参数至正常值

①当 PI301 压力指示值为 3.03atm 时,一边关出口放火炬旁路阀,一边打开 VD06 去燃料系统阀,同时关闭 PIC303 放火炬阀。

②控制入口压力 PIC304 在 300mmH_2O,慢慢升速。

③当转速达全速(4480r/min 左右),将 PIC304 切为自动。

④PIC303 设定为 0.1kg/cm^2(表),投自动。

⑤顶部安全阀 VD03 缓慢关闭。

(二)正常操作规程

1.正常工况下工艺参数

(1)储罐 FA311 压力 PIC304:295mmH_2O。

(2)压缩机出口压力 PI301:3.03atm;燃料系统入口压力 PI302:2.03atm。

(3)低压甲烷流量 FI301:3232.0kg/h。

(4)中压甲烷进入燃料系统流量 FI302:3200.0kg/h。

(5)压缩机出口中压甲烷温度 TI302:160.0℃。

2.压缩机防喘振操作

(1)启动调速系统后,必须缓慢开启 PV304A 阀,此过程中可适当打开出口安全阀旁路阀调节出口压力,以防喘振发生。

(2)当有甲烷进入燃料系统时,应关闭 PIC303 阀。

(3)当压缩机转速达全速时,应关闭出口安全旁路阀。

(三)停车操作规程

本操作规程仅供参考,详细操作以评分系统为准。

1.正常停车过程

(1)停调速系统

①缓慢打开 PV304B 阀,降低压缩机转速。

②打开 PIC303 阀排放火炬。

③开启出口安全旁路阀 VD13,同时关闭去燃料系统阀 VD06。

(2)手动降速

①将 HC3011 开度置为 100%。

②将调速开关切换到 HC3011 方向。

③缓慢关闭 HC3011,同时逐渐关小透平蒸汽出口阀 VD10。

④当压缩机转速降为 300~500r/min 时,按紧急停车按扭。

⑤关闭透平蒸汽出口阀 VD10。

(3)停 FA311 进料

①关闭 FA311 入口阀 VD01、VD11。

②开启 FA311 泄料阀 VD07,泄液。

③关换热器冷却水。

2.紧急停车

(1)按动紧急停车按钮。

(2)确认 PV304B 阀及 PIC303 置于打开状态。

(3)关闭透平蒸汽入口阀及出口阀。

(4)甲烷气由 PIC303 排放火炬。

(5)其余同正常停车。

(四)联锁说明

该单元有一联锁。

1.联锁源

(1)现场手动紧急停车(紧急停车按钮)。

(2)压缩机喘振。

2.联锁动作

(1)关闭透平主气阀及蒸汽出口阀。

(2)全开放空阀 PV303。

(3)全开防喘振线上 PV304B 阀。

该联锁有一现场旁路键(BYPASS),另有一现场复位键(RESET)。

注:联锁发生后,在复位前(RESET),应首先将 HC3011 置 0,将蒸汽出口阀 VD10 关闭,同时各控制点应置手动,并设成最低值。

(五)仪表一览表

位号	说明	类型	正常值	量程上限	量程下限	工程单位
PIC303	放火炬控制系统	PID	0.1	4.0	0	atm
PIC304	储罐压力控制系统	PID	295.0	40000.0	0	mmH_2O
PI301	压缩机出口压力	AI	3.03	5.0	0	atm
PI302	燃料系统入口压力	AI	2.03	5.0	0	atm
FI301	低压甲烷进料流量	AI	3233.4	5000.0	ppm	kg/h
FI302	燃料系统入口流量	AI	3201.6	5000.0	ppm	kg/h
FI303	低压甲烷入罐流量	AI	3201.6	5000.0	ppm	kg/h
FI304	中压甲烷回流流量	AI	0	5000.0	ppm	kg/h
TI301	低压甲烷入压缩机温度	AI	30.0	200.0	0	℃
TI302	压缩机出口温度	AI	160.0	200.0	0	℃
TI304	透平蒸汽入口温度	AI	290.0	400.0	0	℃
TI305	透平蒸汽出口温度	AI	200.0	400.0	0	℃
TI306	冷却水入口温度	AI	30.0	100.0	0	℃
TI307	冷却水出口温度	AI	30.0	100.0	0	℃
XN301	压缩机转速	AI	4480	4500	0	r/min
HX311	FA311 罐液位	AI	50.0	100.0	0	%

三、事故设置一览

下列事故处理操作仅供参考，详细操作以评分系统为准。

1.入口压力过高

主要现象：FA311 罐中压力上升。

处理方法：手动适当打开 PV303 的放火炬阀。

2.出口压力过高

主要现象：压缩机出口压力上升。

处理方法：开大去燃料系统阀 VD06。

3.入口管道破裂

主要现象：贮罐 FA311 中压力下降。

处理方法：开大 FA311 入口阀 VD01、VD11。

4.出口管道破裂

主要现象：压缩机出口压力下降。

处理方法：紧急停车。

5.入口温度过高

主要现象：TI301 及 TI302 指示值上升。

处理方法：紧急停车。

四、仿真界面

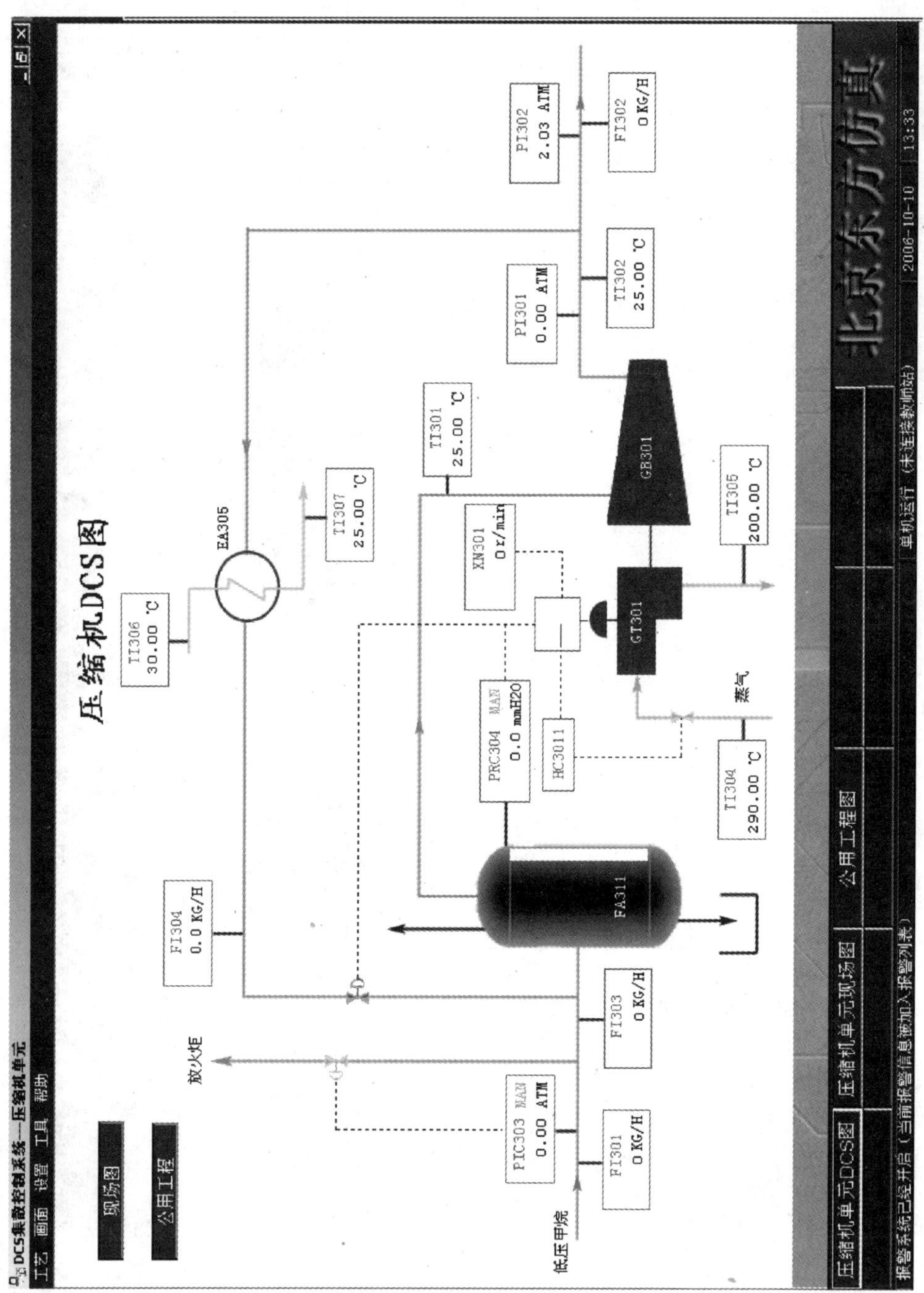
DCS集散控制系统—压缩机单元
工艺 画面 设置 工具 帮助
现场图
公用工程
压缩机DCS图
TI306 30.00 ℃
EA305
TI307 25.00 ℃
TI301 25.00 ℃
PI301 0.00 ATM
TI302 25.00 ℃
PI302 2.03 ATM
FI302 0 KG/H
XN301 0 r/min
GB301
TI305 200.00 ℃
GT301
蒸气
TI304 290.00 ℃
HC3011
PRC304 MAN 0.0 mmH2O
FA311
FI304 0.0 KG/H
FI303 0 KG/H
放火炬
PIC303 MAN 0.00 ATM
FI301 0 KG/H
低压甲烷
北京东方仿真
2006-10-10
13:33
单机运行（未连接教师站）
压缩机单元DCS图
压缩机单元现场图
公用工程图
报警系统已经开启（当前报警信息添加入报警列表）

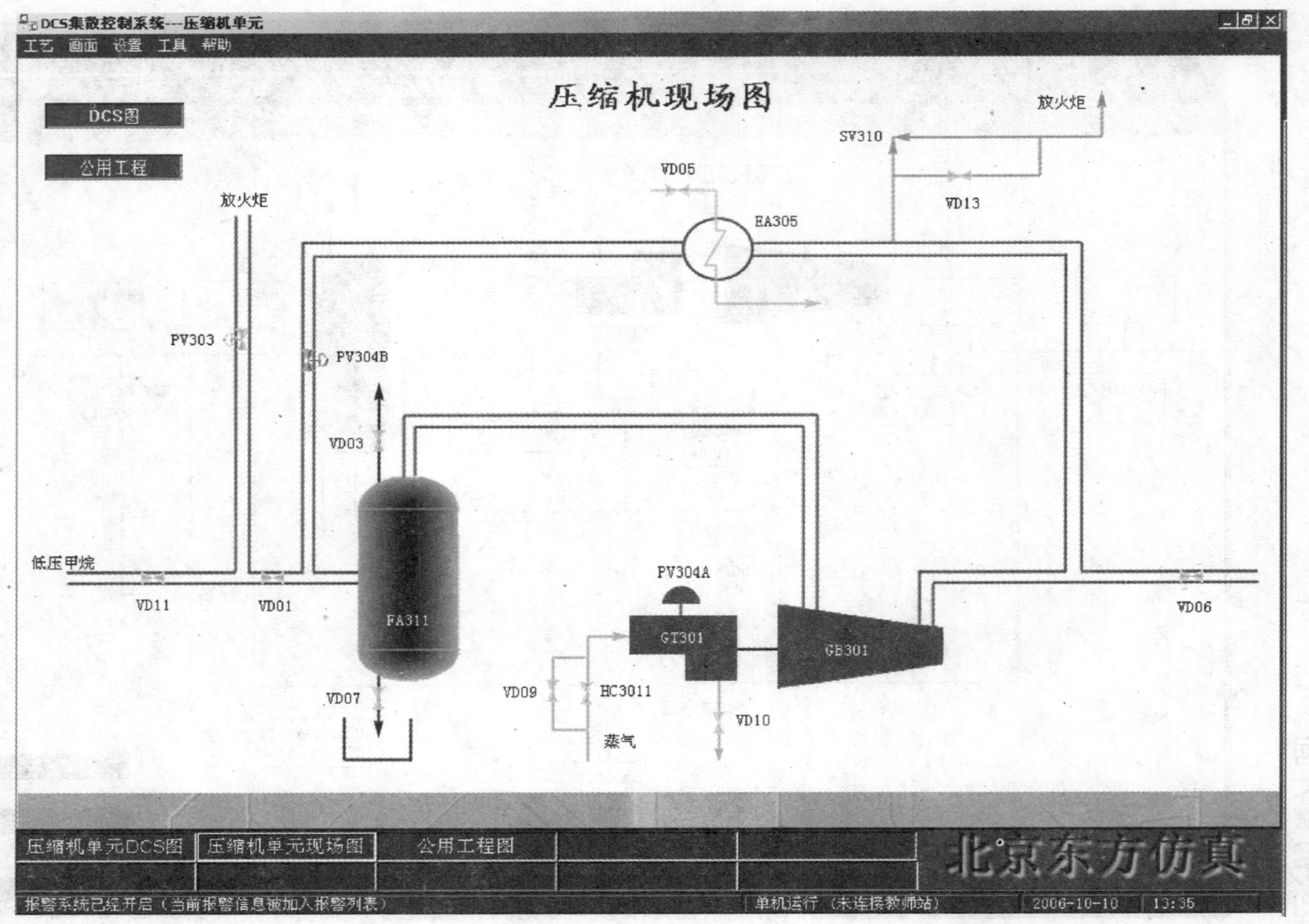
DCS集散控制系统---压缩机单元
工艺 画面 设置 工具 帮助
压缩机现场图
DCS图
公用工程
放火炬
SV310
VD05
EA305
VD13
放火炬
PV303
PV304B
VD03
低压甲烷
VD11
VD01
FA311
PV304A
GT301
GB301
VD06
VD07
VD09
HC3011
VD10
蒸气
压缩机单元DCS图
压缩机单元现场图
公用工程图
北京东方仿真
报警系统已经开启（当前报警信息被加入报警列表）
单机运行（未连接教师站）
2006-10-10
13:35

五、思考题

1. 什么是喘振？如何防止喘振？
2. 在手动调速状态，为什么防喘振线上的防喘振阀 PV304B 全开可以防止喘振？
3. 结合"伯努利"方程，说明压缩机如何做功，进行动能、压力和温度之间的转换。
4. 根据本单元，简述盘车、手动升速、自动升速的概念。
5. 离心式压缩机的优点是什么？

项目 4

CO_2压缩机单元仿真系统

一、装置概况

(一)单元简介

CO_2压缩机单元是将合成氨装置的原料气 CO_2 经本单元压缩做功后送往尿素合成工段,采用的是以汽轮机驱动的四级离心压缩机。其机组主要由压缩机主机、驱动机、润滑油系统、控制油系统和防喘振装置组成。

1.离心式压缩机工作原理

离心式压缩机的工作原理和离心泵类似,气体从中心流入叶轮,在高速转动的叶轮的作用下,随叶轮做高速旋转并沿半径方向甩出来。叶轮在驱动机械的带动下旋转,把所得到的机械能转通过叶轮传递给流过叶轮的气体,即离心压缩机通过叶轮对气体做了功。气体一方面受到旋转离心力的作用增加了气体本身的压力,另一方面又得到了很大的动能。气体离开叶轮后,这部分速度能在通过叶轮后的扩压器、回流弯道的过程中转变为压力能,进一步使气体的压力提高。

离心式压缩机中,气体经过一个叶轮压缩后压力的升高是有限的。因此在要求升压较高的情况下,通常都有许多级叶轮一个接一个连续地进行压缩,直到最末一级出口达到所要求的压力为止。压缩机的叶轮数越多,所产生的总压头越大。气体经过压缩后温度升高,当要求压缩比较高时,常常将气体压缩到一定的压力后,从缸内引出,在外设冷却器冷却降温,然后再导入下一级继续压缩。这样依冷却次数的多少,将压缩机分成几段,一段可以是一级或多级。

2.离心式压缩机的喘振现象及防止措施

离心压缩机的喘振是操作不当引起的进口气体流量过小产生的一种不正常现象。当进口气体流量减小到一定值时,气体进入叶轮的流速过低,气体不再沿叶轮流动,在叶片背面形成很大的涡流区,甚至充满整个叶道而把通道塞住,气体只能在涡流区打转而流不出来。这时系统中的气体自压缩机出口倒流进入压缩机,暂时弥补进口气量的不足。虽然压缩机似乎恢复了正常工作,重新压出气体,但当气体被压出后,由于进口气体仍然不足,上述倒流现象重复出现。这种在出口处时而倒吸时而吐出的气流,引起出口管道低频、高振幅的气流脉动，并迅速波及各级叶轮，于是整个压缩机产生噪音和振动，这种现象称为喘振。喘振对机器是很不利的，振动过分会导致局部过热，时间过久甚至会造成叶轮破碎等严重事故。

当喘振现象发生后，应设法立即增大进口气体流量。方法是利用防喘振装置，将压缩机出口的一部分气体经旁路阀回流到压缩机的进口，或打开出口放空阀，降低出口压力。

3.离心式压缩机的临界转速

由于制造原因，压缩机转子的重心和几何中心往往是不重合的，因此在旋转的过程中产生了周期性变化的离心力。这个力的大小与制造的精度有关，而其频率就是转子的转速。如果产生离心力的频率与轴的固有频率一致，就会由于共振而产生强烈振动，严重时会使机器损坏。这个转速就称为轴的临界转速。临界转速不只是一个，因而分别称为第一临界转速、第二临界转速等。

压缩机的转子不能在接近于各临界转速下工作。一般离心泵的正常转速比第一临界转速低，这种轴叫作刚性轴。离心压缩机的工作转速往往高于第一临界转速而低于第二临界转速，这种轴称为挠性轴。为了防止振动，离心压缩机在启动和停车过程中，必须较快地越过临界转速。

4.离心式压缩机的结构

离心式压缩机由转子和定子两大部分组成。转子由主轴、叶轮、轴套和平衡盘等部件组成。所有的旋转部件都安装在主轴上，除轴套外，其他部件用键固定在主轴上。主轴安装在径向轴承上，以利于旋转。叶轮是离心式压缩机的主要部件，其上有若干个叶片，用以压缩气体。

气体经叶片压缩后压力升高，因而每个叶片两侧所受到气体压力不一样，产生了方向指向低压端的轴向推力，可使转子向低压端蹿动，严重时可使转子与定子发生摩擦和碰撞。为了消除轴向推力，在高压端外侧装有平衡盘和止推轴承。平衡盘一边与高压气体相通，另一边与低压气体相通，用两边的压力差所产生的推力平衡轴向推力。

离心式压缩机的定子由气缸、扩压室、弯道、回流器、隔板、密封、轴承等部件组成。气缸也称机壳，分为水平剖分和垂直剖分 2 种形式。水平剖分就是将机壳分成上下两部分，上盖可以打开，这种结构多用于低压。垂直剖分就是筒型结构，由圆筒形本体和端盖组成，多用于高压。气缸内有若干隔板，将叶片隔开，并组成扩压器和弯道、回流器。为了防止级间窜气或向外漏气，都设有级间密封和轴密封。离心式压缩机的辅助设备有中间冷却器、气液分离器和油系统等。

5.汽轮机的工作原理

汽轮机又称为蒸汽透平，是用蒸汽做功的旋转式原动机。进入汽轮的高压、高温蒸汽，由喷嘴喷出，经膨胀降压后，形成的高速气流按一定方向冲动汽轮机转子上的动叶片，带动转子按一定速度均匀地旋转，从而将蒸汽的能量转变成机械能。

由于能量转换方式不同，汽轮机分为冲动式和反动式 2 种，在冲动式中，蒸汽只在喷嘴中膨胀，动叶片只受到高速气流的冲动力。在反动式汽轮机中，蒸汽不仅在喷嘴中膨胀，而且还在叶片中膨胀，动叶片既受到高速气流的冲动力，同时受到蒸汽在叶片中膨胀时产生的反作用力。

根据汽轮机中叶轮级数不同，可分为单极和多极 2 种。按热力过程不同，汽轮机可分为背压式、凝气式和抽气凝气式。背压式汽轮机的蒸汽经膨胀做功后以一定的温度和压力排出汽轮机，可继续供工艺使用；凝气式蒸汽轮机的进气在膨胀做功后，全部排入冷凝器凝结为水；抽气凝气式汽轮机的进气在膨胀做功时，一部分蒸汽在中间抽出去作为其他用，其余部分继续在气缸中做功，最后排入冷凝器冷凝。

(二)项目流程简述

1. CO_2流程说明

来自合成氨装置的原料气CO_2压力为150kPa(A)，温度为38℃，流量由FR8103计量，进入CO_2压缩机一段分离器V111，在此分离掉CO_2气相中夹带的液滴后进入CO_2压缩机的一段入口，经过一段压缩后，CO_2压力上升为0.38MPa(A)，温度194℃，进入一段冷却器E119用循环水冷却到43℃。为了保证尿素装置防腐所需氧气，在CO_2进入E119前加入适量来自合成氨装置的空气，流量由FRC8101调节控制，CO_2气体中氧含量为0.25%～0.35%，在一段分离器V119中分离掉液滴后进入二段进行压缩，二段出口CO_2压力为1.866MPa (A)，温度为227℃。然后进入二段冷却器E120冷却到43℃，并经二段分离器V120分离掉液滴后进入三段。

在三段入口设计有段间放空阀，便于低压缸CO_2压力控制和快速泄压。CO_2经三段压缩后压力升到8.046MPa(A)，温度214℃，进入三段冷却器E121中冷却。为防止CO_2过度冷却而生成干冰，在三段冷却器冷却水回水管线上设计有温度调节阀TV8111，用此阀来控制四段入口CO_2温度在50～55℃之间。冷却后的CO_2进入四段压缩后压力升到15.5MPa (A)，温度为121℃，进入尿素高压合成系统。为防止CO_2压缩机高压缸超压、喘振，在四段出口管线上设计有四回一阀HV8162(即HIC8162)。

2. 蒸汽流程说明

主蒸汽压力5.882MPa，湿度450℃，流量82t/hr，进入透平做功，其中一大部分在透平中部被抽出，抽汽压力2.598MPa，温度350℃，流量54.4t/hr，送至框架，另一部分通过中压调节阀进入透平后汽缸继续做功，做完功后的乏汽进入蒸气冷凝系统。

(三)项目仿真范围

1. 项目范围

二氧化碳压缩、透平机、油系统

2. 边界条件

所有公用工程部分：水、电、汽、风等均处于正常平稳状况。

3. 现场操作

现场手动操作的阀、机、泵等，根据开车、停车及事故设定的需要等进行设计。调节阀的前后截止阀不进行仿真。

二、主要设备列表

(一)CO_2气路系统

E119、E120、E121、V111、V119、V120、V121、K101。

(二)蒸气透平及油系统

DSTK101、油箱、油温控制器、油泵、油冷器、油过滤器、盘车油泵、稳压器、速关阀、调速器、调压器。

(三)设备说明

E:换热器;V:分离器。

流程图位号	主要设备
U8001	E119(CO_2一段冷却器) E120(CO_2二段冷却器) E121(CO_2二段冷却器) V111(CO_2一段分离器) V120(CO_2二段分离器) V121(CO_2三段分离器) DSTK101(CO_2压缩机组透平)
U8002	DSTK101 油箱、油泵、油冷器、油过滤器、盘车油泵

(四)主要控制阀列表

位号	说明	所在流程图位号
FRC8103	配空气流量控制	U8001
LIC8101	V111 液位控制	U8001
LIC8167	V119 液位控制	U8001
LIC8170	V120 液位控制	U8001
LIC8173	V121 液位控制	U8001
HIC8101	段间放空阀	U8001
HIC8162	四回一防喘振阀	U8001
PIC8241	四段出口压力控制	U8001
HS8001	透平蒸汽速关阀	U8002
HIC8205	调速阀	U8002
PIC8224	抽出中压蒸汽压力控制	U8002

三、正常操作项目指标

表位号	测量点位置	常值	单位	备注
TR8102	CO_2原料气温度	40	℃	
TI8103	CO_2压缩机一段出口温度	190	℃	
PR8108	CO_2压缩机一段出口压力	0.28	MPa(G)	
TI8104	CO_2压缩机一段冷却器出口温度	43	℃	
FRC8101	二段空气补加流量	330	kg/h	
FR8103	CO_2吸入流量	27000	Nm^3/h	
FR8102	三段出口流量	27330	Nm^3/h	
AR8101	含氧量	0.25～0.3	%	
TE8105	CO_2压缩机二段出口温度	225	℃	
PR8110	CO_2压缩机二段出口压力	1.8	MPa(G)	
TI8106	CO_2压缩机二段冷却器出口温度	43	℃	
TI8107	CO_2压缩机三段出口温度	214	℃	
PR8114	CO_2压缩机三段出口压力	8.02	MPa(G)	
TIC8111	CO_2压缩机三段冷却器出口温度	52	℃	
TI8119	CO_2压缩机四段出口温度	120	℃	
PIC8241	CO_2压缩机四段出口压力	15.4	MPa(G)	
PIC8224	出透平中压蒸汽压力	2.5	MPa(G)	
Fr8201	入透平蒸汽流量	82	t/h	
FR8210	出透平中压蒸汽流量	54.4	t/h	
TI8213	出透平中压蒸汽温度	350	℃	
TI8338	CO_2压缩机油冷器出口温度	43	℃	
PI8357	CO_2压缩机油滤器出口压力	0.25	MPa(G)	
PI8361	CO_2控制油压力	0.95	MPa(G)	
SI8335	压缩机转速	6935	rpm	
XI8001	压缩机振动	0.022	mm	
GI8001	压缩机轴位移	0.24	mm	

四、项目报警及联锁系统

(一)项目报警及联锁说明

为了保证工艺设备的正常运行，防止事故发生，在设备重点部位安装检测装置并在辅助控制盘上设有报警灯进行提示，以提前进行处理将事故消除。

工艺联锁是设备处于不正常运行时的自保系统，本单元设计了 2 个联锁自保措施。

1.压缩机振动超高联锁（发生喘振）

动作：20s 后（主要是为了方便培训人员处理）自动进行以下操作。

关闭透平速关阀 HS8001、调速阀 HIC8205、中压蒸汽调压阀 PIC8224；全开防喘振阀 HIC8162、段间放空阀 HIC8101。

处理：在辅助控制盘上按 RESET 按钮，按冷态开车中暖管暖机冲转开始重新开车。

2.油压低联锁

动作：自动进行以下操作。

关闭透平速关阀 HS8001、调速阀 HIC8205、中压蒸汽调压阀 PIC8224；全开防喘振阀 HIC8162、段间放空阀 HIC8101。

处理：找到造成油压低的原因并解决问题，在辅助控制盘上按"RESET"按钮，按冷态开车中油系统开车起重新开车。

（二）项目报警及联锁触发值

位号	检测点	触发值
PSXL8101	V111 压力	≤0.09MPa
PSXH8223	蒸汽透平背压	≥2.75MPa
LSXH8165	V119 液位	≥85%
LSXH8168	V120 液位	≥85%
LSXH8171	V121 液位	≥85%
LAXH8102	V111 液位	≥85%
SSXH8335	压缩机转速	≥7200rpm
PSXL8372	控制油油压	≤0.85MPa
PSXL8359	润滑油油压	≤0.2MPa
PAXH8136	CO_2四段出口压力	≥16.5MPa
PAXL8134	CO_2四段出口压力	≤14.5MPa
SXH8001	压缩机轴位移	≥0.3mm
SXH8002	压缩机径向振动	≥0.03mm
振动联锁		XI8001≥0.05mm 或 GI8001≥0.5mm(20s 后触发)
油压联锁		PI8361≤0.6MPa
辅油泵自启动联锁		PI8361≤0.8MPa

五、项目操作规程

（一）冷态开车

1.准备工作

引循环水。

(1)压缩机岗位 E119 开循环水阀 OMP1001,引入循环水。

(2)压缩机岗位 E120 开循环水阀 OMP1002,引入循环水。

(3)压缩机岗位 E121 开循环水阀 TIC8111,引入循环水。

2. CO_2压缩机油系统开车

(1)在辅助控制盘上启动油箱油温控制器 OMP1045,将油温升到 40℃左右。

(2)打开油泵的前切断阀 OMP1026。

(3)打开油泵的后切断阀 OMP1048。

(4)从辅助控制盘上开启主油泵 OIL PUMP。

(5)调整油泵回路阀 TMPV186,将控制油压力控制在 0.9MPa 以上。

3. 盘车

(1)开启盘车泵的前切断阀 OMP1031。

(2)开启盘车泵的后切断阀 OMP1032。

(3)从辅助控制盘启动盘车泵。

(4)在辅助控制盘上按盘车按钮,盘车转速大于 150r/min。

(5)检查压缩机有无异常响声,检查振动、轴位移等。

4. 停止盘车

(1)在辅助控制盘上按盘车按钮停盘车。

(2)从辅助控制盘停盘车泵。

(3)关闭盘车泵的后切断阀 OMP1032。

(4)关闭盘车泵的前切断阀 OMP1031。

5. 联锁试验

(1)油泵自启动试验:主油泵启动且将油压控制正常后,在辅助控制盘上将辅助油泵自动启动按钮按下,按一下"RESET"按钮,打开透平蒸汽速关阀 HS8001,再在辅助控制盘上按停主油泵,辅助油泵应该自行启动,联锁不应动作。

(2)低油压联锁试验:主油泵启动且将油压控制正常后,确认在辅助控制盘上没有将辅助油泵设置为自动启动,按一下"RESET"按钮,打开透平蒸汽速关阀 HS8001,关闭四回一阀和段间放空阀,通过油泵回路阀缓慢降低油压,当油压降低到一定值时,仪表盘 PSXL8372 应该报警,按确认后继续开大阀降低油压,检查联锁是否动作,动作后透平蒸汽速关阀 HS8001 应该关闭,关闭四回一阀和段间放空阀应该全开。

(3)停车试验:主油泵启动且将油压控制正常后,按一下"RESET"按钮,打开透平蒸汽速关阀 HS8001,关闭四回一阀和段间放空阀,在辅助控制盘上按一下"STOP"按钮,透平蒸汽速关阀 HS8001 应该关闭,关闭四回一阀和段间放空阀应该全开。

6. 暖管暖机

(1)在辅助控制盘上点辅油泵自动启动按钮,将辅油泵设置为自启动。

(2)打开入界区蒸汽副线阀 OMP1006,准备引蒸汽。

(3)打开蒸汽透平主蒸汽管线上的切断阀 OMP1007,压缩机暖管。

(4)打开 CO_2放空截止阀 TMPV102。

(5)打开 CO_2放空调节阀 PIC8241。

(6)透平入口管道内蒸汽压力上升到 5.0MPa 后,开入界区蒸汽阀 OMP1005。

(7)关副线阀 OMP1006。

(8)打开 CO_2进料总阀 OMP1004。

(9)全开 CO_2进口控制阀 TMPV104。

(10)打开透平抽出截止阀 OMP1009。

(11)从辅助控制盘上按一下“RESET”按钮，准备冲转压缩机。

(12)打开透平速关阀 HS8001。

(13)逐渐打开阀 HIC8205，将转速 SI8335 提高到 1000r/min，进行低速暖机。

(14)控制转速为 1000r/min，暖机 15min(模拟为 1min)。

(15)打开油冷器冷却水阀 TMPV181。

(16)暖机结束，将机组转速缓慢提到 2000r/min，检查机组运行情况。

(17)检查压缩机有无异常响声，检查振动、轴位移等。

(18)控制转速为 2000r/min，停留 15min(模拟为 1min)。

7.过临界转速

(1)继续开大 HIC8205，将机组转速提到 3000r/min，准备过临界转速(3000～3500r/min)。

(2)继续开大 HIC8205，用 20～30s 的时间将机组转速缓慢提到 4000r/min，通过临界转速。

(3)逐渐打开 PIC8224 到 50%。

(4)缓慢将段间放空阀 HIC8101 关小到 72%。

(5)将 V111 液位控制 LIC8101 投自动，设定值在 20%左右。

(6)将 V119 液位控制 LIC8167 投自动，设定值在 20%左右。

(7)将 V120 液位控制 LIC8170 投自动，设定值在 20%左右。

(8)将 V121 液位控制 LIC8173 投自动，设定值在 20%左右。

(9)将 TIC8111 投自动，设定值在 52℃左右。

8.升速升压

(1)继续开大 HIC8205，将机组转速缓慢提到 5500r/min。

(2)缓慢将段间放空阀 HIC8101 关小到 50%。

(3)继续开大 HIC8205，将机组转速缓慢提到 6050r/min。

(4)缓慢将段间放空阀 HIC8101 关小到 25%。

(5)缓慢将四回一阀 HIC8162 关小到 75%。

(6)继续开大 HIC8205，将机组转速缓慢提到 6400r/min。

(7)缓慢将段间放空阀 HIC8101 关闭。

(8)缓慢将四回一阀 HIC8162 关闭。

(9)继续开大 HIC8205，将机组转速缓慢提到 6935r/min。

(10)调整 HIC8205，将机组转速 SI8335 稳定在 6935r/min。

9.投料

(1)逐渐关小 PIC8241，将压缩机四段出口压力提升到 14.4MPa，平衡系统压力。

(2)打开 CO_2出口阀 OMP1003。

(3)继续手动关小 PIC8241，缓慢将压缩机四段出口压力提升到 15.4MPa，将 CO_2引入合成系统。

(4)当 PIC8241 控制稳定在 15.4MPa 左右，将其设定在 15.4 投自动。

(二)正常停车

1. CO_2压缩机停车

(1)调节 HIC8205,将转速降至 6500r/min。

(2)调节 HIC8162,将负荷减至 21000Nm^3/h。

(3)继续调节 HIC8162,抽汽与注汽量,直至 HIC8162 全开。

(4)手动缓慢打开 PIC8241,将四段出口压力降到 14.5MPa 以下,CO_2退出合成系统。

(5)关闭 CO_2入合成总阀 OMP1003。

(6)继续开大 PIC8241,缓慢降低四段出口压力到 8.0～10.0MPa。

(7)调节 HIC8205,将转速降至 6403r/min。

(8)继续调节 HIC8205,将转速降至 6052r/min。

(9)调节 HIC8101,将四段出口压力降至 4.0MPa。

(10)继续调节 HIC8205,将转速降至 3000r/min。

(11)继续调节 HIC8205,将转速降至 2000r/min。

(12)在辅助控制盘上按"STOP"按钮,停压缩机。

(13)关闭 CO_2入压缩机控制阀 TMPV104。

(14)关闭 CO_2入压缩机总阀 OMP1004。

(15)关闭蒸汽抽出至 MS 总阀 OMP1009。

(16)关闭蒸汽至压缩机工段总阀 OMP1005。

(17)关闭压缩机蒸汽入口阀 OMP1007。

2. 油系统停车

(1)从辅助控制盘上取消辅油泵自启动。

(2)从辅助控制盘上停运主油泵。

(3)关闭油泵进口阀 OMP1048。

(4)关闭油泵出口阀 OMP1026。

(5)关闭油冷器冷却水阀 TMPV181。

(6)从辅助控制盘上停油温控制。

六、事故列表

(一)压缩机振动大

1. 原因

(1)机械方面的原因,如轴承磨损、平衡盘密封坏、找正不良、轴弯曲、连轴节松动等设备本身的原因。

(2)转速控制方面的原因,机组接近临界转速下运行产生共振。

(3)工艺控制方面的原因,主要是操作不当造成计算机喘振。

2. 处理措施

模拟中只有 20s 的处理时间,处理不及时就会发生联锁停车。

(1)机械方面故障需停车检修。

(2)产生共振时,需改变操作转速,另外在开停车过程中过临界转速时应尽快通过。

3.当压缩机发生喘振时,找出发生喘振的原因,并采取相应的措施

(1)入口气量过小:打开防喘振阀 HIC8162,开大入口控制阀开度。

(2)出口压力过高:打开防喘振阀 HIC8162,开大四段出口排放调节阀开度。

(3)操作不当,开关阀门动作过大:打开防喘振阀 HIC8162,消除喘振后再小心操作。

4.预防措施

(1)离心式压缩机一般都设有振动检测装置,在生产过程中应经常检查,发现轴振动或位移过大,应分析原因,及时处理。

(2)喘振预防:应经常注意压缩机气量的变化,严防入口气量过小而引发喘振。在开车时应遵循"升压先升速"的原则,先将防喘振阀打开,当转速升到一定值后,再慢慢关小防喘振阀,将出口压力升到一定值,然后再升速,使升速、升压交替缓慢进行,直到满足工艺要求。停车时应遵循"降压先降速"的原则,先将防喘振阀打开一些,将出口压力降低到某一值,然后再降速,降速、降压交替进行,到泄完压力再停机。

(二)压缩机辅助油泵自动启动

1.原因

辅助油泵自动启动是由于油压低引起的自保措施,一般情况下是由以下 2 种原因引起的:

(1)油泵出口过滤器有堵。

(2)油泵回路阀开度过大。

2.处理措施

(1)关小油泵回路阀。

(2)按过滤器清洗步骤清洗油过滤器。

(3)从辅助控制盘停辅助油泵。

3.预防措施

油系统正常运行是压缩机正常运行的重要保证,因此,压缩机的油系统也设有各种检测装置,如油温、油压、过滤器压降、油位等,生产过程中要经常对这些内容进行检查,油过滤器要定期切换清洗。

(三)四段出口压力偏低,CO_2打气量偏少

1.原因

(1)压缩机转速偏低。

(2)防喘振阀未关死。

(3)压力控制阀 PIC8241 未投自动,或未关死。

2.处理措施

(1)将转速调到 6935r/min。

(2)关闭防喘振阀。

(3)关闭压力控制阀 PIC8241。

3.预防措施

压缩机四段出口压力和下一工段的系统压力有很大的关系，下一工段系统压力波动也会造成四段出口压力波动，影响到压缩机的打气量，所以在生产过程中下一系统合成系统压力应该控制稳定，同时应该经常检查压缩机的吸气流量、转速、排放阀和防喘振阀以及段间放空阀的开度，正常工况下这3个阀应该尽量保持关闭状态，以保持压缩机的最高工作效率。

(四)压缩机因喘振发生联锁跳车

1.原因

操作不当，压缩机发生喘振，处理不及时。

2.处理措施

(1)关闭CO_2去尿素合成总阀OMP1003。

(2)在辅助控制盘上按一下“RESET”按钮。

(3)按冷态开车步骤中暖管暖机冲转开始重新开车。

3.预防措施

按振动过大中喘振预防措施预防喘振发生，一旦发生喘振，要及时按其处理措施进行处理，及时打开防喘振阀。

(五)压缩机三段冷却器出口温度过低

1.原因

冷却水控制阀TIC8111未投自动，阀门开度过大。

2.处理措施

(1)关小冷却水控制阀TIC8111，将温度控制在52℃左右。

(2)控制稳定后将TIC8111设定在52℃投自动。

3.预防措施

CO_2在高压、温度过低时会析出固体干冰，干冰会损坏压缩机叶轮，而影响到压缩机的正常运行。因而压缩机运行过程中应该经常检查该点温度，将其控制在正常工艺指标范围之内。

七、仿真界面

U8001	CO_2气路系统DCS图	U8002	透平和油系统DCS图
U8001F	CO_2气路系统现场图	U8002F	透平和油系统DCS图
AUX	辅助控制盘		

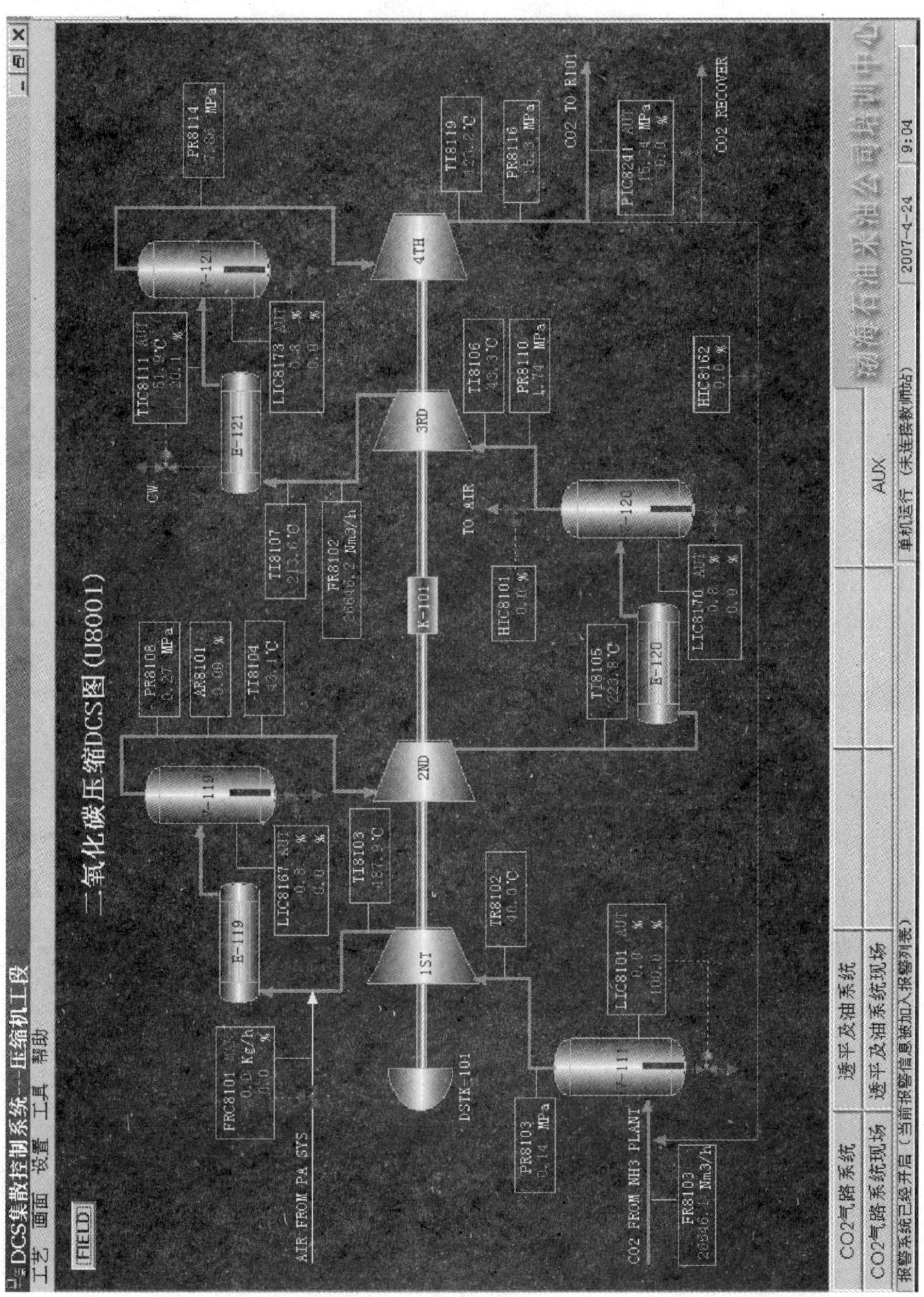
DCS集散控制系统--压缩机工段
工艺 画面 设置 工具 帮助
FIELD
二氧化碳压缩DCS图(U8001)
AIR FROM PA SYS
FRC8101
E-119
LIC8167
TI8103
PR8108
AR8101
TI8104
1ST
2ND
3RD
4TH
K-101
DSTK-101
TR8102
LIC8101
PR8103
FR8103
CO2 FROM NH3 PLANT
TI8107
FR8102
HIC8101
TO AIR
TI8105
E-120
LIC8170
TI8106
PR8110
HIC8162
CW
E-121
TIC8111
LIC8173
PR8114
TI8119
PR8116
PIC8241
CO2 TO R101
CO2 RECOVER
CO2气路系统
透平及油系统
AUX
CO2气路系统现场
透平及油系统现场
渤海石油采油公司培训中心
单机运行
2007-4-24
9:04

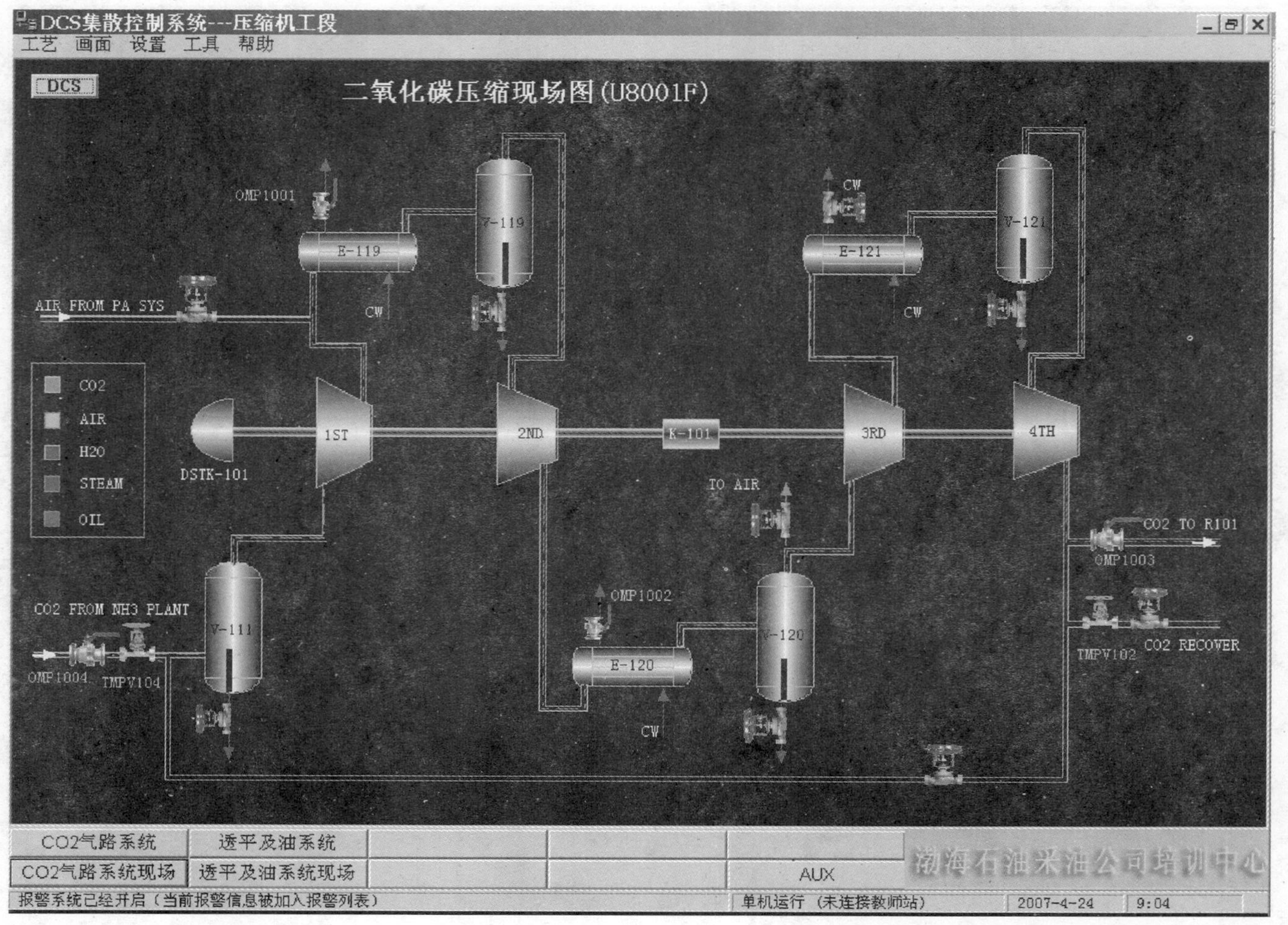
DCS集散控制系统---压缩机工段
工艺 画面 设置 工具 帮助
DCS
二氧化碳压缩现场图(U8001F)
OMP1001
E-119
V-119
CW
AIR FROM PA SYS
CO2
AIR
H2O
STEAM
OIL
DSTK-101
1ST
2ND
K-101
3RD
4TH
E-121
V-121
TO AIR
CO2 FROM NH3 PLANT
V-111
OMP1004
TMPV104
OMP1002
E-120
V-120
CO2 TO R101
OMP1003
TMPV102
CO2 RECOVER
CO2气路系统
透平及油系统
CO2气路系统现场
透平及油系统现场
AUX
渤海石油采油公司培训中心
报警系统已经开启（当前报警信息被加入报警列表）
单机运行 (未连接教师站)
2007-4-24
9:04

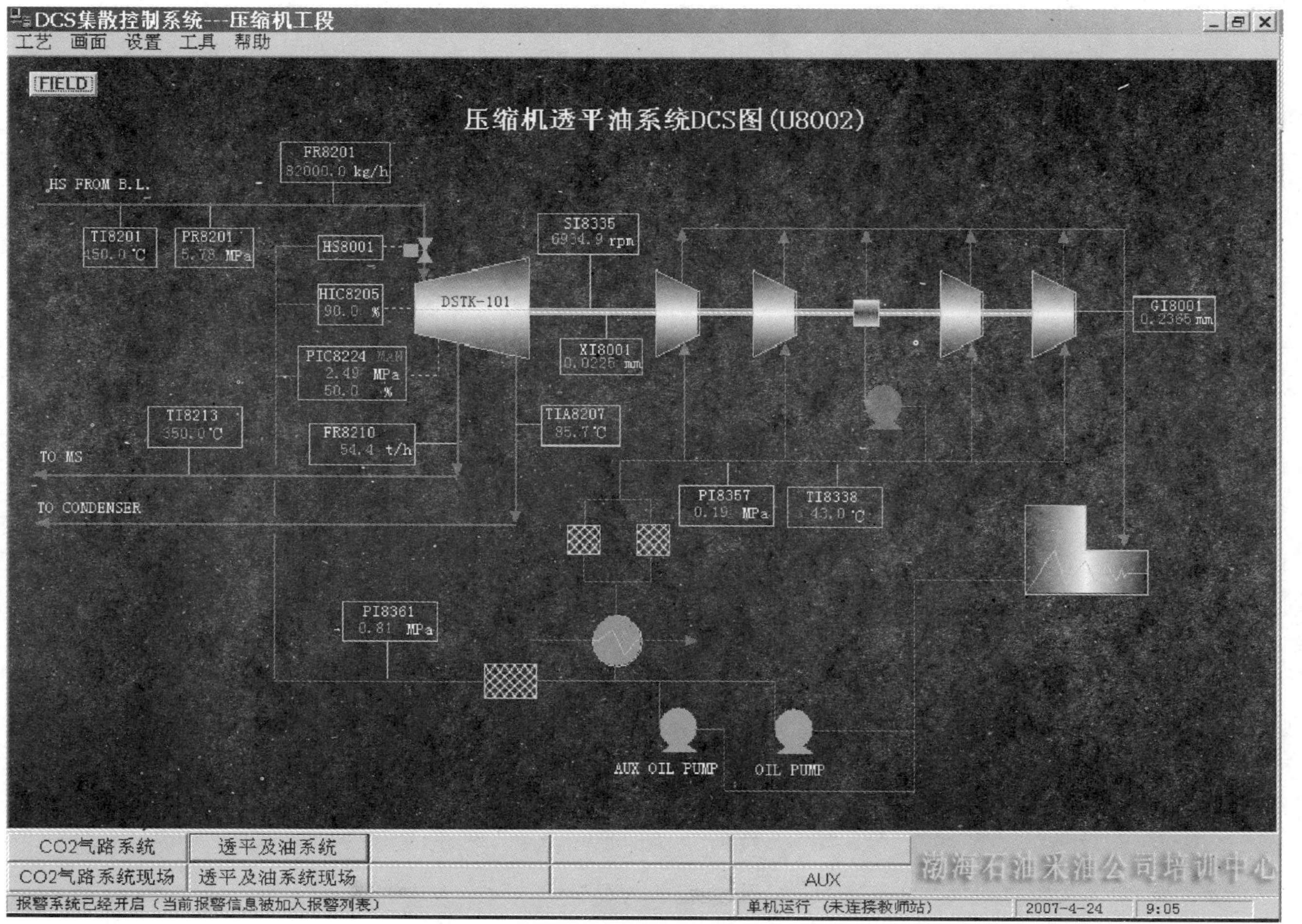
DCS集散控制系统---压缩机工段
工艺 画面 设置 工具 帮助
FIELD
压缩机透平油系统DCS图(U8002)
FR8201 82000.0 kg/h
HS FROM B.L.
TI8201 450.0 ℃
PR8201 5.78 MPa
HS8001
HIC8205 90.0 %
DSTK-101
SI8335 6934.9 rpm
XI8001 0.0225 mm
GI8001 0.2365 mm
PIC8224 2.49 MPa 50.0 %
TI8213 350.0 ℃
FR8210 54.4 t/h
TIA8207 85.7 ℃
TO MS
TO CONDENSER
PI8357 0.19 MPa
TI8338 43.0 ℃
PI8361 0.81 MPa
AUX OIL PUMP
OIL PUMP
CO2气路系统
透平及油系统
CO2气路系统现场
透平及油系统现场
AUX
渤海石油采油公司培训中心
报警系统已经开启（当前报警信息被加入报警列表）
单机运行 （未连接教师站）
2007-4-24
9:05

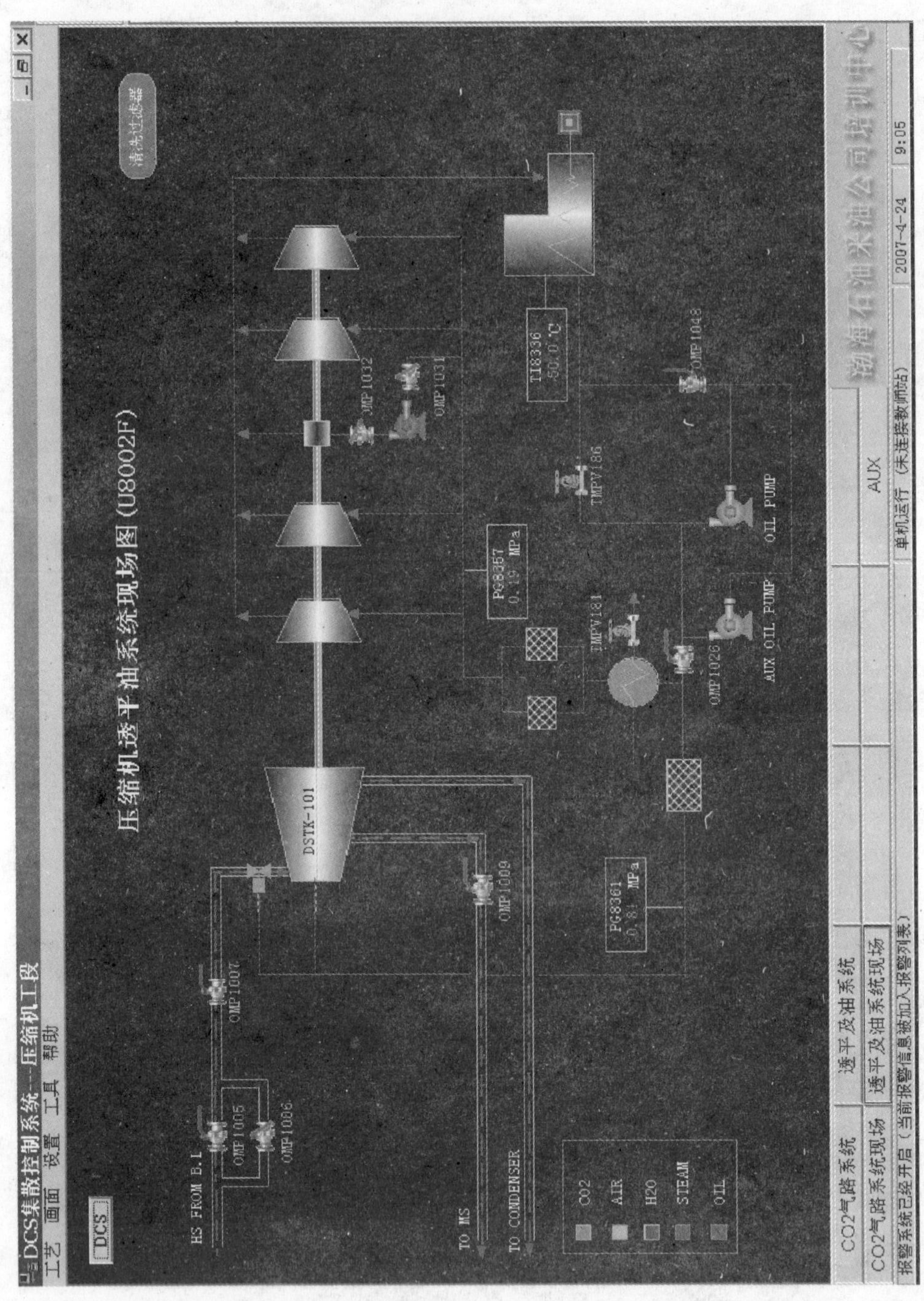
DCS集散控制系统--压缩机工段
工艺 画面 设置 工具 帮助
DCS
压缩机透平油系统现场图(U8002F)
清洗过滤器
HS FROM B.L
OMP1005
OMP1006
OMP1007
TO MS
TO CONDENSER
DSTK-101
OMP1009
PG8361
0.81 MPa
PG8357
0.19 MPa
EMPV181
OMP1026
AUX OIL PUMP
OIL PUMP
TMPV186
OMP1032
OMP1031
TI8336
50.0℃
OMP1048
CO2
AIR
H2O
STEAM
OIL
CO2气路系统
透平及油系统
CO2气路系统现场
透平及油系统现场
AUX
渤海石油采油公司培训中心
报警系统已经开启（当前报警信息被加入报警列表）
单机运行（未连接教师站）
2007-4-24
9:05

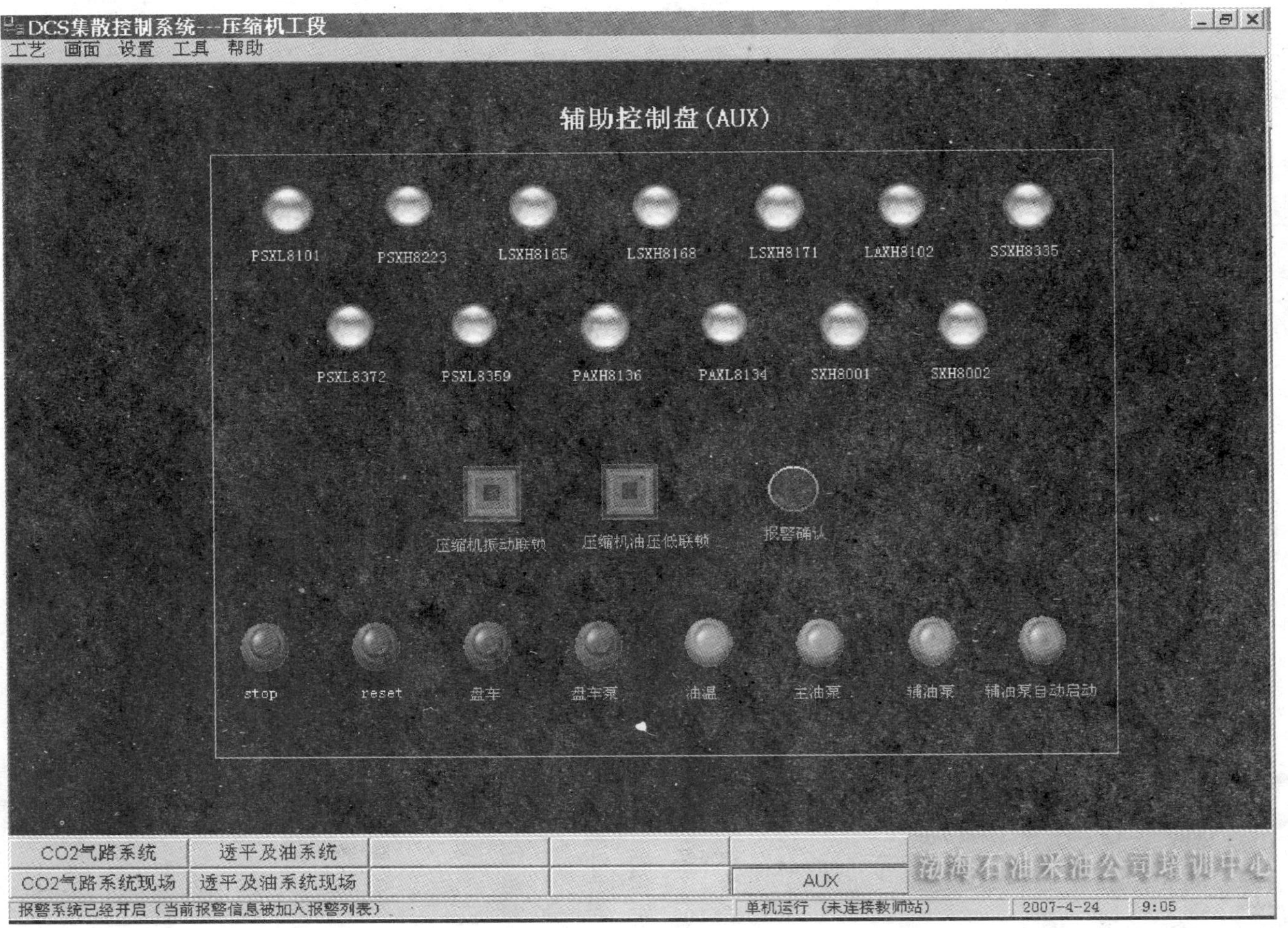
DCS集散控制系统---压缩机工段
工艺 画面 设置 工具 帮助
辅助控制盘(AUX)
PSXL8101
PSXH8223
LSXH8165
LSXH8168
LSXH8171
LAXH8102
SSXH8335
PSXL8372
PSXL8359
PAXH8136
PAXL8134
SXH8001
SXH8002
压缩机振动联锁
压缩机油压低联锁
报警确认
stop
reset
盘车
盘车泵
油温
主油泵
辅油泵
辅油泵自动启动
CO2气路系统
透平及油系统
CO2气路系统现场
透平及油系统现场
AUX
渤海石油采油公司培训中心
报警系统已经开启（当前报警信息被加入报警列表）
单机运行（未连接教师站）
2007-4-24
9:05

项目 5
真空系统单元仿真培训系统

一、项目流程说明

(一)水环真空泵简介及工作原理

水环真空泵(简称“水环泵”)是一种粗真空泵,它所能获得的极限真空为 2000～4000Pa,串联大气喷射器可达 270～670Pa。水环泵也可用作压缩机,称为水环式压缩机,属于低压的压缩机,其压力范围为(1～2)×10^5 Pa。

水环泵最初用作自吸水泵,而后逐渐用于石油、化工、机械、矿山、轻工、医药及食品等许多工业部门。在工业生产的许多工艺过程中,如真空过滤、真空引水、真空送料、真空蒸发、真空浓缩、真空回潮和真空脱气等,水环泵得到广泛的应用。由于真空应用技术的飞跃发展,水环泵在真空泵方面一直被人们所重视。由于水环泵中气体压缩是等温的,故可抽除易燃、易爆的气体,此外还可抽除含尘、含水的气体,因此,水环泵的应用日益增多。

在泵体中装有适量的水作为工作液。当叶轮按图中顺时针方向旋转时,水被叶轮抛向四周,由于离心力的作用,水形成了一个取决于泵腔形状的近似于等厚度的封闭圆环。水环的下部分内表面恰好与叶轮轮毂相切,水环的上部内表面刚好与叶片顶端接触(实际上叶片在水环内有一定的插入深度)。此时叶轮轮毂与水环之间形成一个月牙形空间,而这一空间又被叶轮分成与叶片数目相等的若干个小腔。如果以叶轮的下部 0°为起点,那么叶轮在旋转前 180°时小腔的容积由小变大,且与端面上的吸气口相通,此时气体被吸入。当吸气结束时,小腔与吸气口隔绝;当叶轮继续旋转时,小腔由大变小,使气体压缩;当小腔与排气口相通时,气体被排出泵外。

水环泵是靠泵腔容积的变化来实现吸气、压缩和排气的,因此它属于变容式真空泵。

(二)蒸汽喷射泵简介及工作原理

水蒸气喷射泵是靠从拉瓦尔喷嘴中喷出的高速水蒸气流来携带气的,故有如下特点:

(1)该泵无机械运动部分,不受摩擦、润滑、振动等条件限制,因此可制成抽气能力很大的泵。工作可靠,使用寿命长。只要泵的结构材料选择适当,对于排除具有腐蚀性气体、含有机械杂质的气体以及水蒸气等极为有利。

(2)结构简单，重量轻，占地面积小。

(3)工作蒸汽压力为$(4\sim9)\times10^5$ Pa，在一般的冶金、化工、医药等企业中都具备这样的水蒸气源。

因水蒸气喷射泵具有上述特点，所以广泛用于冶金、化工、医药、石油以及食品等工业部门。

喷射泵是由工作喷嘴和扩压器及混合室相联而组成。工作喷嘴和扩压器这两个部件组成了一条断面变化的特殊气流管道。气流通过喷嘴可将压力能转变为动能。工作蒸汽压强P_0和泵的出口压强P_4之间的压力差，使工作蒸汽在管道中流动。

在这个特殊的管道中，蒸汽经过喷嘴的出口到扩压器入口之间的这个区域(混合室)，由于蒸汽流处于高速而出现一个负压区。此处的负压要比工作蒸汽压强P_0和反压强P_4低得多。此时，被抽气体吸进混合室，工作蒸汽和被抽气体相互混合并进行能量交换，把工作蒸汽由压力转变来的动能传给被抽气体，混合气流在扩压器扩张段某断面产生正激波，波后的混合气流速降为亚音速，混合气流的压力上升。亚音速的气流在扩压器的渐扩段流动时是降速增压的。混合气流在扩压器出口处，压力增加，速度下降。故喷射泵也是一台气体压缩机。

(三)项目流程简介

该项目主要完成三个塔体系统真空抽取。液环真空泵 P416 系统负责 A 塔系统真空抽取，正常工作压力为 26.6kPa，并作为 J451、J441 喷射泵的二级泵。J451 是一个串联的二级喷射系统，负责 C 塔系统真空抽取，正常工作压力为 1.33kPa。J441 为单级喷射泵系统，抽取 B 塔系统真空，正常工作压力为 2.33kPa。被抽气体主要成分为可冷凝气体、物质和水。由 D417 气水分离后的液体提供给 P416 灌泵，提供所需液体补给；气体进入换热器 E417，冷凝出的液体回流至 D417，E417 出口气体进入焚烧单元。生产过程中，主要通过调节各泵进口回流量或泵前被抽项目气体流量来调节压力。

J441 和 J451A/B 两套喷射真空泵分别负责抽取塔 B 区和 C 区，中压蒸汽喷射形成负压，抽取项目气体。蒸汽和项目气体混合后，进入 E418、E419、E420 等冷凝器。在冷凝器内大量蒸汽和带水项目气体被冷凝后，流入 D425 封液罐。未被冷凝的气体一部分作为水环真空泵 P416 的入口回流，一部分作为自身入口回流，以便压力控制调节。

D425 的主要作用是为喷射真空泵系统提供液封。防止喷射泵喷射被压过大而无法抽取真空。开车前应该为 D425 灌液，当液位超过大气腿最下端时，方可启动喷射泵系统。

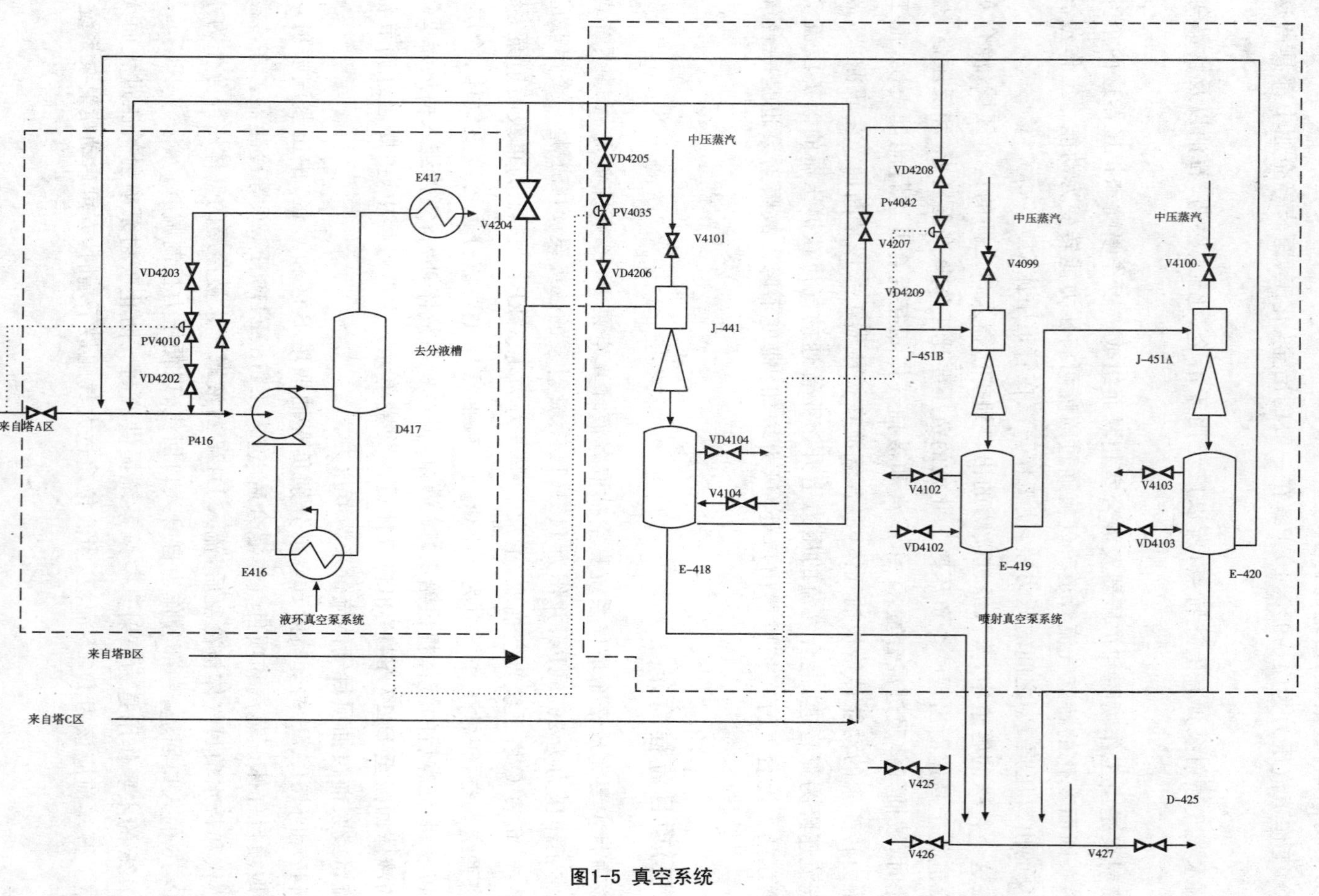
E417
V4204
VD4203
PV4010
VD4202
去分液槽
来自塔A区
P416
D417
E416
液环真空泵系统
来自塔B区
来自塔C区
VD4205
PV4035
VD4206
中压蒸汽
V4101
J-441
VD4104
V4104
E-418
VD4208
Pv4042
V4207
VD4209
J-451B
中压蒸汽
V4099
V4102
VD4102
E-419
喷射真空泵系统
中压蒸汽
V4100
J-451A
V4103
VD4103
E-420
V425
D-425
V426
V427

图1-5 真空系统

(四)正常工况项目参数

项目参数数值(单位)

(1)PI4010　26.6kPa(由于控制调节速率,允许有一定波动)

(2)PI4035　3.33kPa(由于控制调节速率,允许有一定波动)

(3)PI4042　1.33kPa(由于控制调节速率,允许有一定波动)

(4)TI4161　8.17℃

(5)LI4161　68.78%(≥50%)

(6)LI4162　80.84%

(7)LI4163　≤50%

二、设备一览表

(一)容器列表

序号	位号	名称	备注
1	D416	压力缓冲罐	1.5m^3
2	D441	压力缓冲罐	1.5m^3
3	D451	压力缓冲罐	1.5m^3
4	D417	气液分离罐	

(二)换热器列表

序号	位号	名称	备注
1	E416	换热器	
2	E417	换热器	
3	E418	换热器	
4	E419	换热器	
5	E420	换热器	

(三)泵列表

序号	位号	名称	备注
1	P416	水环真空泵	塔A区真空泵
2	J441	蒸汽喷射泵	塔B区真空泵
3	J451A	蒸汽喷射泵	塔C区真空泵
4	J451B	蒸汽喷射泵	塔C区真空泵

(四)阀门列表

序号	位号	开度范围	正常工况开度
1	V416	0～100	100
2	V441	0～100	100
3	V451	0～100	100
4	V4201	0～100	0
5	V417	0～100	50
6	V418	0～100	50
7	V4109	0～100	50
8	V4107	0～100	0
9	V4105	0～100	50
10	V4204	0～100	0
11	V4207	0～100	0
12	V4101	0～100	50
13	V4099	0～100	50
14	V4100	0～100	50
15	V4104	0～100	50
16	V4102	0～100	50
17	V4103	0～100	50
18	V425	0～100	0
19	V426	0～100	0
20	V427	0～100	100
21	PV4010	0～100	40
22	PV4035	0～100	50
23	PV4042	0～100	50
24	VD4161A	0,1	1
25	VD4162A	0,1	1
26	VD4161B	0,1	0
27	VD4162B	0,1	0
28	VD4163A	0,1	1
29	VD4163B	0,1	0
30	VD4164A	0,1	0
31	VD4164B	0,1	0
32	VD417	0,1	1
33	VD418	0,1	1
34	VD4202	0,1	1
35	VD4203	0,1	1
36	VD4205	0,1	1
37	VD4206	0,1	1
38	VD4208	0,1	1
39	VD4209	0,1	1
40	VD4102	0,1	1
41	VD4103	0,1	1
42	VD4104	0,1	1

三、控制说明

(一)压力回路调节

PIC4010 检测压力缓冲罐 D416 内压力,调节 P416 进口前回路控制阀 PV4010 开度,调节 P416 进口流量。PIC4035 和 PIC4042 调节压力原理同 PIC4010。

(二)D417 内液位控制

采用浮阀控制系统。当液位低于 50%时,浮球控制的阀门 VD4105 自动打开。在阀门 V4105 打开的条件下,自动为 D417 内加水,满足 P416 灌液所需水位。当液位高于 68.78%时,液体溢流至工艺废水区,确保 D417 内始终有一定液位。

四、操作规程

(一)冷态开车

1.液环真空和喷射真空泵灌水

(1)开阀 V4105 为 D417 灌水。

(2)待 D417 有一定液位后,开阀 V4109。

(3)开启灌水水温冷却器 E416,开阀 VD417。

(4)开阀 V417,开度 50。

(5)开阀 VD4163A,为水环泵 P416A 灌水。

(6)在 D425 中,开阀 V425 为 D425 灌水,液位达到 10%以上。

2.开水环泵

(1)开进料阀 V416。

(2)开泵前阀 VD4161A。

(3)开泵 P416A。

(4)开泵后阀 VD4162A。

(5)开 E417 冷凝系统:开阀 VD418。

(6)开阀 V418,开度 50。

(7)开回流四组阀:打开 VD4202。

(8)打开 VD4203。

(9)PIC4010 投自动,设置 SP 值为 26.6kPa。

3.开喷射泵

(1)开进料阀 V441,开度 100。

(2)开进口阀 V451,开度 100。

(3)在 J441/J451 现场中,开喷射泵冷凝系统,开 VD4104。

(4)开阀 V4104,开度 50。

(5)开阀 VD4102。

(6)开阀 V4102,开度 50。

(7)开阀 VD4103。

(8)开阀 V4103,开度 50。

(9)开回流四组阀:开阀 VD4208。

(10)开阀 VD4209。

(11)投 PIC4042 为自动,输入 SP 值为 1.33。

(12)开阀 VD4205。

(13)开阀 VD4206。

(14)投 PIC4035 为自动,输入 SP 值为 3.33。

(15)开启中压蒸汽,开始抽真空,开阀 V4101,开度 50。

(16)开阀 V4099,开度 50。

(17)开阀 V4100,开度 50。

4.检查 D425 左右室液位

开阀 V427,防止右室液位过高。

(二)检修停车

1.停喷射泵系统

(1)在 D425 中开阀 V425,为封液罐灌水。

(2)关闭进料口阀门,关闭阀 V441。

(3)关闭阀 V451。

(4)关闭中压蒸汽,关阀 V4101。

(5)关闭阀门 V4099。

(6)关闭阀门 V4100。

(7)投 PIC4035 为手动,输入 OP 值为 0。

(8)投 PIC4042 为手动,输入 OP 值为 0。

(9)关阀 VD4205。

(10)关阀 VD4206。

(11)关阀 VD4208。

(12)关阀 VD4209。

2.停液环真空系统

(1)关闭进料阀门 V416。

(2)关闭 D417 进水阀 V4105。

(3)停泵 P416A。

(4)关闭灌水阀 VD4163A。

(5)关闭冷却系统冷媒,关阀 VD417。

(6)关阀 V417。

(7)关阀 VD418。

(8)关阀 V418。

(9)关闭回流控制阀组：投 PIC4010 为手动，输入 OP 值为 0。

(10)关闭阀门 VD4202。

(11)关闭阀门 VD4203。

3.排液

(1)开阀 V4107，排放 D417 内液体。

(2)开阀 VD4164A，排放水环泵 P416A 内液体。

五、事故处理培训

(一)喷射泵大气腿未正常工作

1.现象

PI4035 及 PI4042 压力逐渐上升。

2.原因

由于误操作将 D425 左室排液阀门 V426 打开，导致左室液位太低。大气进入喷射真空系统，导致喷射泵出口压力变大。真空泵抽气能力下降。

3.处理方法

关闭阀门 V426，升高 D425 左室液位，重新恢复大气腿高度。

(二)水环泵灌水阀未开

1.现象

PI4010 压力逐渐上升。

2.原因

由于误操作将 P416A 灌水阀 VD4163A 关闭，导致液环真空泵进液不够，不能形成液环，无法抽气。

3.处理方法

开启阀门 VD4163，对 P416 进行灌液。

(三)液环抽气能力下降(温度对液环真空影响)

1.现象

PI4010 压力上升，达到新的压力稳定点。

2.原因

由于液环介质温度高于正常工况温度，导致液环抽气能力下降。

3.处理方法

检查换热器 E416 出口温度是否高于正常工作温度 8.17°C。如果是，加大循环水阀门开度，调节出口温度至正常。

(四)J441 蒸汽阀漏

1.现象

PI4035 压力逐渐上升。

2.原因

由于进口蒸汽阀 V4101 漏气,导致 J441 抽气能力下降。

3.处理方法

停车更换阀门。

(五)PV4010 阀卡

1.现象

PI4010 压力逐渐下降,调节 PV4010 无效。

2.原因

由于 PV4010 卡住开度偏小,回流调节量太低。

3.处理方法

减小阀门 V416 开度,降低被抽气量,控制塔 A 区压力。

项目 6
换热器单元仿真培训系统

一、项目流程说明

(一)项目说明

换热器是进行热交换操作的通用设备,广泛应用于化工、石油、动力、冶金等工业部门,特别是在石油炼制和化学加工装置中,占有重要地位。换热器的操作技术培训在整个操作培训中尤为重要。

本单元设计采用管壳式换热器。来自外界的 92℃冷物流(沸点:198.25℃)由泵 P101A/B 送至换热器 E101 的壳程,被流经管程的热物流加热至 145℃,并有 20%汽化。冷物流流量由流量控制器 FIC101 控制,正常流量为 12000kg/h。来自另一设备的 225℃热物流经泵 P102A/B 送至换热器 E101 与经壳程的冷物流进行热交换,热物流出口温度由 TIC101 控制(177℃)。

为保证热物流的流量稳定,TIC101 采用分程控制,TV101A 和 TV101B 分别调节流经 E101 和副线的流量,TIC101 输出 0～100%分别对应 TV101A 开度 0～100%,TV101B 开度 0～100%。

(二)本单元复杂控制方案说明

TIC101 的分程控制线如图 1-7 所示。

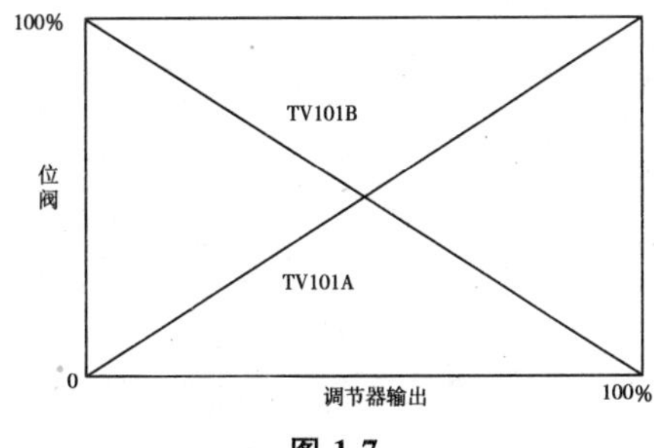

图 1-7

补充说明:本单元现场图中现场阀旁边的实心红色圆点是高点排气和低点排液的指示标志,当完成高点排气和低点排液时实心红色圆点变为绿色。

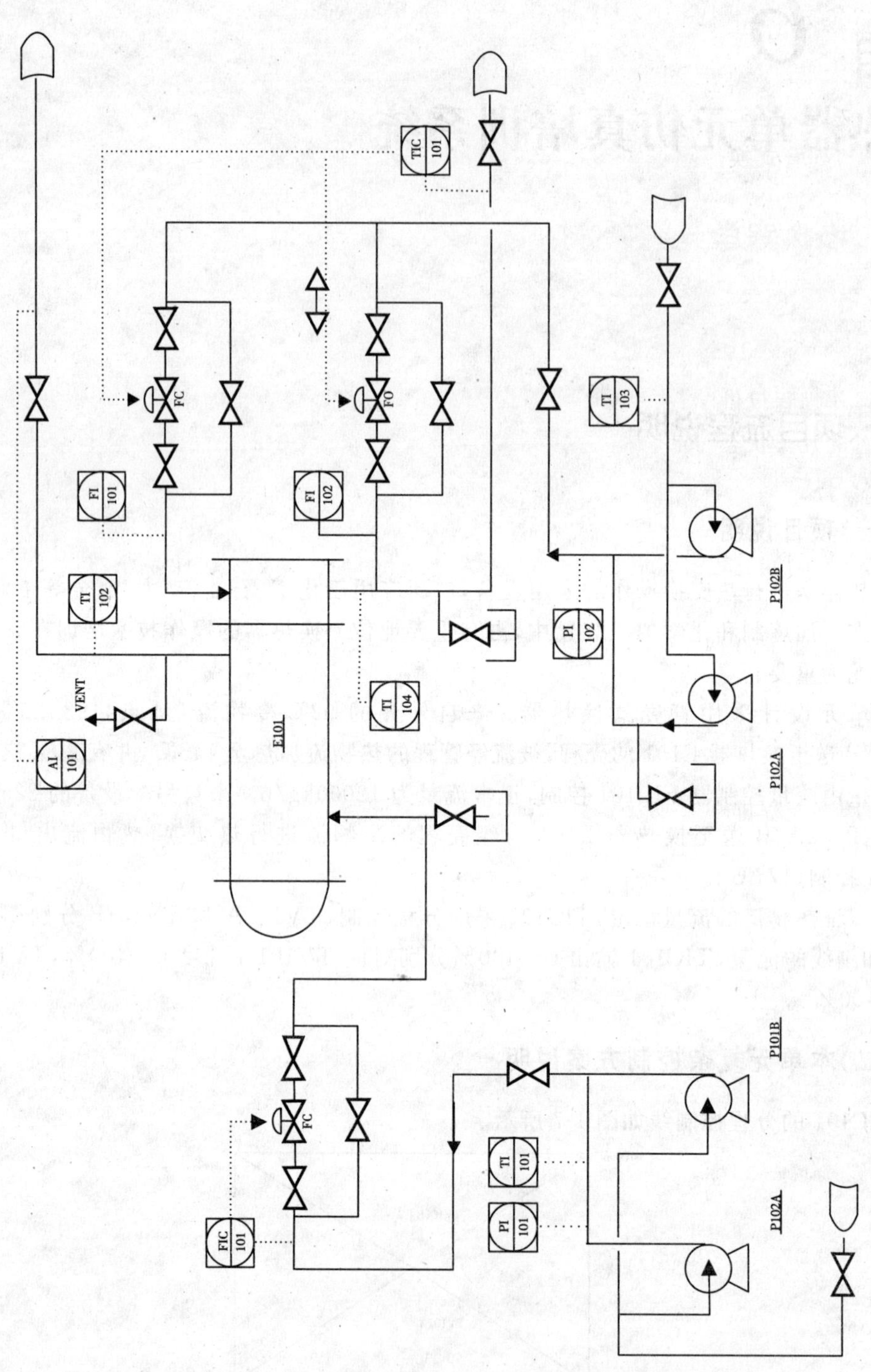

图 1-6 PIC101. OP

(三)设备一览

P101A/B:冷物流进料泵

P102A/B:热物流进料泵

E101:列管式换热器

二、换热器单元操作规程

(一)开车操作规程

本操作规程仅供参考,详细操作以评分系统为准。

装置的开车状态为换热器处于常温常压下,各调节阀处于手动关闭状态,各手操阀处于关闭状态,可以直接进冷物流。

1.启动冷物流进料泵 P101A

(1)开换热器壳程排气阀 VD03。

(2)开 P101A 泵的前阀 VB01。

(3)启动泵 P101A。

(4)当进料压力指示表 PI101 指示达 9.0atm 以上,打开 P101A 泵的出口阀 VB03。

2.冷物流 E101 进料

(1)打开 FIC101 的前后阀 VB04 和 VB05,手动逐渐开大调节阀 FV101(FIC101)。

(2)观察壳程排气阀 VD03 的出口,当有液体溢出时(VD03 旁边标志变绿),标志着壳程已无不凝性气体,关闭壳程排气阀 VD03,壳程排气完毕。

(3)打开冷物流出口阀(VD04),将其开度置为 50%,手动调节 FV101,使 FIC101 达到 12000kg/h,且较稳定时将 FIC101 设定为 12000kg/h,投自动。

3.启动热物流入口泵 P102A

(1)开管程放空阀 VD06。

(2)开 P102A 泵的前阀 VB11。

(3)启动 P102A 泵。

(4)当热物流进料压力表 PI102 指示大于 10atm 时,全开 P102 泵的出口阀 VB10。

4.热物流进料

(1)全开 TV101A 的前后阀 VB06、VB07、TV101B 的前后阀 VB08 和 VB09。

(2)打开调节阀 TV101A(默认即开),给 E101 管程注液,观察 E101 管程排汽阀 VD06 的出口,当有液体溢出时(VD06 旁边标志变绿),标志着管程已无不凝性气体,此时关管程排气阀 VD06,E101 管程排气完毕。

(3)打开 E101 热物流出口阀(VD07),将其开度置为 50%,手动调节管程温度控制阀 TIC101,使其出口温度为(177±2)℃,且较稳定,TIC101 设定在 177℃,投自动。

(二)正常操作规程

1.正常工况操作参数

(1)冷物流流量为12000kg/h,出口温度为145℃,气化率20%。

(2)热物流流量为10000kg/h,出口温度为177℃。

2.备用泵的切换

(1)P101A与P101B之间可任意切换。

(2)P102A与P102B之间可任意切换。

(三)停车操作规程

本操作规程仅供参考,详细操作以评分系统为准。

1.停热物流进料泵P102A

(1)关闭P102泵的出口阀VB01。

(2)停P102A泵。

(3)待PI102指示小于0.1atm时,关闭P102泵入口阀VB11。

2.停热物流进料

(1)TIC101置手动。

(2)关闭TV101A的前后阀VB06和VB07。

(3)关闭TV101B的前后阀VB08和VB09。

(4)关闭E101热物流出口阀VD07。

3.停冷物流进料泵P101A

(1)关闭P101泵的出口阀VB03。

(2)停P101A泵。

(3)待PI101指示小于0.1atm时,关闭P101泵入口阀VB01。

4.停冷物流进料

(1)FIC101置手动。

(2)关闭FIC101的前后阀VB04和VB05。

(3)关闭E101冷物流出口阀VD04。

5.E101管程泄液

打开管程泄液阀VD05,观察管程泄液阀VD05的出口,当不再有液体泄出时,关闭泄液阀VD05。

6.E101壳程泄液

打开壳程泄液阀VD02,观察壳程泄液阀VD02的出口,当不再有液体泄出时,关闭泄液阀VD02。

(四)仪表及报警一览表

位号	说明	类型	正常值	量程高限	量程低限	工程单位	高报值	低报值	高高报值	低低报值
FIC101	冷流入口流量控制	PID	12000	20000	0	kg/h	17000	3000	19000	1000
TIC101	热流入口温度控制	PID	177	300	0	℃	255	45	285	15
PI101	冷流入口压力显示	AI	9.0	27000	0	atm	10	3	15	1
TI101	冷流入口温度显示	AI	92	200	0	℃	170	30	190	10
PI102	热流入口压力显示	AI	10.0	50	0	atm	12	3	15	1
TI102	冷流出口温度显示	AI	145.0	300	0	℃	17	3	19	1
TI103	热流入口温度显示	AI	225	400	0	℃				
TI104	热流出口温度显示	AI	129	300	0	℃				
FI101	流经换热器流量	AI	10000	20000	0	kg/h				
FI102	未流经换热器流量	AI	10000	20000	0	kg/h				

三、事故设置一览

下列事故处理操作仅供参考,详细操作以评分系统为准。

(一)FIC101 阀卡

1.主要现象

(1)FIC101 流量减小。

(2)P101 泵出口压力升高。

(3)冷物流出口温度升高。

2.事故处理

关闭 FIC101 前后阀,打开 FIC101 的旁路阀(VD01),调节流量使其达到正常值。

(二)P101A 泵坏

1.主要现象

(1)P101 泵出口压力急骤下降。

(2)FIC101 流量急骤减小。

(3)冷物流出口温度升高,汽化率增大。

2.事故处理

关闭 P101A 泵,开启 P101B 泵。

(三)P102A 泵坏

1.主要现象

(1)P102 泵出口压力急骤下降。

(2)冷物流出口温度下降,汽化率降低。

2.事故处理

关闭 P102A 泵,开启 P102B 泵。

(四)TV101A 阀卡

1.主要现象

(1)热物流经换热器换热后的温度降低。

(2)冷物流出口温度降低。

2.事故处理

关闭 TV101A 前后阀,打开 TV101A 的旁路阀(VD01),调节流量使其达到正常值。关闭 TV101B 前后阀,调节旁路阀(VD09)。

(五)部分管堵

1.主要现象

(1)热物流流量减小。

(2)冷物流出口温度降低,汽化率降低。

(3)热物流 P102 泵出口压力略升高。

2.事故处理

停车拆换热器清洗。

(六)换热器结垢严重

1.主要现象

热物流出口温度高。

2.事故处理

停车拆换热器清洗。

四、仿真界面

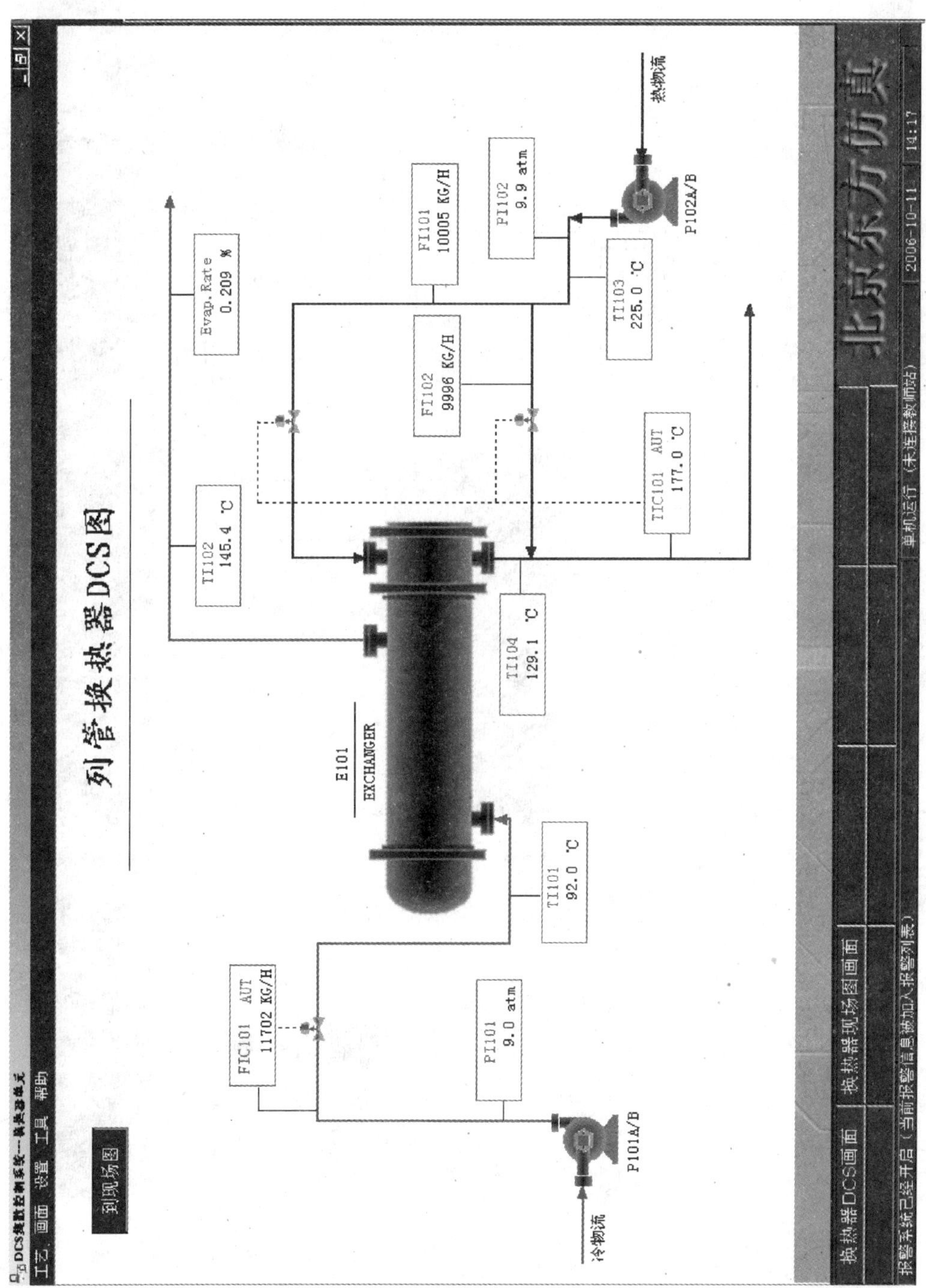
DCS集散控制系统--换热器单元
工艺 画面 设置 工具 帮助
列管换热器DCS图
到现场图
冷物流
P101A/B
PI101 9.0 atm
FIC101 AUT 11702 KG/H
TI101 92.0 ℃
E101
EXCHANGER
TI104 129.1 ℃
TI102 145.4 ℃
Evap.Rate 0.209 %
FI102 9996 KG/H
FI101 10005 KG/H
TIC101 AUT 177.0 ℃
TI103 225.0 ℃
PI102 9.9 atm
P102A/B
热物流
换热器DCS画面
换热器现场图画面
北京东方仿真
报警系统已经开启（当前报警信息被加入报警列表）
单机运行（未连接教师站）
2006-10-11
14:17

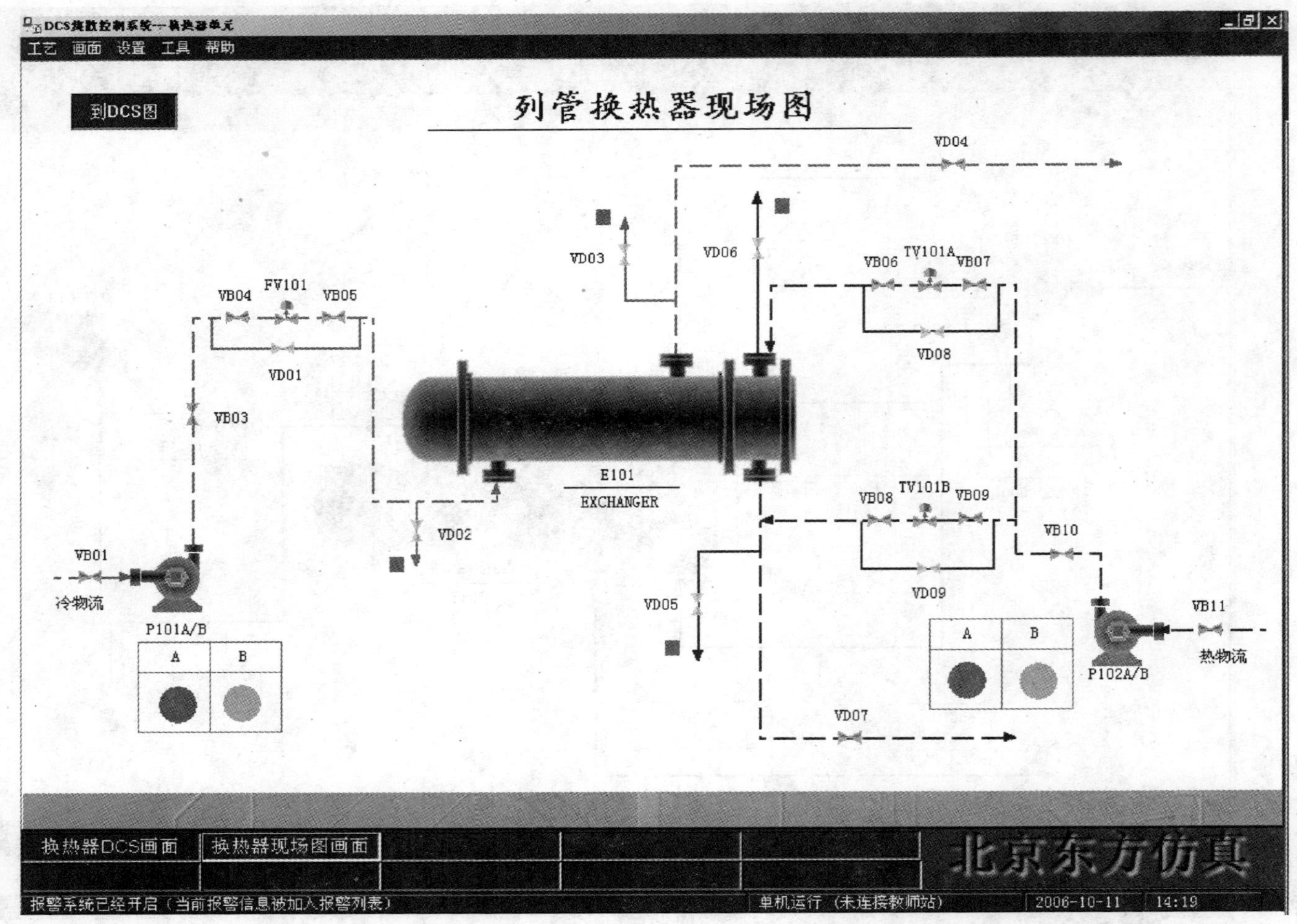
工艺 画面 设置 工具 帮助
到DCS图
列管换热器现场图
VD04
VD06
VD03
VD05
VD02
VD01
VD08
VD09
VD07
VB01
VB03
VB04
VB05
VB06
VB07
VB08
VB09
VB10
VB11
FV101
TV101A
TV101B
E101
EXCHANGER
P101A/B
P102A/B
冷物流
热物流
A
B
北京东方仿真
换热器DCS画面
换热器现场图画面
报警系统已经开启（当前报警信息被加入报警列表）
单机运行（未连接教师站）
2006-10-11
14:19

五、思考题

1. 冷态开车是先送冷物料，后送热物料；而停车时要先关热物料，后关冷物料，原因是什么？

2. 开车时不排出不凝气会有什么后果？如何操作才能排净不凝气？

3. 为什么停车后管程和壳程都要高点排气、低点泄液？

4. 你认为本系统调节器 TIC101 的设置合理吗？如何改进？

5. 影响间壁式换热器传热量的因素有哪些？

6. 传热有哪几种基本方式？各自的特点是什么？

7. 工业生产中常见的换热器有哪些类型？

项目 7
管式加热炉单元仿真培训系统

一、项目流程说明

(一)项目流程简述

本单元选择的是石油化工生产中最常用的管式加热炉。管式加热炉是一种直接受热式加热设备,主要用于加热液体或气体化工原料,所用燃料通常有燃料油和燃料气。管式加热炉的传热方式以热辐射为主,管式加热炉通常由以下几部分构成:

辐射室:通过火焰或高温烟气进行辐射传热的部分。这部分直接受火焰冲刷,温度很高(600~1600℃),是热交换的主要场所(占热负荷的70%~80%)。

对流室:靠辐射室出来的烟气进行以对流传热为主的换热部分。

燃烧器:是使燃料雾化并混合空气,使之燃烧的产热设备,燃烧器可分为燃料油燃烧器、燃料气燃烧器和油一气联合燃烧器。

通风系统:将燃烧用空气引入燃烧器,并将烟气引出炉子,可分为自然通风和强制通风。

1.工艺物料系统

某烃类化工原料在流量调节器FIC101的控制下先进入加热炉F101的对流段,经对流的加热升温后,再进入F101的辐射段,被加热至420℃后,送至下一工序,其炉出口温度由调节器TIC106通过调节燃料气流量或燃料油压力来控制。

采暖水在调节器FIC102控制下,经与F101的烟气换热,回收余热后,返回采暖水系统。

2.燃料系统

燃料气管网的燃料气在调节器PIC101的控制下进入燃料气罐V105,燃料气在V105中脱油脱水后,分两路送入加热炉,一路在PCV01控制下送入常明线,一路在TV106调节阀控制下送入油一气联合燃烧器。

来自燃料油罐V108的燃料油经P101A/B升压后,在PIC109控制压送至燃烧器火嘴前,用于维持火嘴前的油压,多余燃料油返回V108。来自管网的雾化蒸汽在PDIC112的控制压与燃料油保持一定压差情况下送入燃料器。来自管网的吹热蒸汽直接进入炉膛底部。

(二)本单元复杂控制方案说明

1.炉出口温度控制

TIC106物流炉出口温度通过一个切换开关HS101实现。有2种控制方案:其一是直接控制燃料气流量；其二是与燃料压力调节器 PIC109 构成串级控制。当使用第一种方案时，燃料油的流量固定，不作调节，通过 TIC106 自动调节燃料气流量控制工艺物流炉出口温度；当使用第二种方案时燃料气流量固定，TIC106 和燃料压力调节器 PIC109 构成串级控制回路，控制工艺物流炉出口温度。

（三）设备一览

V105：燃料气分液罐
V108：燃料油贮罐
F101：管式加热炉
P101A：燃料油 A 泵
P101B：燃料油 B 泵

二、本单元操作规程

（一）开车操作规程

本操作规程仅供参考，详细操作以评分系统为准。

装置的开车状态为氨置换的常温常压氨封状态。

1.开车前的准备

（1）启用公用工程（现场图“UTILITY”按钮置“ON”）。

（2）摘除联锁（现场图“BYPASS”按钮置“ON”）。

（3）联锁复位（现场图“RESET”按钮置“ON”）。

2.点火准备工作

（1）全开加热炉的烟道挡板 MI102。

（2）打开吹扫蒸汽阀 D03，吹扫炉膛内的可燃气体（实际约需 10min）。

（3）待可燃气体的含量低于 0.5%后，关闭吹扫蒸汽阀 D03。

（4）将 MI101 调节至 30%。

（5）调节 MI102 在一定的开度（30%左右）。

3.燃料气准备

（1）手动打开 PIC101 的调节阀，向 V105 充燃料气。

（2）控制 V105 的压力不超过 2atm，在 2atm 处将 PIC101 投自动。

4.点火操作

（1）当 V105 压力大于 0.5atm 后，启动点火棒（“IGNITION”按钮置“ON”），开常明线上的根部阀门 D05。

（2）确认点火成功（火焰显示）。

（3）若点火不成功，需重新进行吹扫和再点火。

5.升温操作

（1）确认点火成功后，先开燃料气线上的调节阀的前后阀（B03、B04），再稍开调节阀（<10%）（TV106），再全开根部阀 D10，引燃料气入加热炉火嘴。

(2)用调节阀 TV106 控制燃料气量,来控制升温速度。

(3)当炉膛温度升至 100℃时恒温 30s(实际生产恒温 1h)烘炉,当炉膛温度升至 180℃时恒温 30s(实际生产恒温 1h)暖炉。

6.引项目物料

当炉膛温度升至 180℃后,引工艺物料。

(1)先开进料调节阀的前后阀 B01、B02,再稍开调节阀 FV101(<10%)。引进工艺物料进加热炉。

(2)先开采暖水线上调节阀的前后阀 B13、B12,再稍开调节阀 FV102(<10%),引采暖水进加热炉。

7.启动燃料油系统

待炉膛温度升至 200℃左右时,开启燃料油系统。

(1)开雾化蒸汽调节阀的前后阀 B15、B14,再微开调节阀 PDIC112(<10%)。

(2)全开雾化蒸汽的根部阀 D09。

(3)开燃料油压力调节阀 PV109 的前后阀 B09、B08。

(4)开燃料油返回 V108 管线阀 D06。

(5)启动燃料油泵 P101A。

(6)微开燃料油调节阀 PV109(<10%),建立燃料油循环。

(7)全开燃料油根部阀 D12,引燃料油入火嘴。

(8)打开 V108 进料阀 D08,保持贮罐液位为 50%。

(9)按升温需要逐步开大燃料油调节阀,通过控制燃料油升压(最后到 6atm 左右)来控制进入火嘴的燃料油量,同时控制 PDIC112 在 4atm 左右。

8.调整至正常

(1)逐步升温使炉出口温度至正常(420℃)。

(2)在升温过程中,逐步开大项目物料线的调节阀,使之流量调整至正常。

(3)在升温过程中,逐步采暖水流量调至正常。

(4)在升温过程中,逐步调整风门使烟气氧含量正常。

(5)逐步调节档板开度使炉膛负压正常。

(6)逐步调整其他参数至正常。

(7)将联锁系统投用("INTERLOCK"按钮置"ON")。

(二)正常操作规程

1.正常工况下主要工艺参数的生产指标

(1)炉出口温度 TIC106:420℃。

(2)炉膛温度 TI104:640℃。

(3)烟道气温度 TI105:210℃。

(4)烟道氧含量 AR101:4%。

(5)炉膛负压 PI107:-2.0 mmH_2O。

(6)工艺物料量 FIC101:3072.5kg/h。

(7)采暖水流量 FIC102:9584kg/h。

(8)V105 压力 PIC101:2atm。

(9)燃料油压力 PIC109:6atm。

(10)雾化蒸汽压差 PDIC112:4atm。

2. TIC106 控制方案切换

项目物料的炉出口温度 TIC106 可以通过燃料气和燃料油 2 种方式进行控制。2 种方式的切换由 HS101 切换开关来完成。当 HS100 切入燃料气控制时,TIC106 直接控制燃料气调节阀,燃料油由 PIC109 单回路自行控制;当 HS101 切入燃料油控制时,TIC106 与 PIC109 结成串级控制,通过燃料油压力控制燃料油燃烧量。

(三)停车操作规程

本操作规程仅供参考,详细操作以评分系统为准。

1. 停车准备

摘除联锁系统(现场图上按下"联锁不投用")。

2. 降量

(1)通过 FIC101 逐步降低项目物料进料量至正常的 70%。

(2)在 FIC101 降量过程中,逐步通过减少燃料油压力或燃料气流量,来维持炉出口温度 TIC106 稳定在 420℃左右。

(3)在 FIC101 降量过程中,逐步降低采暖水 FIC102 的流量。

(4)在降量过程中,适当调节风门和档板,维持烟气氧含量和炉膛负压。

3. 降温及停燃料油系统

(1)当 FIC101 降至正常量的 70%后,逐步开大燃料油的 V108 返回阀来降低燃料油压力,降温。

(2)待 V108 返回阀全开后,可逐步关闭燃料油调节阀,再停燃料油泵(P101A/B)。

(3)在降低燃料油压力的同时,降低雾化蒸汽流量,最终关闭雾化蒸汽调节阀。

(4)在以上降温过程中,可适当降低工艺物料进料量,但不可使炉出口温度高于 420℃。

4. 停燃料气及工艺物料

(1)待燃料油系统停完后,关闭 V105 燃料气入口调节阀(PIC101 调节阀),停止向 V105 供燃料气。

(2)待 V105 压力下降至 0.3atm 时,关燃料气调节阀 TV106。

(3)待 V105 压力下降至 0.1atm 时,关长明灯根部阀 D05,灭火。

(4)待炉膛温度低于 150℃时,关 FIC101 调节阀停止进料,关 FIC102 调节阀,停采暖水。

5. 炉膛吹扫

(1)灭火后,开吹扫蒸汽,吹扫炉膛 5s(实际 10min)。

(2)停吹扫蒸汽后,保持风门、挡板一定开度,使炉膛正常通风。

(四)复杂控制系统和联锁系统

1. 炉出口温度控制

TIC106 项目物流炉出口温度通过一个切换开关 HS101 实现。有 2 种控制方案:其一是直接控制燃料气流量;其二是与燃料压力调节器 PIC109 构成串级控制。

2.炉出口温度联锁

(1)联锁源

①项目物料进料量过低(FIC101＜正常值的50％)。

②雾化蒸汽压力过低(低于7atm)。

(2)联锁动作

①关闭燃料气入炉电磁阀S01。

②关闭燃料油入炉电磁阀S02。

③打开燃料油返回电磁阀S03。

(五)仪表一览表

位号	说明	类型	正常值	量程高限	量程低限	工程单位	高报值	低报值	高高报值	低低报值
AR101	烟气氧含量	AI	4.0	21.0	0	％	7.0	1.5	10.0	1.0
FIC101	工艺物料进料量	PID	3072.5	6000.0	0	kg/h	4000.0	1500.0	5000.0	1000.0
FIC102	采暖水进料量	PID	9584.0	20000.0	0	kg/h	15000.0	5000.0	18000.0	1000.0
LI101	V105液位	AI	40.0～60.0	100.0	0	％				
LI115	V108液位	AI	40.0～60.0	100,0	0	％				
PIC101	V105压力	PID	2.0	4.0	0	atm(G)	3.0	1.0	3.5	0.5
PI107	烟膛负压	AI	−2.0	10.0	−10.0	mmH_2O	0	−4.0	4.0	−8.0
PIC109	燃料油压力	PID	6.0	10.0	0	atm(G)	7.0	5.0	9.0	3.0
PDIC112	雾化蒸汽压差	PID	4.0	10.0	0	atm(G)	7.0	2.0	8.0	1.0
TI104	炉膛温度	AI	640.0	1000.0	0	℃	700.0	600.0	750.0	400.0
TI105	烟气温度	AI	210.0	400.0	0	℃	250.0	100.0	300.0	50.0
TIC106	工艺物料炉	PID	420.0	800.0	0	℃	430.0	410.0	460.0	370.0
TI108	燃料油温度	AI		100.0	0	℃				
TI134	炉出口温度	AI		800.0	0	℃	430.0	400.0	450.0	370.0
TI135	炉出品温度	AI		800.0	0	℃	430.0	400.0	450.0	370.0
HS101	切换开关	SW			0					
MI101	风门开度	AI		100.0	0	％				
MI102	档板开度	AI		100.0	0	％				
TT106	TIC106的输入	AI	420.0	800.0	0	℃	430.0	400	450.0	370.0
PT109	PIC109的输入	AI	6.0	10.0	0	atm	7.0	5.0	9.0	3.0
FT101	FIC101的输入	AI	3072.5	6000.0	0	kg/h	4000.0	1500.0	5000.0	500.0
FT102	FIC102的输入	AI	9584.0	20000.0	0	kg/h	11000.0	5000.0	15000.0	1000.0
PT101	PIC101的输入	AI	2.0	4.0	0	atm	3.0	1.5	3.5	1.0
PT112	PDIC112的输入	AI	4.0	10.0	0	atm	300.0	150.0	350.0	100.0
FRIQ104	燃料气的流量	AI	209.8	400.0	0	Nm^3/h	0	−4.0	4.0	−8.0
COMPG	炉膛内可燃气体的含量	AI	0.00	100.0	0	％	0.5	0	2.0	0

三、事故设置一览

下列事故处理操作仅供参考，详细操作以评分系统为准。

(一)燃料油火嘴堵

1.事故现象

(1)燃料油泵出口压控阀压力忽大忽小。

(2)燃料气流量急骤增大。

2.处理方法

紧急停车。

(二)燃料气压力低

1.事故现象

(1)炉膛温度下降。

(2)炉出口温度下降。

(3)燃料气分液罐压力降低。

2.处理方法

(1)改为烧燃料油控制。

(2)通知指导教师联系调度处理。

(三)炉管破裂

1.事故现象

(1)炉膛温度急骤升高。

(2)炉出口温度升高。

(3)燃料气控制阀关阀。

2.处理方法

炉管破裂的紧急停车。

(四)燃料气调节阀卡

1.事故现象

(1)调节器信号变化时燃料气流量不发生变化。

(2)炉出口温度下降。

2.处理方法

(1)改现场旁路手动控制。

(2)通知指导老师，联系仪表人员进行修理。

(五)燃料气带液

1.事故现象

(1)炉膛和炉出口温度先下降。

(2)燃料气流量增加。

(3)燃料气分液罐液位升高。

2.处理方法

(1)关燃料气控制阀。

(2)改由烧燃料油控制。

(3)通知教师联系调度处理。

(六)燃料油带水

1.事故现象

燃料气流量增加。

2.处理方法

(1)关燃料油根部阀和雾化蒸汽。

(2)改由烧燃料气控制。

(3)通知指导教师联系调度处理。

(七)雾化蒸汽压力低

1.事故现象

(1)产生联锁。

(2)PIC109 控制失灵。

(3)炉膛温度下降。

2.处理方法

(1)关燃料油根部阀和雾化蒸汽。

(2)直接用温度控制调节器控制炉温。

(3)通知指导教师联系调度处理。

(八)燃料油泵 A 停

1.事故现象

(1)炉膛温度急剧下降。

(2)燃料气控制阀开度增加。

2.处理方法

(1)现场启动备用泵。

(2)调节燃料气控制阀的开度。

四、仿真界面

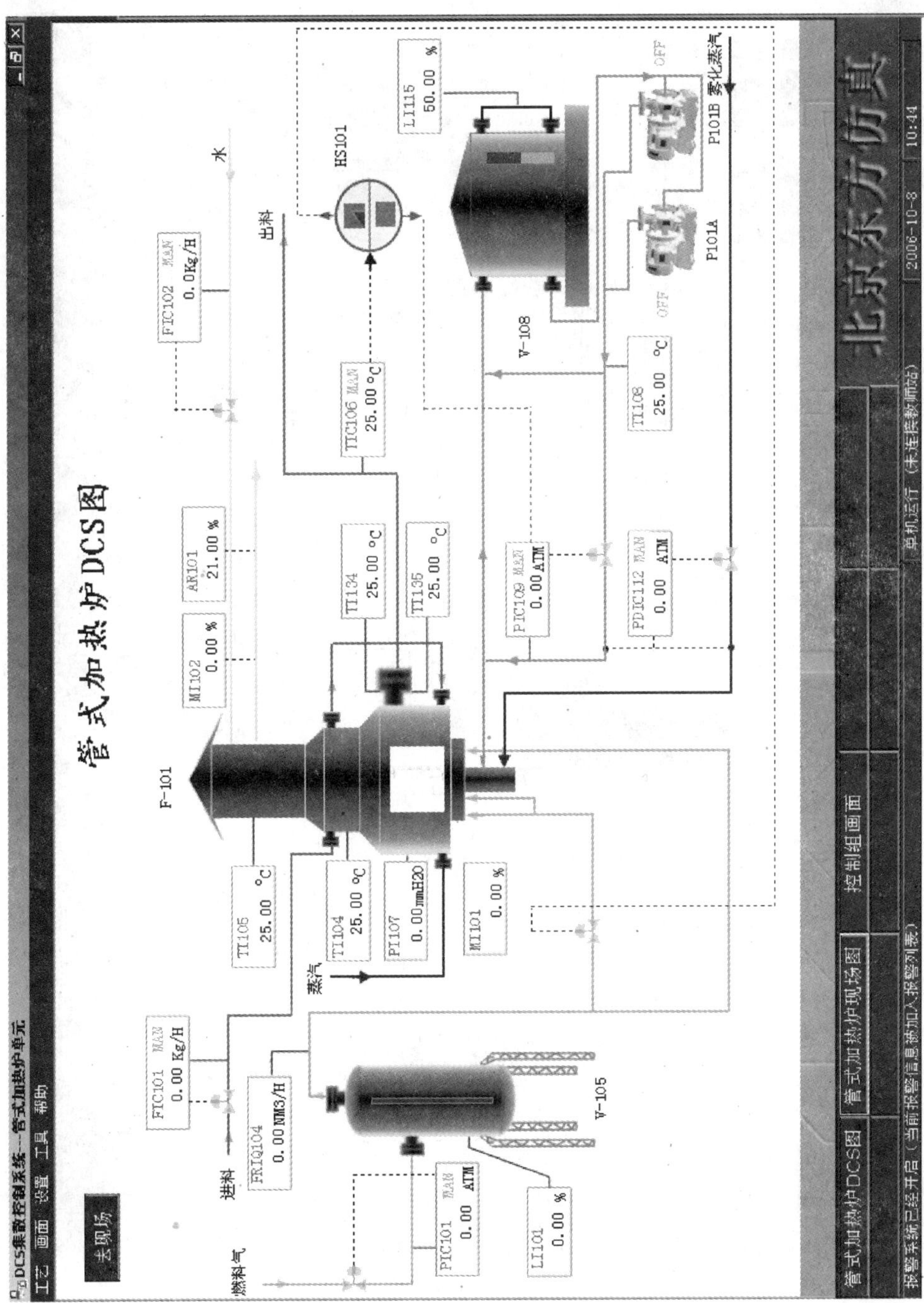
DCS集散控制系统--管式加热炉单元
工艺 画面 设置 工具 帮助
管式加热炉DCS图
去现场
F-101
V-105
V-108
HS101
P101A
P101B
进料
燃料气
蒸汽
出料
水
雾化蒸汽
FIC101 MAN 0.00 Kg/H
FRIQ104 0.00 NM3/H
PIC101 MAN 0.00 ATM
LI101 0.00 %
TI105 25.00 °C
TI104 25.00 °C
PI107 0.00 mmH2O
MI101 0.00 %
MI102 0.00 %
AR101 21.00 %
FIC102 MAN 0.0 Kg/H
TI134 25.00 °C
TI135 25.00 °C
TIC106 MAN 25.00 °C
PIC109 MAN 0.00 ATM
PDIC112 MAN 0.00 ATM
TI108 25.00 °C
LI115 50.00 %
OFF
管式加热炉DCS图
管式加热炉现场图
控制组画面
北京东方仿真
报警系统已经开启（当前报警信息被加入报警列表）
单机运行（未连接教师站）
2006-10-8
10:44

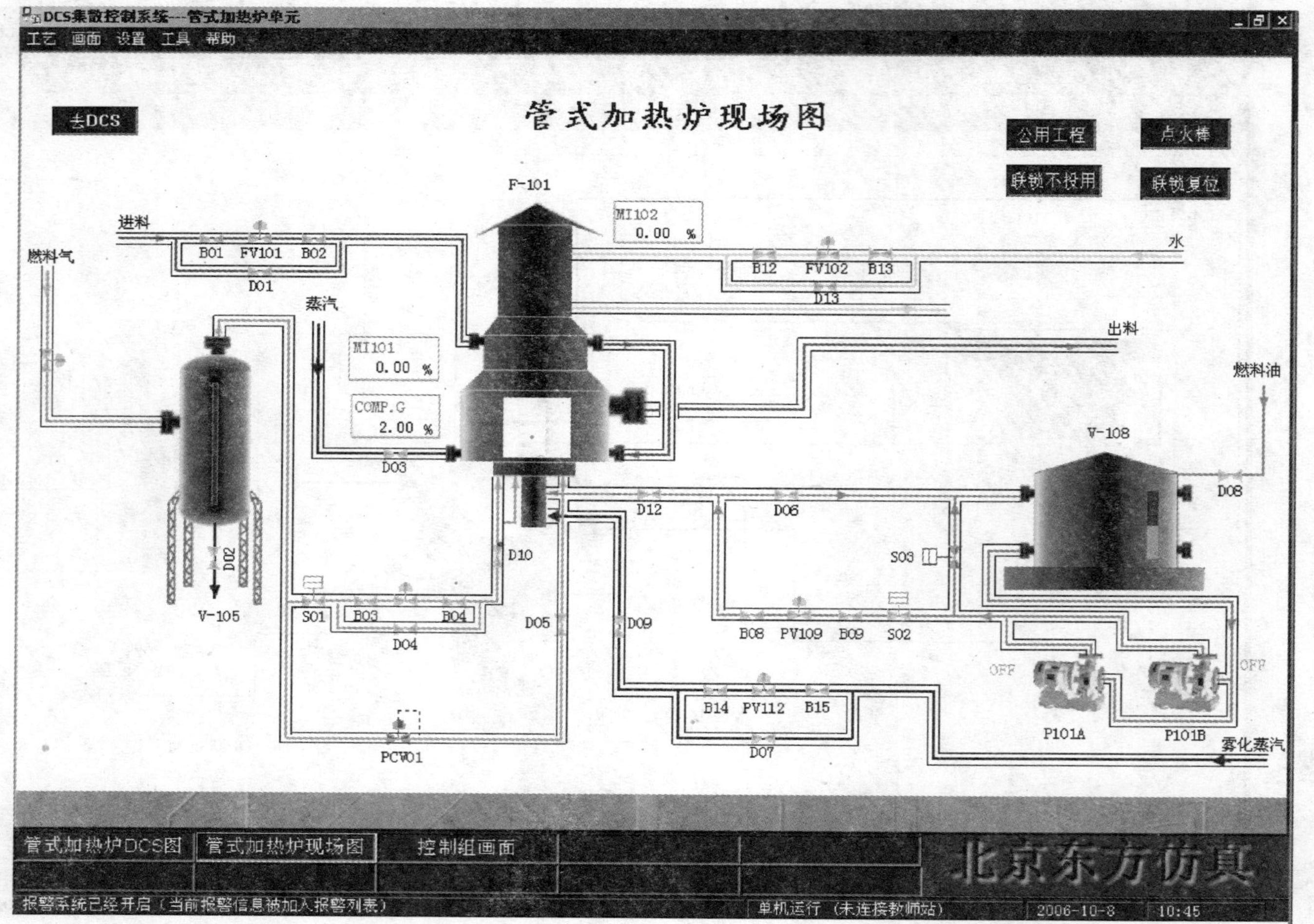
DCS集散控制系统---管式加热炉单元
工艺 画面 设置 工具 帮助
去DCS
管式加热炉现场图
公用工程
点火棒
联锁不投用
联锁复位
F-101
MI102 0.00 %
进料
燃料气
B01 FV101 B02
D01
水
B12 FV102 B13
D13
蒸汽
出料
MI101 0.00 %
COMP.G 2.00 %
燃料油
D03
V-108
D08
D12
D06
D10
S03
D02
V-105
S01 B03 B04
D04
D05
D09
B08 PV109 B09 S02
OFF
OFF
B14 PV112 B15
D07
P101A
P101B
雾化蒸汽
PCW01
管式加热炉DCS图
管式加热炉现场图
控制组画面
北京东方仿真
报警系统已经开启（当前报警信息被加入报警列表）
单机运行（未连接教师站）
2006-10-8
10:45

五、思考题

1.什么叫工业炉？按热源可分为哪几类？

2.油气混合燃烧炉的主要结构是什么？开/停车时应注意哪些问题？

3.加热炉在点火前为什么要对炉膛进行蒸汽吹扫？

4.加热炉点火时为什么要先点燃点火棒，再依次开长明线阀和燃料气阀？

5.在点火失败后，应做些什么工作？为什么？

6.加热炉在升温过程中为什么要烘炉？升温速度应如何控制？

7.加热炉在升温过程中，什么时候引入项目物料？为什么？

8.在点燃燃油火嘴时应做哪些准备工作？

9.雾化蒸汽量过大或过小，对燃烧有什么影响？应如何处理？

10.烟道气出口氧气含量为什么要保持在一定范围？过高或过低意味着什么？

11.加热过程中风门和烟道挡板的开度大小对炉膛负压和烟道气出口氧气含量有什么影响？

12.本流程中三个电磁阀的作用是什么？在开/停车时应如何操作？

项目 8
锅炉单元仿真培训系统

一、项目流程简述

(一)项目过程说明

锅炉主要是基于燃料(燃料油、燃料气)与空气按一定比例混合即发生燃烧而产生高温火焰并放出大量热量的原理,通过燃烧后辐射段的火焰和高温烟气对水冷壁的锅炉给水进行加热,使锅炉给水变成饱和水而进入汽包进行气水分离,而从辐射室出来进入对流段的烟气仍具有很高的温度,再通过对流室对来自于汽包的饱和蒸汽进行加热,产生过热蒸汽。

本项目为每小时产生 65 吨过热蒸汽锅炉仿真培训而设计。锅炉的主要用途是提供中压蒸汽及消除催化裂化装置再生的 CO 废气对大气的污染,回收催化装置再生的废气热能。

主要设备为 WGZ65/39-6 型锅炉,采用自然循环,双汽包结构。锅炉主体由省煤器、上汽包、对流管束、下汽包、下降管、水冷壁、过热器、表面式减温器、联箱组成。省煤器的主要作用是预热锅炉给水,降低排烟温度,提高锅炉热效率。上汽包的主要作用是使汽水分离,连接受热面构成正常循环。水冷壁的主要作用是吸收炉膛辐射热。过热器分低温段、高温段过热器,其主要作用是使饱和蒸汽变成过热蒸汽。减温器的主要作用是微调过热蒸汽的温度(调整范围为 10～33℃)。

锅炉具有一套完整的燃烧设备,可以适应燃料气、燃料油、液态烃等多种燃料。根据不同蒸汽压力既可单独烧一种燃料,也可以多种燃料混烧,还可以分别和 CO 废气混烧。本项目为燃料气、燃料油、液态烃与 CO 废气混烧仿真。

除氧器通过水位调节器 LIC101 接受外界来水,经热力除氧后,一部分经低压水泵 P102 供全厂各车间,另一部分经高压水泵 P101 供锅炉用水,除氧器压力由 PIC101 单回路控制。锅炉给水一部分经减温器回水至省煤器;一部分直接进入省煤器,两路给水调节阀通过过热蒸汽温度调节器 TIC101 分程控制,被烟气回热至 256℃饱和水进入上汽包,再经对流管束至下汽包,再通过下降管进入锅炉水冷壁,吸收炉膛辐射热使其在水冷壁里变成汽水混合物,然后进入上汽包进行汽水分离。锅炉总给水量由上汽包液位调节器 LIC102 单回路控制。

256℃的饱和蒸汽经过低温段过热器(通过烟气换热)、减温器(锅炉给水减温)、高温段过热器(通过烟气换热),变成 447℃、3.77MPa 的过热蒸汽供给全厂用户。

燃料气包括高压瓦斯气和液态烃，分别通过压力控制器 PIC104 和 PIC103 单回路控制进入高压瓦斯罐 V101，高压瓦斯罐顶气通过过热蒸汽压力控制器 PIC102 单回路控制进入 6 个点火枪；燃料油经燃料油泵 P105 升压进入 6 个点火枪进料燃烧室。

燃烧所用空气通过鼓风机 P104 增压进入燃烧室。CO 烟气系统由催化裂化再生器产生，温度为 500℃，经过水封罐进入锅炉，燃烧放热后再排至烟窗。

锅炉排污系统包括连排系统和定排系统，用来保持水蒸气品质。

1. 污水系统和燃烧系统

(1)汽水系统：汽水系统既所谓的"锅"，它的任务是吸收燃料燃烧放出的热量，使水蒸气蒸发最后成为规定压力和温度的过热蒸汽。它由(上、下)汽包、对流管束、下降管、(上、下)联箱、水冷壁、过热器、减温器和省煤器组成。

①汽包：装在锅炉的上部，包括上、下两个汽包，它们分别是圆筒型的受压容器，二者之间通过对流管束连接。上汽包的下部是水，上部是蒸汽，它接受省煤器的来水，并依靠重力的作用将水经过对流管束送入下汽包。

②对流管束：由多根细管组成，将上、下汽包连接起来。上汽包中的水经过对流管束流入下汽包，其间要吸收炉膛放出的大量热。

③下降管：它是水冷壁的供水管，既汽包中的水流入下降管，并通过水冷壁下的联箱均匀地分配到水冷壁的上升管中。

④水冷壁：是布置在燃烧室内四周墙上的许多平行的管子。它主要的作用是吸收燃烧室中的辐射热，使管内的水汽化，蒸汽就是在水冷壁中产生的。

⑤过热器：过热器的作用是利用烟气的热量将饱和的蒸汽加热成一定温度的过热蒸汽。

⑥减温器：在锅炉的运行过程中，由于很多因素使过热蒸汽加热温度发生变化，而为用户提供的蒸汽温度保持在一定范围内，为此必须装设汽温调节设备。其原理是接受冷量，将过热蒸汽温度降低。本单元中，一部分锅炉给水先经过减温器调节过热蒸汽温度后再进入上汽包。本单元的减温器为多根细管装在一个筒体中的表面式减温器。

⑦省煤器：装在锅炉尾部的垂直烟道中。它利用烟气的热量来加热给水，以提高给水温度，降低排烟温度，节省燃料。

⑧联箱：本单元采用的是圆形联箱，它是直径较大、两端封闭的圆管，用来连接管子，起着汇集、混合和分配水汽的作用。

(2)燃烧系统：燃烧系统既所谓的"炉"，它的任务是使燃料在炉中更好地燃烧。本单元的燃烧系统由炉膛和燃烧器组成。

2. 单元的液位指示说明

(1)在脱氧罐 DW101 中，在液位指示计的 0 点下面，还有一段空间，故开始进料后不会马上有液位指示。

(2)在锅炉上汽包中同样是在液位指示计的起测点下面，还有一段空间，故开始进料后不会马上有液位指示。同时上汽包中的液位指示计较特殊，其起测点的值为－300mm，上限为 300mm，正常液位为 0mm，整个测量范围为 600mm。

(二)本单元复杂控制回路说明

TIC101：锅炉给水一部分经减温器回水至省煤器，一部分直接进入省煤器，通过控制两路水的流量来控制上水包的进水温度，两股流量由一分程调节器 TIC101 控制。当 TIC101 的输出为 0 时，直接进入省煤器的一路为全开，经减温器回水至省煤器一路为 0；当 TIC101 的输出为 100 时，直接进入省煤器的一路为 0，经减温器回水至省煤器一路为全开。锅炉上水的总量只受上汽包液位调节器 LIC102 单回路控制。

分程控制：就是指由 1 只调节器的输出信号控制 2 只或更多的调节阀，每只调节阀在调节器的输出信号的某段范围中工作。

（三）设备一览

B101：锅炉主体

V101：高压瓦斯罐

DW101：除氧器

P101：高压水泵

P102：低压水泵

P103：Na_2HPO_4加药泵

P104：鼓风机

P105：燃料油泵

二、装置的操作规程

（一）冷态开车操作规程

本操作规程仅供参考，详细操作以评分系统为准。

本装置的开车状态为所有设备均经过吹扫试压，压力为常压，温度为环境温度，所有可操作阀均处于关闭状态。

1.启动公用工程

启动"公用工程"按钮，使所有公用工程均处于待用状态。

2.除氧器投运

(1)手动打开液位调节器 LIC101，向除氧器充水，使液位指示达到 400mm；将调节器 LIC101 投自动（给定值设为 400mm）。

(2)手动打开压力调节器 PIC101，送除氧蒸汽，打开除氧器再沸腾阀 B08，向 DW101 通一段时间蒸汽后关闭。

(3)除氧器压力升至 2000mmH_2O 时，将压力调节器 PIC101 投自动（给定值设为 2000mm H_2O）。

3.锅炉上水

(1)确认省煤器与下汽包之间的再循环阀关闭（B10），打开上汽包液位计汽阀 D30 和水阀 D31。

(2)确认省煤器给水调节阀 TIC101 全关。

(3)开启高压泵 P101。

(4)通过高压泵循环阀（D06）调整泵出口压强约为 5.0MPa。

(5)缓开给水调节阀的小旁路阀(D25),手控上水。(注意上水流量不得大于10t/h,上水时间较长,在实际教学中,可加大进水量,加快操作速度)

(6)待水位升至50mm,关入口水调节阀旁路阀(D25)。

(7)开启省煤器和下汽包之间的再循环阀(B10)。

(8)打开上汽包液位调节阀LV102。

(9)小心调节LV102阀,使上汽包液位控制在0mm左右,投自动。

4.燃料系统投运

(1)将高压瓦斯压力调节器PIC104置手动,手控高压瓦斯调节阀使压力达到0.3MPa。给定值设0.3MPa后投自动。

(2)将液态烃压力调节器PIC103给定值设为0.3(MPa)投自动。

(3)依次开喷射器高压入口阀(B17)、喷射器出口阀(B19)、喷射器低压入口阀(B18)。

(4)开火嘴蒸汽吹扫阀(B07),2min后关闭。

(5)开启燃料油泵(P105)、燃料油泵出口阀(D07)、回油阀(D13)。

(6)关烟气大水封进水阀(D28),开大水封放水阀(D44),将大水封中的水排空。

(7)开小水封上水阀(D29),为导入CO烟气作准备。

5.锅炉点火

(1)全开上汽包放空阀(D26)及过热器排空阀(D27)和过热器疏水阀(D04),全开过热蒸汽对空排气阀(D12)。

(2)炉膛送气。全开风机入口挡板(D01)和烟道挡板(D05)。

(3)开启风机(P104)通风5min,使炉膛不含可燃气体。

(4)将烟道挡板调至20%左右。

(5)将1、2、3号燃气火嘴点燃。先开点火器,后开炉前根部阀。

(6)置过热蒸汽压力调节器(PIC102)为手动,按锅炉升压要求,手动控制升压速度。

(7)将4、5、6号燃气火嘴点燃。

6.锅炉升压

冷态锅炉由点火达到并汽条件,应严格控制时间,不得小于3~4h,升压应缓慢平稳。在仿真器上为了提高培训效率,时间缩短为半小时左右。此间严禁关小过热器疏水阀(D04)和对空排汽阀(D12),赶火升压,以免过热器管壁温度急剧上升和对流管束胀口渗水等现象发生。

(1)开加药泵P103,加Na_2HPO_4。

(2)压力在0.7~0.8(MPa)时,根据止水量估计排空蒸汽量。关小减温器、上汽包排空阀。

(3)过热蒸汽温度达400℃时投入减温器。(按分程控制原理,调整调节器的输出为0时,减温器调节阀开度为0,省煤器给水调节阀开度为100%。输出为50%,两阀各开50%,输出为100%,减温器调节阀开度为100%,省煤器给水调节阀开度为0)。

(4)压力升至3.6MPa后,保持此压力达到平稳后,准备锅炉并汽。

7.锅炉并汽

(1)确认蒸汽压力稳定,且为3.62~3.67MPa,蒸汽温度不低于420℃,上汽包水位为0mm左右,准备并汽。

(2)在并汽过程中，调整过热蒸汽压力低于母管压力0.10～0.15MPa。

(3)缓开主汽阀旁路阀(D15)。

(4)缓开隔离阀旁路阀(D16)。

(5)开主汽阀(D17)约20%。

(6)缓慢开启隔离阀(D02)，压力平衡后全开隔离阀。

(7)缓慢关闭隔离阀旁路阀D16。此时若压力趋于升高或下降，通过过热蒸汽压力调节器手动调整。

(8)缓关主汽阀旁路阀，注意压力变化。若压力趋于升高或下降，通过过热蒸汽压力调节器手动调整。

(9)将过热蒸汽压力调节器给定值设为3.77MPa，手调蒸汽压力达到3.77MPa后投自动。

(10)缓慢关闭疏水阀(D04)。

(11)缓慢关闭排空阀(D12)。

(12)缓慢关闭过热器放空阀(D27)。

(13)关省煤器与下汽包之间再循环阀(B10)。

8.锅炉负荷提升

(1)将减温调节器给定值为447℃，手调蒸汽温度达到后投自动。

(2)逐渐开大主汽阀D17，使负荷升至20t/h。

(3)缓慢手调主汽阀提升负荷，(注意操作的平稳度。提升速度每分钟不超过3～5t/h，同时要注意加大进水量及加热量)，使蒸汽负荷缓慢提升到65t/h左右。

9.至催化裂化除氧水流量提升

(1)启动低压水泵(P102)。

(2)适当开启低压水泵出口再循环阀(D08)，调节泵出口压力。

(3)渐开低压水泵出口阀(D10)，使去催化的除氧水流量为100t/h左右。

(二)正常操作规程

1.正常工况下工艺参数

(1)FI105：蒸汽负荷正常控制值为65t/h。

(2)TIC101：过热蒸汽温度投自动，设定值为447℃。

(3)LIC102：上汽包水位投自动，设定值为0mm。

(4)PIC102：过热蒸汽压力投自动，设定值为3.77MPa。

(5)PI101：给水压力正常控制值为5.0MPa。

(6)PI105：炉膛压力正常控制值为小于200mmH_2O。

(7)TI104：油气与CO烟气混烧200℃，最高250℃。油气混烧排烟温度控制值小于180℃。

(8)POXYGEN：烟道气氧含量为0.9%～3.0%。

(9)PIC104：燃料气压力投自动，设定值为0.30MPa。

(10)PIC101：除氧器压力投自动，设定值为2000H_2O。

(11)LIC101：除氧器液位投自动，设定值为400mmH_2O。

2.正常工况操作要点

(1)在正常运行中,不允许中断锅炉给水。

(2)当给水自动调节投入运行时,仍须经常监视锅炉水位的变化。保持给水量变化平稳,避免调整幅度过大或过急,要经常对照给水流量与蒸汽流量是否相符。若给水自动调整失灵,应改为手动调整给水。

(3)在运行中应经常监视给水压力和给水温度的变化。通过高压泵循环阀调整给水压力;通过除氧器压力间接调整给水温度。

(4)汽包水位计每班冲洗一次,冲洗步骤是:

①开放水阀,冲洗汽、水管和玻璃管。

②关水阀,冲洗汽管及玻璃管。

③开水阀,关汽阀,冲洗水管。

④开汽阀,关放水阀,恢复水位计运行(关放水阀时,水位计中的水位应很快上升,并有轻微波动)。

(5)冲洗水位计时的安全注意事项

①冲洗水位计时要注意人身安全,穿戴好劳动保护用具,要背向水位计,以免玻璃管爆裂伤人。

②关闭放水阀时要缓慢,因为此时水流量突然截断,压力会瞬时升高,容易使玻璃管爆裂。

③防止工具、汗水等碰击玻璃管,以防爆裂。

3.汽压和汽温的调整

(1)为确保锅炉燃烧稳定及水循环正常,锅炉蒸发量不应低于40t/h。

(2)增减负荷时,应及时调整锅炉蒸发量,尽快适应系统的需要。

(3)在下列条件下,应特别注意调整。

①负荷变大或发生事故时。

②锅炉刚并汽增加负荷或低负荷运行时。

③启停燃料油泵或油系统在操作时。

④投入或解到油关时。

⑤CO烟气系统投运和停运时。

⑥燃料油投运和停运时。

⑦各种燃料阀切换时。

⑧停炉前减负荷或炉间过渡负荷时。

(4)手动调整减温水量时,不应猛增猛减。

(5)锅炉低负荷时,酌情减少减温水量或停止使用减温器。

4.锅炉燃烧的调整

(1)在运行中,应根据锅炉负荷合理调整风量,在保证燃烧良好的条件下,尽量降低过剩空气系数,降低锅炉电耗。

(2)在运行中,应根据负荷情况,采用“多油枪,小油嘴”的运行方式,力求各油枪喷油均匀,压力在1.5MPa以上,投入油枪左、右、上、下对称。

(3)在锅炉负荷变化时,应及时调整油量和风量,保持锅炉的汽压和汽温稳定。在增加负荷时，先加风后加油；在减负荷时，先减油后减风。

(4)CO烟气投入前，要烧油或瓦斯，使炉膛温度提高到900℃以上，或锅炉负荷为25t/h以上，燃烧稳定，各部温度正常，并报告厂调与一联合联系，当CO烟气达到规定指标时，方可投入。

(5)在投入CO烟气时，应慢慢增加CO烟气量，CO烟气进炉控制蝶阀后压力比炉膛压力高30mmH_2O，保持30min，而后再加大CO烟气量，使水封罐等均匀预热。

(6)停烧CO烟气时应，注意加大其他燃料量，保持原负荷。在停用CO烟气后，水封罐上水，以免急剧冷却造成水封罐内层钢板和衬筒严重变形或焊口裂开。

5.锅炉排污

(1)定期排污在负荷平稳高水位情况下进行。事故处理或负荷有较大波动时，严禁排污。若引起代水位报警，连续排污也应暂时关闭。

(2)每一定排回路的排污持续时间、排污阀全开到全关时间不准超过半分钟，不准同时开启2个或更多的排污阀门。

(3)排污前，应做好联系；排污时，应注意监视给水压力和水位变化，维持正常水位；排污后，应进行全面检查，确认各排污门关闭严密。

(4)不允许2台或2台以上的锅炉同时排污。

(5)在排污过程中，如果锅炉发生事故，应立即停止排污。

6.钢珠除灰

(1)锅炉尾部受热面应定期除尘。当烧CO烟气时，每天除尘一次，在后夜进行。不烧CO烟气时，每星期一后夜班进行一次。停烧CO烟气时，增加除尘一次。若排烟温度不正常升高，适当增加除尘次数，每次30min。

(2)钢珠除灰前，应做好联系。吹灰时，应保持锅炉运行正常，燃烧稳定，并注意汽温、汽压变化。

7.自动装置运行

(1)锅炉运行时，应将自动装置投放运行，投入自动装置应同时具备下列条件：

①自动装置的调节机构完整好用。

②锅炉运行平稳，参数正常。

③锅炉蒸发量在30t/h以上。

(2)自动装置投入运行时，仍须监视锅炉运行参数的变化，并注意自动装置的动作情况，避免因失灵造成不良后果。

(3)遇到下列情况，解列自动装置，改自动为手动操作：

①当汽包水位变化过大，超出其允许变化范围时。

②锅炉运行不正常，自动装置不维持其运行参数在允许范围内变化或自动失灵时，应解除有关自动装置。

③外部事故，使锅炉负荷波动较大时。

④外部负荷变动过大，自动调节跟踪不及时。

⑤调节系统有问题。

(三)正常停车操作规程

本操作规程仅供参考,详细操作以评分系统为准。

停车前应做的工作:

(1)彻底排灰(开除尘阀 B32)。

(2)冲洗水位计一次。

1.锅炉负荷降量

(1)停开加药泵 P103。

(2)缓慢开大减温器开度,使蒸汽温度缓慢下降。

(3)缓慢关小主汽阀 D17,降低锅炉蒸汽负荷。

(4)打开疏水阀 D04。

2.关闭燃料系统

(1)逐渐关闭 D03 停用 CO 烟气,大小水封上水。

(2)缓慢关闭燃料油泵出口阀 D07。

(3)关闭燃料油后,关闭燃料油泵 P105。

(4)停燃料系统后,打开 D07 对火嘴进行吹扫。

(5)缓慢关闭高压瓦斯压力调节阀 PV104 及液态烃压力调节阀 PV103。

(6)缓慢关闭过热蒸汽压力调节阀 PV102。

(7)停燃料系统后,逐渐关闭主蒸汽阀门 D17。

(8)同时开启主蒸汽阀前疏水阀,尽量控制炉内压力,使其平缓下降。

(9)关闭隔离阀 D02。

(10)关闭连续排污阀 D09,并确认定期排污阀 D46 已关闭。

(11)关引风机挡板 D01,停鼓风机 P104,关闭烟道挡板 D05。

(12)关闭烟道挡板后,打开 D28 给大水封上水。

3.停上汽包上水

(1)关闭除氧器液位调节阀 LV102。

(2)关闭除氧器加热蒸汽压力调节阀 PV101。

(3)关闭低压水泵 P102。

(4)待过热蒸汽压力小于 0.1atm 后,打开 D27 和 D26。

(5)待炉膛温度降为 100℃后,关闭高压水泵 P101。

4.泄液

(1)除氧器温度(TI105)降至 80℃后,打开 D41 泄液。

(2)炉膛温度(TI101)降至 80℃后,打开 D43 泄液。

(3)开启鼓风机入口挡板 D01、鼓风机 P104 和烟道挡板 D05,对炉膛进行吹扫,然后关闭。

(四)仪表一览表

位号	说明	类型	正常值	量程高限	量程低限	工程单位	高报值	低报值	高高报值	低低报值
LIC101	除氧器水位	PID	400.0	800.0	0	mm	500.0	300.0	600.0	200.0
LIC102	上汽包水位	PID	0	300.0	−300.0	mm	75.0	−75.0	120.0	−120.0
TIC101	过热蒸汽温度	PID	447.0	600.0	0	deg C	450.0	430.0	465.0	415.0
PIC101	除氧器压力	PID	2000.0	4000.0	0	mmH_2O	2500.0	1800.0	3000.0	1500.0
PIC102	过热蒸汽压力	PID	3.77	6.0	0	MPa	3.85	3.7	4.0	3.5
PIC103	液态烃压力	PID		0.6	0	MPa				
PIC104	高压瓦斯压力	PID	0.30	1.0	0	MPa	0.8	0.005	0.9	0.001
FI101	软化水流量	AI		200.0	0	t/h				
FI102	止催化除氧水流量	AI		200.0	0	t/h				
FI103	锅炉上水流量	AI		80.0	0	t/h				
FI104	减温水流量	AI		20.0	0	t/h				
FI105	过热蒸汽输出流量	AI	65.0	80.0	0	t/h				
FI106	高压瓦斯流量	AI		3000.0	0	Nm^3/h				
FI107	燃料油流量	AI		8.0	0	Nm^3/h				
FI108	烟气流量	AI		200000.0	0	Nm^3/h				
LI101	大水封液位	AI		100.0	0	%				
LI102	小水封液位	AI		100.0	0	%				
PI101	锅炉上水压力	AI	5.0	10.0	0	MPa	6.5	4.5	7.5	3.5
PI102	烟气出口压力	AI		40.0	0	mmH_2O				
PI103	上汽包压力	AI		6.0	0	MPa				
PI104	鼓风机出口压力	AI		600.0	0	mmH_2O				
PI105	炉膛压力	AI	200.0	400.0	0	mmH_2O				
TI101	炉膛烟温	AI		1200.0	0	deg C	1100.0	800.0	1150.0	600.0
TI102	省煤器入口东烟温	AI		700.0	0	deg C				
TI103	省煤器入口西烟温	AI		700.0	0	deg C				
TI104	排烟段东烟温：油气+CO 油气	AI	200.0 180.0	300.0	0	deg C				
TI105	除氧器水温	AI		200.0	0	deg C				
POXYGEN	烟气出口氧含量	AI	0.9～3.0	21.0	0	$\%O_2$	3.0	0.5	5.0	0.1

三、事故设置一览

(一)锅炉满水

1.现象

水位计液位指示突然超过可见水位上限(＋300mm)，由于自动调节，给水量减少。

2.原因

水位计没有注意维护,暂时失灵后正常。

3.排除方法

紧急停炉。

(二)锅炉缺水

1.现象

锅炉水位逐渐下降。

2.原因

给水泵出口的给水调节阀阀杆卡住,流量小。

3.排除方法

打开给水阀的大、小旁路,手动控制给水。

(三)对流管坏

1.现象

水位下降,蒸汽压下降,给水压力下降,湿温下降。

2.原因

对流管开裂,汽水漏入炉膛。

3.排除方法

紧急停炉处理。

(四)减温器坏

1.现象

过热蒸汽温度降低,减温水量不正常地减少,蒸汽温度调节器不正常地出现忽大、忽小振荡。

2.原因

减温器出现内漏,减温水进入过热蒸汽,使气温下降。此时气温为自动控制状态,所以减温水调节阀关小,使气温回升,调节阀再次开启。如此往复形成振荡。

3.排除方法

降低负荷。将气温调节器默置为“手动”,并关减温水调节阀。改用过热器疏水阀暂时维持运行。

(五)蒸汽管坏

1.现象

给水量上升,但蒸汽量反而略有下降,给水量蒸汽量不平衡,炉负荷呈上升趋势。

2.原因

蒸汽流量计前部蒸汽管爆破。

3.排除方法

紧急停炉处理。

(六)给水管坏

1.现象

上水不正常减小,除氧器和锅炉系统物料不平衡。

2.原因

上水流量计前给水管破裂。

3.排除方法

紧急停炉。

(七)二次燃烧

1.现象

排烟温度不断上升,超过250℃,烟道和炉膛正压增大。

2.原因

省煤器处发生二次燃烧。

3.排除方法

紧急停炉。

(八)电源中断

1.现象

突发性出现风机停、高低压泵停、烟气停、油泵停、锅炉灭火等综合性现象。

2.原因

电源中断。

3.排除方法

紧急停炉。

紧急停炉具体步骤:

(1)上汽包停止上水

①停加药泵P103。

②关闭上汽包液位调节阀LV102。

③关闭上汽包与省煤器之间的再循环阀B10。

④打开下汽包泄液阀D43。

(2)停燃料系统

①关闭过热蒸汽调节阀PV102。

②关闭喷射器入口阀B17。

③关闭燃料油泵出口阀D07。

④打开吹扫阀B07,对火嘴进行吹扫。

(3)降低锅炉负荷

①关闭主汽阀前疏水阀D04。

②关闭主汽阀D17。

③打开过热蒸汽排空阀D12和上汽包排空阀D26。

④停引风机P104和烟道挡板D05。

四、仿真界面

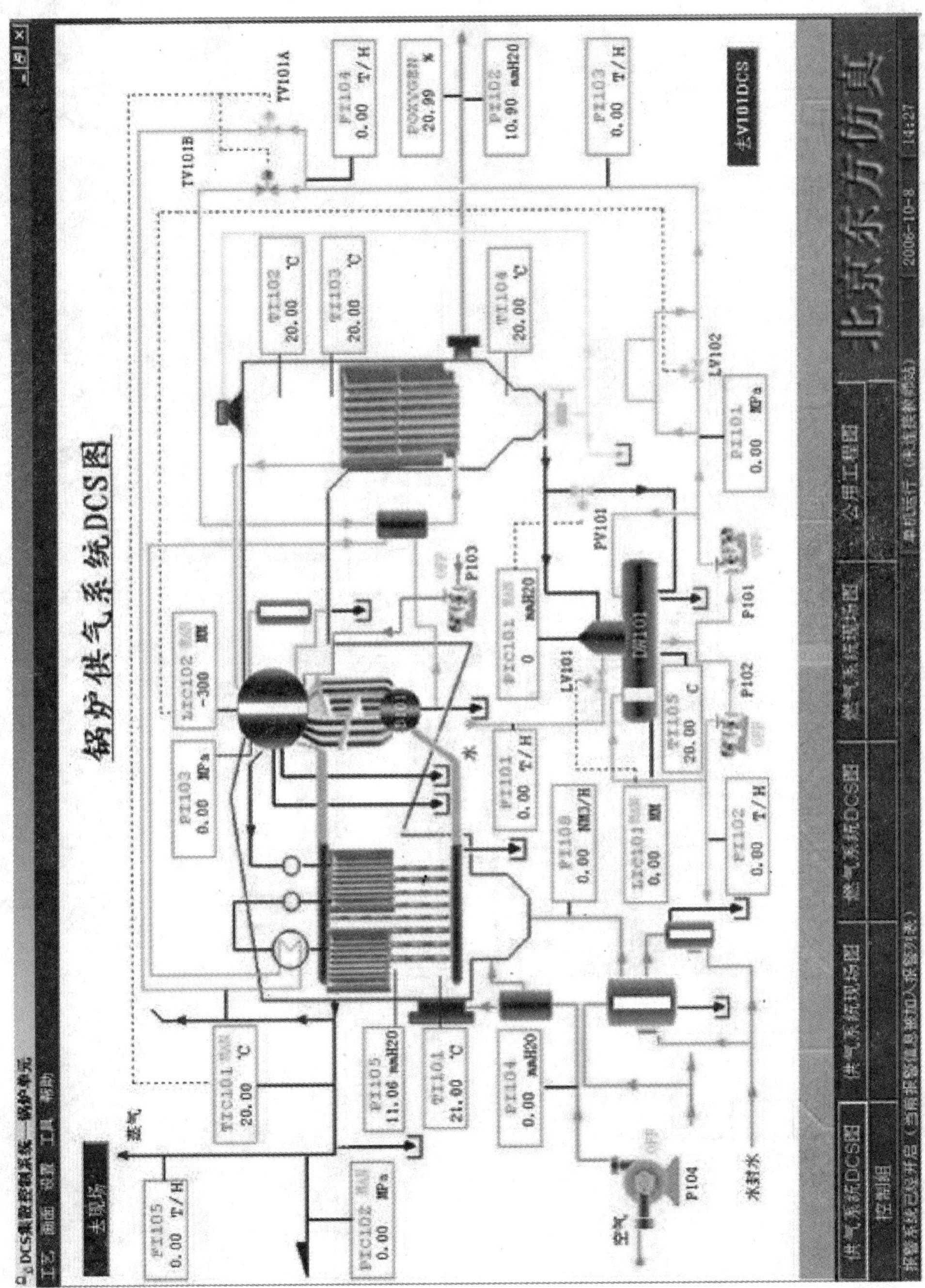
锅炉供气系统DCS图
去现场
去V101DCS
供气系统DCS图
供气系统现场图
燃气系统DCS图
燃气系统现场图
公用工程图
控制组
北京东方仿真
蒸气
空气
水封水
P104
P101
P102
P103
TV101A
TV101B
LV101
LV102
PV101

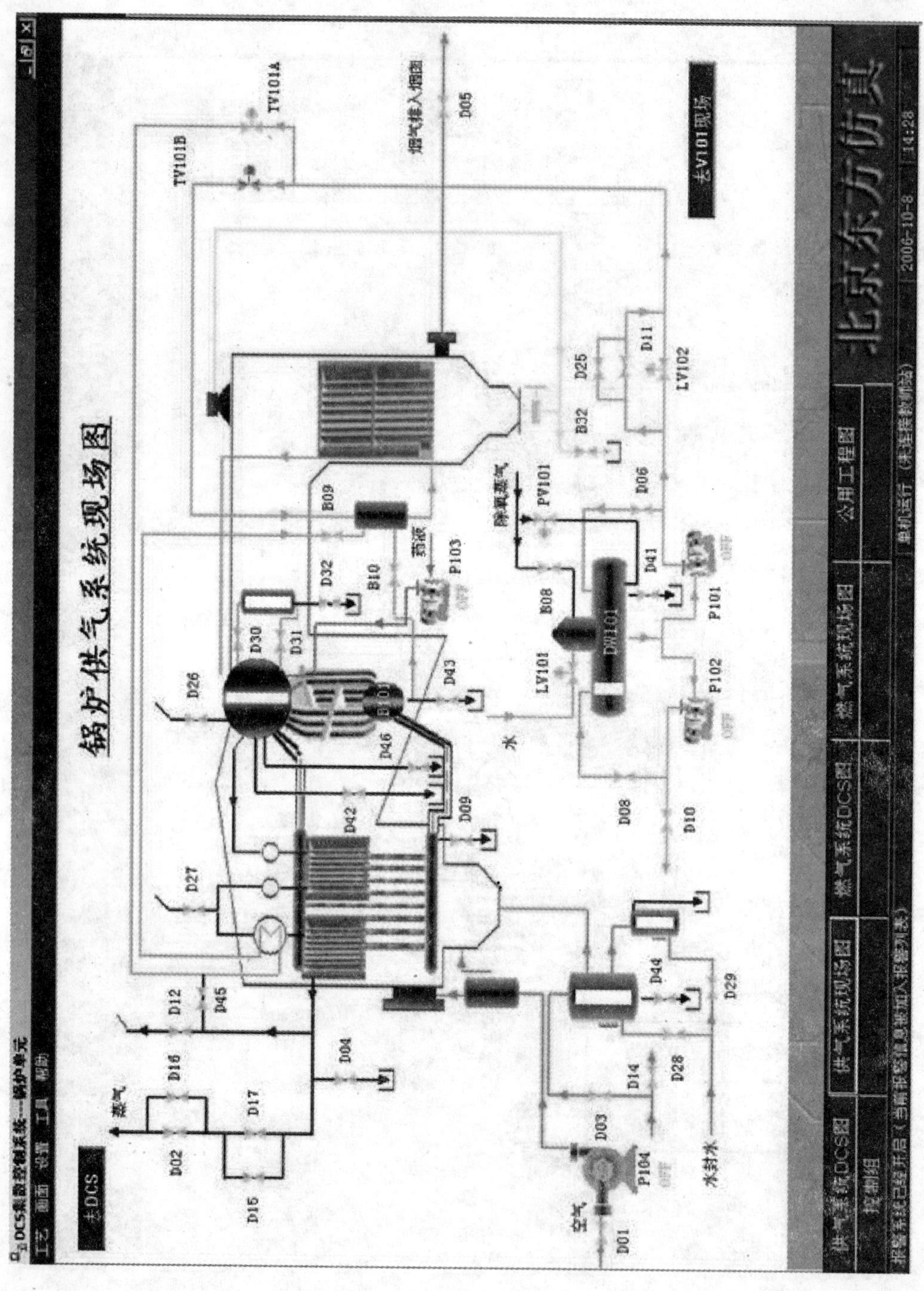
锅炉供气系统现场图
去DCS
去V101现场
蒸气
空气
水封水
水
药液
除氧蒸气
烟气排入烟囱
D01
D02
D03
D04
D05
D06
D08
D09
D10
D11
D12
D14
D15
D16
D17
D25
D26
D27
D28
D29
D30
D31
D32
D41
D42
D43
D44
D45
D46
B08
B09
B10
B32
P101
P102
P103
P104
PV101
LV101
LV102
TV101A
TV101B
DW101
B101
OFF
供气系统DCS图
供气系统现场图
燃气系统DCS图
燃气系统现场图
公用工程图
控制组
北京东方仿真
2006-10-8
14:28

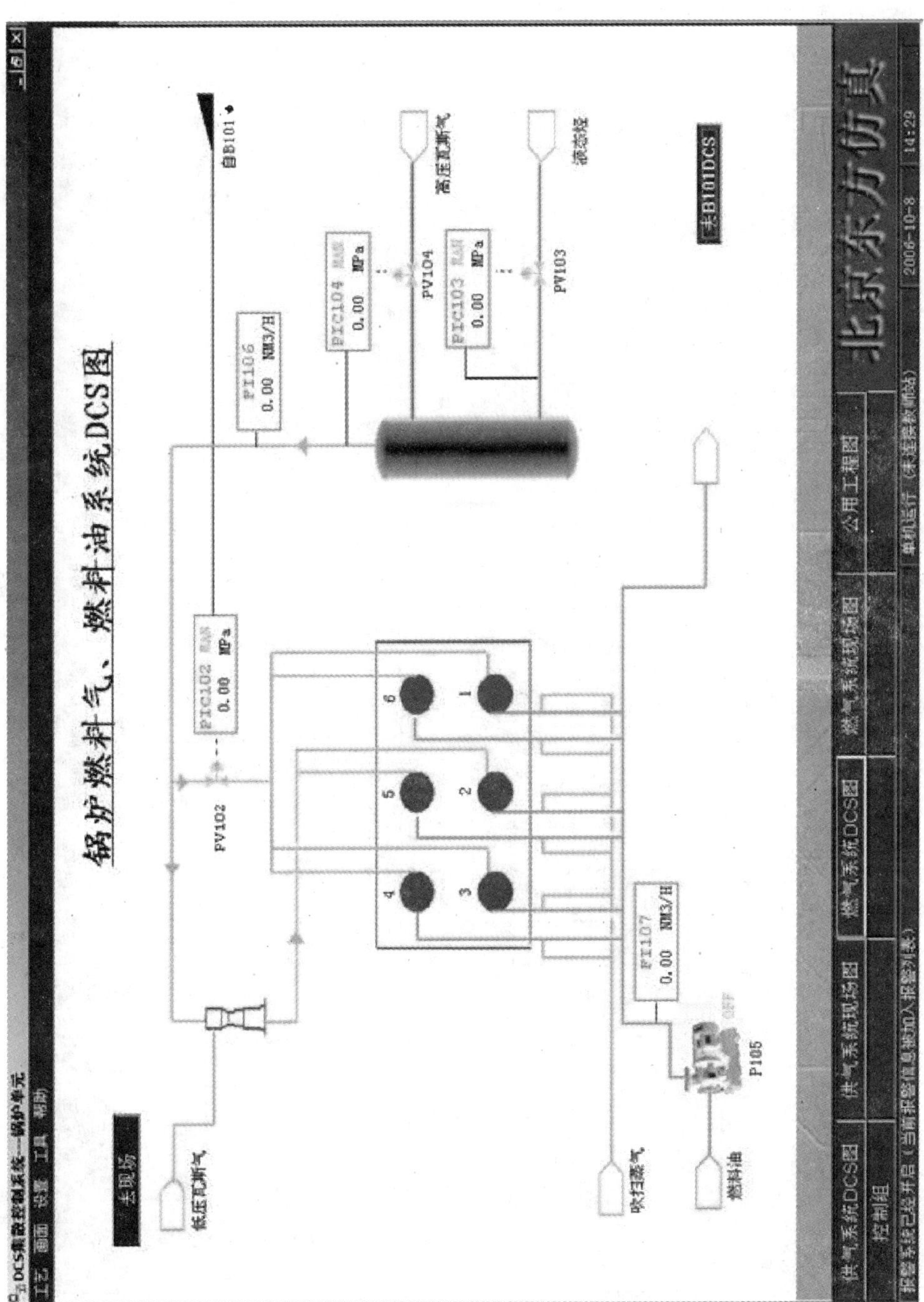
锅炉燃料气、燃料油系统DCS图
去现场
低压瓦斯气
自B101
PIC102
PV102
FI106
PIC104
PV104
高压瓦斯气
PIC103
PV103
液态烃
去B101DCS
FI107
P105
吹扫蒸气
燃料油
供气系统DCS图
供气系统现场图
燃气系统DCS图
燃气系统现场图
公用工程图
控制组
北京东方仿真
2006-10-8
14:29

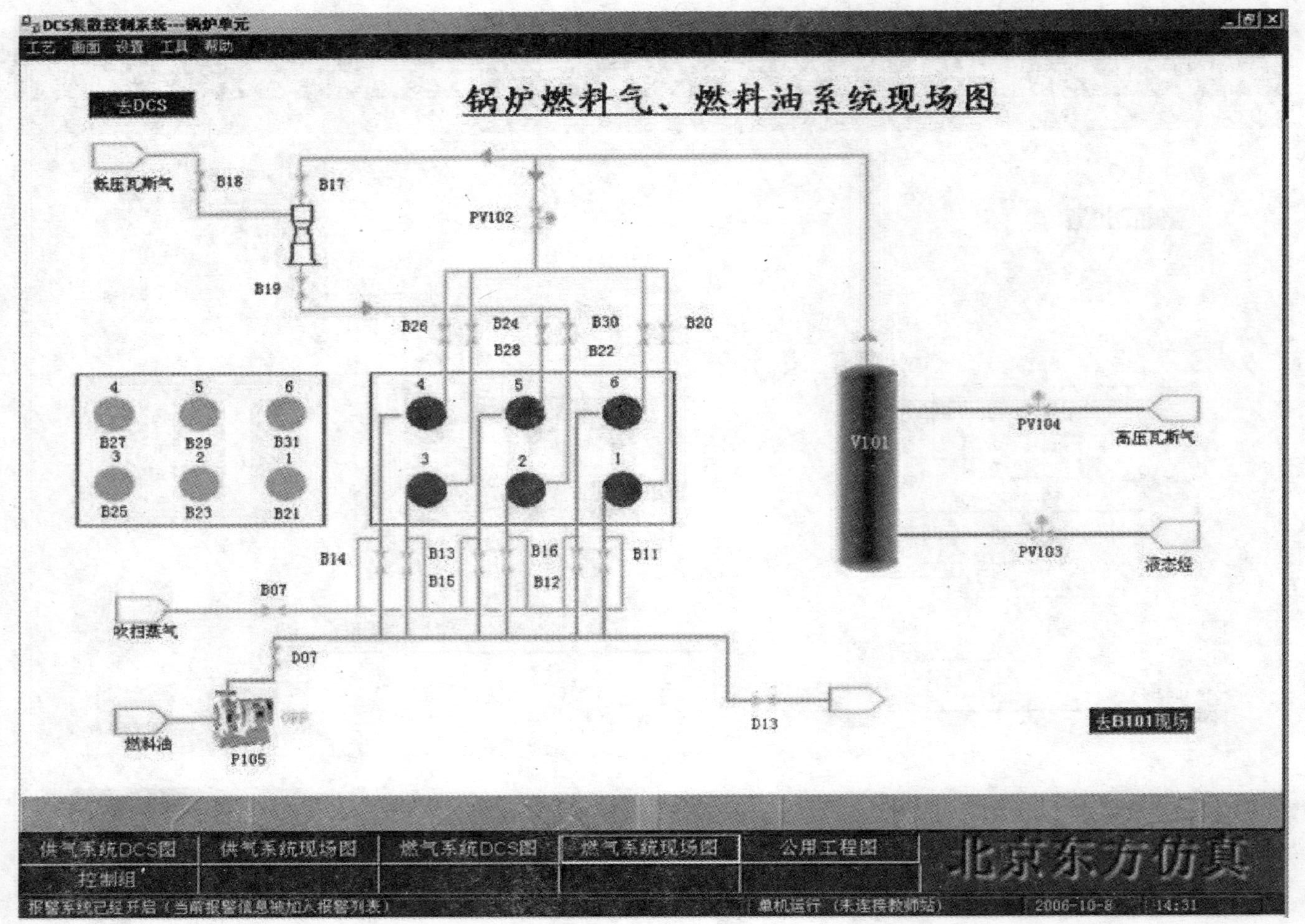
DCS集散控制系统---锅炉单元
工艺 画面 设置 工具 帮助
去DCS
锅炉燃料气、燃料油系统现场图
低压瓦斯气
B18
B17
PV102
B19
B26
B24
B28
B30
B22
B20
4
5
6
B27
B29
B31
3
2
1
B25
B23
B21
V101
PV104
高压瓦斯气
PV103
液态烃
B14
B13
B15
B16
B12
B11
B07
吹扫蒸气
D07
燃料油
OFF
P105
D13
去B101现场
供气系统DCS图
供气系统现场图
燃气系统DCS图
燃气系统现场图
公用工程图
控制组
北京东方仿真
报警系统已经开启（当前报警信息被加入报警列表）
单机运行（未连接教师站）
2006-10-8
14:31

五、思考题

1. 在出现锅炉负荷(锅炉给水)骤减时,汽包水位将出现什么变化？为什么？
2. 指出本单元中减温器的具体作用。
3. 说明为什么上下汽包之间的水循环不用动力设备,其动力是什么？
4. 结合本单元(TIC101),具体说明分程控制的作用和工作原理。

项目 9
精馏塔单元仿真培训系统

一、项目流程说明

(一)项目说明

本流程是利用精馏方法,在脱丁烷塔中将丁烷从脱丙烷塔釜混合物中分离出来。精馏是将液体混合物部分汽化,利用其中各成分相对挥发度的不同,通过液体和气体间的质量传递来实现对混合物的分离。本装置中将脱丙烷塔釜混合物部分汽化,由于丁烷的沸点较低,即其挥发度较高,故丁烷易于从液体中汽化出来,再将汽化的蒸汽冷凝,可得到丁烷浓度高于原料中丁烷浓度的混合物,经过多次汽化冷凝,即可达到分离混合物中丁烷的目的。

原料为 67.8℃脱丙烷塔的釜液(主要有 C4、C5、C6、C7 等),由脱丁烷塔(DA405)的第 16 块板进料(全塔共 32 块板),进料量由流量控制器 FIC101 控制。灵敏板温度由调节器 TC101 通过调节再沸器加热蒸汽的流量,来控制提馏段灵敏板温度,从而控制丁烷的分离质量。

脱丁烷塔塔釜液(主要为 C5 以上馏分)一部分作为产品采出,一部分经再沸器(EA418A、B)部分汽化为蒸汽从塔底上升。塔釜的液位和塔釜产品采出量由 LC101 和 FC102 组成的串级控制器控制。再沸器采用低压蒸汽加热。塔釜蒸汽缓冲罐(FA414)液位通过液位控制器 LC102 调节底部采出量来。

塔顶的上升蒸汽(C4 馏分和少量 C5 馏分)经塔顶冷凝器(EA419)全部冷凝成液体,该冷凝液靠位差流入回流罐(FA408)。塔顶压力 PC102 采用分程控制:在正常的压力波动下,通过调节塔顶冷凝器的冷却水量来调节压力,当压力超高时,压力报警系统发出报警信号,PC102 调节塔顶至回流罐的排气量来控制塔顶压力调节气体出料。操作压力为 4.25atm(表压),高压控制器 PC101 通过调节回流罐的气体排放量来控制塔内压力稳定。冷凝器以冷却水为载热体。回流罐液位由液位控制器 LC103 调节塔顶产品采出量来维持恒定。回流罐中的液体一部分作为塔顶产品送下一工序,另一部分液体由回流泵(GA412A、B)送回塔顶做为回流,回流量由流量控制器 FC104 控制。

(二)本单元复杂控制方案说明

吸收解吸单元复杂控制回路主要是串级回路的使用,在吸收塔、解吸塔和产品罐中都使用了液位与流量串级回路。

串级回路:是在简单调节系统基础上发展起来的。在结构上,串级回路调节系统有2个闭合回路。主、副调节器串联,主调节器的输出为副调节器的给定值,系统通过副调节器的输出操纵调节阀动作,实现对主参数的定值调节。所以在串级回路调节系统中,主回路是定值调节系统,副回路是随动系统。

分程控制:就是由1只调节器的输出信号控制2只或更多的调节阀,每只调节阀在调节器的输出信号的某段范围中工作。

具体实例:DA405的塔釜液位控制LC101和塔釜出料FC102构成一串级回路。FC102的SP随LC101的OP的改变而变化。PIC102为一分程控制器,分别控制PV102A和PV102B,当PC102的OP逐渐开大时,PV102A从0逐渐开大到100;而PV102B从100逐渐关小至0。

(三)设备一览

DA405:脱丁烷塔

EA419:塔顶冷凝器

FA408:塔顶回流罐

GA412A、B:回流泵

EA418A、B:塔釜再沸器

FA414:塔釜蒸汽缓冲罐

二、精馏单元操作规程

(一)冷态开车操作规程

本操作规程仅供参考,详细操作以评分系统为准。

装置冷态开车状态为精馏塔单元处于常温、常压氮吹扫完毕后的氮封状态,所有阀门、机泵处于关停状态。

1.进料过程

(1)开FA408顶放空阀PC101排放不凝气,稍开FIC101调节阀(不超过20%),向精馏塔进料。

(2)进料后,塔内温度略升,压力升高。当压力PC101升至0.5atm时,关闭PC101调节阀投自动,并控制塔压不超过4.25atm(如果塔内压力大幅波动,改回手动调节稳定压力)。

2.启动再沸器

(1)当压力PC101升至0.5atm时,打开冷凝水PC102调节阀至50%;塔压基本稳定在4.25atm后,可加大塔进料(FIC101开至50%左右)。

(2)待塔釜液位LC101升至20%以上时,开加热蒸汽入口阀V13,再稍开TC101调节阀,给再沸器缓慢加热,并调节TC101阀开度使塔釜液位LC101维持在40%~60%。待FA414液位LC102升至50%时,并投自动,设定值为50%。

3.建立回流

随着塔进料增加和再沸器、冷凝器投用,塔压会有所升高,回流罐逐渐积液。

(1)塔压升高时,通过开大 PC102 的输出,改变塔顶冷凝器冷却水量和旁路量来控制塔压稳定。

(2)当回流罐液位 LC103 升至 20%以上时,先开回流泵 GA412A/B 的入口阀 V19,再启动泵,再开出口阀 V17,启动回流泵。

(3)通过 FC104 的阀开度控制回流量,维持回流罐液位不超高,同时逐渐关闭进料,全回流操作。

4.调整至正常

(1)当各项操作指标趋近正常值时,打开进料阀 FIC101。

(2)逐步调整进料量 FIC101 至正常值。

(3)通过 TC101 调节再沸器加热量,使灵敏板温度 TC101 达到正常值。

(4)逐步调整回流量 FC104 至正常值。

(5)开 FC103 和 FC102 出料,注意塔釜、回流罐液位。

(6)将各控制回路投自动,各参数稳定并与项目设计值吻合后,投产品采出串级。

(二)正常操作规程

1.正常工况下的工艺参数

(1)进料流量 FIC101 设为自动,设定值为 14056kg/h。

(2)塔釜采出量 FC102 设为串级,设定值为 7349kg/h,LC101 设自动,设定值为 50%。

(3)塔顶采出量 FC103 设为串级,设定值为 6707kg/h。

(4)塔顶回流量 FC104 设为自动,设定值为 9664kg/h。

(5)塔顶压力 PC102 设为自动,设定值为 4.25atm,PC101 设自动,设定值为 5.0atm。

(6)灵敏板温度 TC101 设为自动,设定值为 89.3 ℃。

(7)FA414 液位 LC102 设为自动,设定值为 50%。

(8)回流罐液位 LC103 设为自动,设定值为 50%。

2.主要工艺生产指标的调整方法

(1)质量调节:本系统的质量调节采用以提馏段灵敏板温度作为主参数,以再沸器和加热蒸汽流量的调节系统,以实现对塔的分离质量控制。

(2)压力控制:在正常的压力情况下,由塔顶冷凝器的冷却水量来调节压力,当压力高于操作压力 4.25atm(表压)时,压力报警系统发出报警信号,同时调节器 PC101 将调节回流罐的气体出料,为了保持同气体出料的相对平衡,该系统采用压力分程调节。

(3)液位调节:塔釜液位由调节塔釜的产品采出量来维持恒定,设有高低液位报警。回流罐液位由调节塔顶产品采出量来维持恒定,设有高低液位报警。

(4)流量调节:进料量和回流量都采用单回路的流量控制;再沸器加热介质流量,由灵敏板温度调节。

(三)停车操作规程

本操作规程仅供参考,详细操作以评分系统为准。

1.降负荷

(1)逐步关小 FIC101 调节阀,降低进料至正常进料量的 70%。

(2)在降负荷过程中,保持灵敏板温度 TC101 的稳定性和塔压 PC102 的稳定,使精馏塔分离出合格产品。

(3)在降负荷过程中,尽量通过 FC103 排出回流罐中的液体产品,至回流罐液位 LC104 在 20%左右。

(4)在降负荷过程中,尽量通过 FC102 排出塔釜产品,使 LC101 降至 30%左右。

2.停进料和再沸器

在负荷降至正常的 70%,且产品已大部采出后,停进料和再沸器。

(1)关 FIC101 调节阀,停精馏塔进料。

(2)关 TC101 调节阀和 V13 或 V16 阀,停再沸器的加热蒸汽。

(3)关 FC102 调节阀和 FC103 调节阀,停止产品采出。

(4)打开塔釜泄液阀 V10,排不合格产品,并控制塔釜降低液位。

(5)手动打开 LC102 调节阀,对 FA114 泄液。

3.停回流

(1)停进料和再沸器后,回流罐中的液体全部通过回流泵打入塔,以降低塔内温度。

(2)当回流罐液位至 0 时,关 FC104 调节阀,关泵出口阀 V17(或 V18),停泵 GA412A(或 GA412B),关入口阀 V19(或 V20),停回流。

(3)开泄液阀 V10,排净塔内液体。

4.降压、降温

(1)打开 PC101 调节阀,将塔压降至接近常压后,关 PC101 调节阀。

(2)全塔温度降至 50℃左右时,关塔顶冷凝器的冷却水(PC102 的输出至 0)。

(四)仪表一览表

位号	说明	类型	正常值	量程高限	量程低限	工程单位
FIC101	塔进料量控制	PID	14056.0	28000.0	0	kg/h
FC102	塔釜采出量控制	PID	7349.0	14698.0	0	kg/h
FC103	塔顶采出量控制	PID	6707.0	13414.0	0	kg/h
FC104	塔顶回流量控制	PID	9664.0	19000.0	0	kg/h
PC101	塔顶压力控制	PID	4.25	8.5	0	atm
PC102	塔顶压力控制	PID	4.25	8.5	0	atm
TC101	灵敏板温度控制	PID	89.3	190.0	0	℃
LC101	塔釜液位控制	PID	50.0	100.0	0	%
LC102	塔釜蒸汽缓冲罐液位控制	PID	50.0	100.0	0	%
LC103	塔顶回流罐液位控制	PID	50.0	100.0	0	%
TI102	塔釜温度	AI	109.3	200.0	0	℃
TI103	进料温度	AI	67.8	100.0	0	℃
TI104	回流温度	AI	39.1	100.0	0	℃
TI105	塔顶气温度	AI	46.5	100.0	0	℃

三、事故设置一览

(一)热蒸汽压力过高

1.原因

热蒸汽压力过高。

2.现象

加热蒸汽的流量增大,塔釜温度持续上升。

3.处理

适当减小 TC101 的阀门开度。

(二)热蒸汽压力过低

1.原因

热蒸汽压力过低。

2.现象

加热蒸汽的流量减小,塔釜温度持续下降。

3.处理

适当增大 TC101 的阀门开度。

(三)冷凝水中断

1.原因

停冷凝水。

2.现象

塔顶温度上升,塔顶压力升高。

3.处理

(1)开回流罐放空阀 PC101 保压。

(2)手动关闭 FC101,停止进料。

(3)手动关闭 TC101,停加热蒸汽。

(4)手动关闭 FC103 和 FC102,停止产品采出。

(5)开塔釜排液阀 V10,排不合格产品。

(6)手动打开 LIC102,对 FA114 泄液。

(7)当回流罐液位为 0 时,关闭 FIC104。

(8)关闭回流泵出口阀 V17/V18。

(9)关闭回流泵 GA424A/GA424B。

(10)关闭回流泵入口阀 V19/V20。

(11)待塔釜液位为 0 时,关闭泄液阀 V10。

(12)待塔顶压力降为常压后,关闭冷凝器。

(四)停电

1.原因

停电。

2.现象

回流泵 GA412A 停止,回流中断。

3.处理

(1)手动开回流罐放空阀 PC101 泄压。

(2)手动关进料阀 FIC101。

(3)手动关出料阀 FC102 和 FC103。

(4)手动关加热蒸汽阀 TC101。

(5)开塔釜排液阀 V10 和回流罐泄液阀 V23,排不合格产品。

(6)手动打开 LIC102,对 FA114 泄液。

(7)当回流罐液位为 0 时,关闭 V23。

(8)关闭回流泵出口阀 V17/V18。

(9)关闭回流泵 GA424A/GA424B。

(10)关闭回流泵入口阀 V19/V20。

(11)待塔釜液位为 0 时,关闭泄液阀 V10。

(12)待塔顶压力降为常压后,关闭冷凝器。

(五)回流泵故障

1.原因

回流泵 GA412A 泵坏。

2.现象

GA412A 断电,回流中断,塔顶压力、温度上升。

3.处理

(1)开备用泵入口阀 V20。

(2)启动备用泵 GA412B。

(3)开备用泵出口阀 V18。

(4)关闭运行泵出口阀 V17。

(5)停运行泵 GA412A。

(6)关闭运行泵入口阀 V19。

(六)回流控制阀 FC104 阀卡

1.原因

回流控制阀 FC104 阀卡。

2.现象

回流量减小,塔顶温度上升,压力增大。

3.处理

打开旁路阀 V14,保持回流。

四、仿真界面

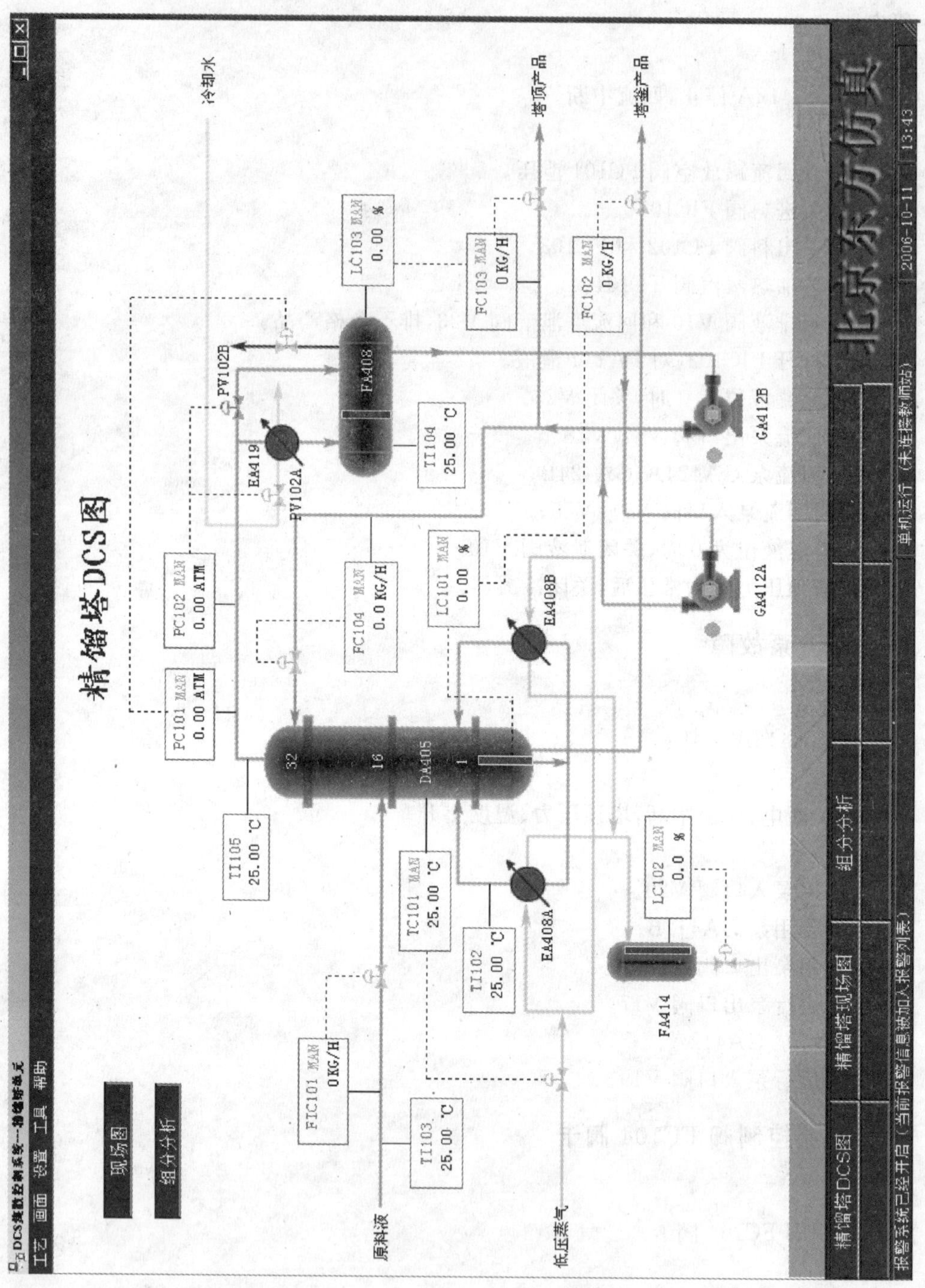
DCS集散控制系统--精馏塔单元
工艺 画面 设置 工具 帮助
精馏塔DCS图
现场图
组分分析
FIC101 MAN 0 KG/H
TI103 25.00 ℃
原料液
低压蒸气
TC101 MAN 25.00 ℃
TI102 25.00 ℃
EA408A
EA408B
FA414
LC102 MAN 0.0 %
TI105 25.00 ℃
DA405
PC101 MAN 0.00 ATM
PC102 MAN 0.00 ATM
FC104 MAN 0.0 KG/H
LC101 MAN 0.00 %
EA419
PV102A
PV102B
FA408
TI104 25.00 ℃
LC103 MAN 0.00 %
FC103 MAN 0 KG/H
FC102 MAN 0 KG/H
冷却水
塔顶产品
塔釜产品
GA412A
GA412B
北京东方仿真
2006-10-11
13:43
单机运行（未连接教师站）
精馏塔DCS图
精馏塔现场图
组分分析
报警系统已经开启（当前报警信息被加入报警列表）

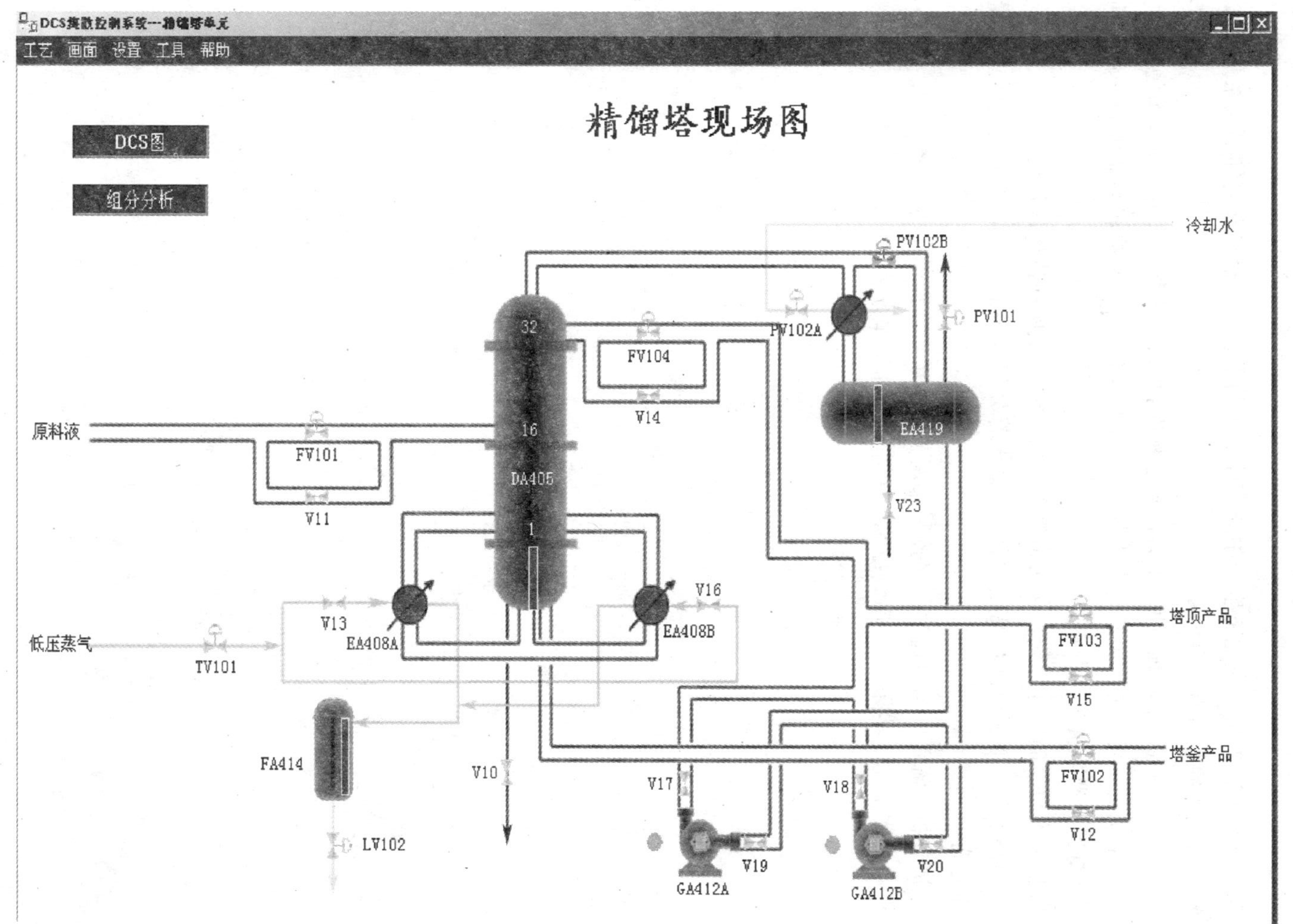

DCS集散控制系统---精馏塔单元
工艺 画面 设置 工具 帮助
精馏塔现场图
DCS图
组分分析
冷却水
PV102B
PV101
PV102A
FV104
V14
EA419
V23
原料液
FV101
V11
32
16
DA405
1
V16
V13
EA408A
EA408B
低压蒸气
TV101
塔顶产品
FV103
V15
塔釜产品
FV102
V12
FA414
V10
V17
V18
LV102
V19
V20
GA412A
GA412B

五、思考题

1. 什么叫蒸馏？蒸馏在化工生产中分离什么样的混合物？蒸馏和精馏的关系是什么？

2. 精馏的主要设备有哪些？

3. 在本单元中，如果塔顶温度、压力都超过标准，可以有几种方法将系统调节稳定？

4. 当系统在一较高负荷突然出现大的波动、不稳定时，为什么要将系统降到一低负荷的稳态，再重新开到高负荷？

5. 根据本单元的实际，结合“化工原理”讲述的原理，说明回流比的作用。

6. 若精馏塔灵敏板温度过高或过低，则意味着分离效果如何？应通过改变哪些变量来调节至正常？

7. 请分析本流程中如何通过分程控制来调节精馏塔正常操作压力。

8. 根据本单元的实际，简述串级控制的工作原理和操作方法。

项目 10 吸收解吸单元仿真培训系统

一、项目流程说明

(一)项目说明

吸收解吸是石油化工生产过程中较常用的重要单元操作过程。吸收过程是利用气体混合物中各个成分在液体(吸收剂)中的溶解度不同,来分离气体混合物。被溶解的成分称为溶质或吸收质,含有溶质的气体称为富气,不被溶解的气体称为贫气或惰性气体。

溶解在吸收剂中的溶质和在气体中的溶质存在溶解平衡,当溶质在吸收剂中达到溶解平衡时,溶质在气体中的分压称为该组分在该吸收剂中的饱和蒸汽压。当溶质在气体中的分压大于该成分的饱和蒸汽压时,溶质就从气体溶入溶质中,称为吸收过程。当溶质在气体中的分压小于该成分的饱和蒸汽压时,溶质就从液体逸出到气体中,称为解吸过程。

提高压力、降低温度有利于溶质吸收;降低压力、提高温度有利于溶质解吸。利用这一原理可以分离气体混合物,而吸收剂可以重复使用。

该单元以 C6 油为吸收剂,分离气体混合物(其中 C4:25.13%,CO 和 CO_2:6.26%,N_2:64.58%,H_2:3.5%,O_2:0.53%)中的 C4 组分(吸收质)。

从界区外来的富气从底部进入吸收塔 T101。界区外来的纯 C6 油吸收剂贮存于 C6 油贮罐 D101 中,由 C6 油泵 P101A/B 送入吸收塔 T101 的顶部,C6 流量由 FRC103 控制。吸收剂 C6 油在吸收塔 T101 中自上而下与富气逆向接触,富气中 C4 成分溶解在 C6 油中。不溶解的贫气自 T101 顶部排出,经盐水冷却器 E101 被−4℃的盐水冷却至 2℃进入尾气分离罐 D102。吸收了 C4 成分的富油(C4:8.2%,C6:91.8%)从吸收塔底部排出,经贫富油换热器 E103 预热至 80℃进入解吸塔 T102。吸收塔塔釜液位由 LIC101 和 FIC104 通过调节塔釜富油采出量串级控制。

来自吸收塔顶部的贫气在尾气分离罐 D102 中回收冷凝的 C4、C6 后,不凝气在 D102 压力控制器 PIC103 1.2MPa(g)控制下排入放空总管进入大气。回收的冷凝液(C4、C6)与吸收塔釜排出的富油一起进入解吸塔 T102。

预热后的富油进入解吸塔 T102 进行解吸分离。塔顶气体出料(C4:95%)经全冷器 E104 换热降温至 40℃全部冷凝进入塔顶回流罐 D103,其中一部分冷凝液由 P102A/B 泵打回流至解吸塔顶部,回流量 8.0t/h,由 FIC106 控制,其他部分做为 C4 产品在液位控制

(LIC105)下由P102A/B泵抽出。塔釜C6油在液位控制(LIC104)下,经贫富油换热器E103和盐水冷却器E102降温至5℃返回至C6油贮罐D101再利用,返回温度由温度控制器TIC103通过调节E102循环冷却水流量控制。

T102塔釜温度由TIC104和FIC108通过调节塔釜再沸器E105的蒸汽流量串级控制,控制温度为102℃。塔顶压力由PIC105通过调节塔顶冷凝器E104的冷却水流量控制,另有一塔顶压力保护控制器PIC104,在塔顶有凝气压力高时通过调节D103放空量降压。

因为塔顶C4产品中含有部分C6油及其他C6油损失,所以随着生产的进行,要定期观察C6油贮罐D101的液位,补充新鲜C6油。

(二)本单元复杂控制方案说明

吸收解吸单元复杂控制回路主要是串级回路的使用,在吸收塔、解吸塔和产品罐中都使用了液位与流量串级回路。

串级回路是在简单调节系统基础上发展起来的。在结构上,串级回路调节系统有2个闭合回路。主、副调节器串联,主调节器的输出为副调节器的给定值,系统通过副调节器的输出操纵调节阀动作,实现对主参数的定值调节。所以在串级回路调节系统中,主回路是定值调节系统,副回路是随动系统。

举例:在吸收塔T101中,为了保证液位的稳定,有一塔釜液位与塔釜出料组成的串级回路。液位调节器的输出同时是流量调节器的给定值,即流量调节器FIC104的SP值由液位调节器LIC101的输出OP值控制,LIC101的OP的变化使FIC104的SP产生相应的变化。

(三)设备一览

T101:吸收塔
D101:C6油贮罐
D102:气液分离罐
E101:吸收塔顶冷凝器
E102:循环油冷却器
P101A/B:C6油供给泵
T102:解吸塔
D103:解吸塔顶回流罐
E103:贫富油换热器
E104:解吸塔顶冷凝器
E105:解吸塔釜再沸器
P102A/B:解吸塔顶回流、塔顶产品采出泵

二、吸收解吸单元操作规程

(一)开车操作规程

本操作规程仅供参考,详细操作以评分系统为准。

装置的开车状态为吸收塔解吸塔系统均处于常温常压下,各调节阀处于手动关闭状态,

各手操阀处于关闭状态，氮气置换已完毕，公用工程已具备条件，可以直接进行氮气充压。

1.氮气充压

(1)确认所有手阀处于关状态。

(2)氮气充压

①打开氮气充压阀，给吸收塔系统充压。

②当吸收塔系统压力升至 1.0MPa(g)左右时，关闭氮气充压阀。

③打开氮气充压阀，给解吸塔系统充压。

④当吸收塔系统压力升至 0.5MPa(g)左右时，关闭氮气充压阀。

2.进吸收油

(1)确认

①系统充压已结束。

②所有手阀处于关闭状态。

(2)吸收塔系统进吸收油

①打开引油阀 V9 至开度 50%左右，给 C6 油贮罐 D101 充 C6 油至液位 70%。

②打开 C6 油泵 P101A(或 B)的入口阀，启动 P101A(或 B)。

③打开 P101A(或 B)出口阀，手动打开 FV103 阀至 30%左右；给吸收塔 T101 充液至 50%。充油过程中注意观察 D101 液位，必要时给 D101 补充新油。

(3)解吸塔系统进吸收油

①手动打开调节阀 FV104 开度至 50%左右，给解吸塔 T102 进吸收油至液位 50%。

②给 T102 进油时注意给 T101 和 D101 补充新油，以保证 D101 和 T101 的液位均不低于 50%。

3.C6 油冷循环

(1)确认

①贮罐、吸收塔、解吸塔液位 50%左右。

②吸收塔系统与解吸塔系统保持合适压差。

(2)建立冷循环

①手动逐渐打开调节阀 LV104，向 D101 倒油。

②当向 D101 倒油时，同时逐渐调整 FV104，以保持 T102 液位在 50%左右，将 LIC104 设定在 50%投自动。

③ 由 T101 至 T102 油循环时，手动调节 FV103 以保持 T101 液位在 50%左右，将 LIC101 设定在 50%投自动。

④ 手动调节 FV103，使 FRC103 保持在 13.50t/h，投自动，冷循环 10min。

4.T102 回流罐 D103 灌 C4

打开 V21，向 D103 灌 C4 至液位为 20%。

5.C6 油热循环

(1)确认

①冷循环过程已经结束。

②D103 液位已建立。

(2) T102 再沸器投用

①设定 TIC103 于 5℃，投自动。

②手动打开 PV105 至 70%。

③手动控制 PIC105 于 0.5MPa,待回流稳定后再投自动。

④手动打开 FV108 至 50%,开始给 T102 加热。

(3)建立 T102 回流

①随着 T102 塔釜温度 TIC107 逐渐升高,C6 油开始汽化,并在 E104 中冷凝至回流罐 D103。

②当塔顶温度高于 50℃时,打开 P102A/B 泵的入出口阀 VI25/27、VI26/28,打开 FV106 的前后阀,手动打开 FV106 至合适开度,维持塔顶温度高于 51℃。

③当 TIC107 温度指示达到 102℃时,将 TIC107 设定在 102℃投自动,TIC107 和 FIC108 投串级。

④热循环 10min。

6.进富气

(1)确认 C6 油热循环已经建立。

(2)进富气

①逐渐打开富气进料阀 V1,开始富气进料。

②随着 T101 富气进料,塔压升高,手动调节 PIC103 使压力恒定在 1.2MPa(表)。当富气进料达到正常值后,设定 PIC103 为 1.2MPa(表),投自动。

③当吸收了 C4 的富油进入解吸塔后,塔压将逐渐升高,手动调节 PIC105,维持 PIC105 在 0.5MPa(表),稳定后投自动。

④当 T102 温度、压力控制稳定后,手动调节 FIC106 使回流量达到正常值 8.0t/h,投自动。

⑤观察 D103 液位,液位高于 50 时,打开 LIV105 的前后阀,手动调节 LIC105 维持液位在 50%,投自动。

⑥将所有操作指标逐渐调整到正常状态。

(二)正常操作规程

1.正常工况操作参数

(1)吸收塔顶压力控制 PIC103:1.20MPa(表)。

(2)吸收油温度控制 TIC103:5.0℃。

(3)解吸塔顶压力控制 PIC105:0.50MPa(表)。

(4)解吸塔顶温度:51.0℃。

(5)解吸塔釜温度控制 TIC107:102.0℃。

2.补充新油

因为塔顶 C4 产品中含有部分 C6 油及其他 C6 油损失,所以随着生产的进行,要定期观察 C6 油贮罐 D101 的液位,当液位低于 30%时,打开阀 V9 补充新鲜的 C6 油。

3.D102 排液

生产过程中贫气中的少量 C4 和 C6 成分积累于尾气分离罐 D102 中,定期观察 D102 的液位,当液位高于 70%时,打开阀 V7 将凝液排放至解吸塔 T102 中。

4.T102 塔压控制

正常情况下 T102 的压力由 PIC105 通过调节 E104 的冷却水流量控制。生产过程中会有少量不凝气积累于回流罐 D103 中,使解吸塔系统压力升高,这时 T102 顶部压力超高保护控制器PIC104会自动控制排放不凝气，维持压力不会超高。必要时可手动打开PV104至开度1%～3%来调节压力。

(三)停车操作规程

本操作规程仅供参考，详细操作以评分系统为准。

1.停富气进料

(1)关富气进料阀V1，停富气进料。

(2)富气进料中断后，T101塔压会降低，手动调节PIC103，维持T101压力>1.0MPa(表)。

(3)手动调节PIC105维持T102塔压力在0.20MPa(表)左右。

(4)维持T101→T102→D101的C6油循环。

2.停吸收塔系统

(1)停C6油进料。

①停C6油泵P101A/B。

②关闭P101A/B入出口阀。

③FRC103置手动，关FV103前后阀。

④手动关FV103阀，停T101油进料。

此时应注意保持T101的压力，压力低时可用氮气充压，否则，T101塔釜C6油无法排出。

(2)吸收塔系统泄油。

①LIC101和FIC104置手动，FV104开度保持50%，向T102泄油。

②当LIC101液位降至0时，关闭FV108。

③打开V7阀，将D102中的凝液排至T102中。

④当D102液位指示降至0%时，关V7阀。

⑤关V4阀，中断盐水停E101。

⑥手动打开PV103，吸收塔系统泄压至常压，关闭PV103。

3.停解吸塔系统

(1)停C4产品出料。富气进料中断后，将LIC105置手动，关阀LV105及其前后阀。

(2)T102塔降温。

①TIC107和FIC108置手动，关闭E105蒸汽阀FV108，停再沸器E105。

②停止T102加热的同时，手动关闭PIC105和PIC104，保持解吸系统的压力。

(3)停T102回流。

①再沸器停用，温度下降至泡点以下后，油不再汽化，当D103液位LIC105指示小于10%时，停回流泵P102A/B，关P102A/B的入出口阀。

②手动关闭FV106及其前后阀，停T102回流。

③打开D103泄液阀V19。

④当D103液位指示下降至0时，关V19阀。

(4)T102泄油。

①手动置LV104于50%，将T102中的油倒入D101。

②当T102液位LIC104指示下降至10%时，关LV104。

③手动关闭TV103，停E102。

④打开T102泄油阀V18，T102液位LIC104下降至0时，关V18。

(5)T102 泄压。

①手动打开 PV104 至开度 50%;开始 T102 系统泄压。

②当 T102 系统压力降至常压时,关闭 PV104。

4.吸收油贮罐 D101 排油

(1)当停 T101 吸收油进料后,D101 液位必然上升,此时打开 D101 排油阀 V10 排污油。

(2)直至 T102 中油倒空,D101 液位下降至 0,关 V10。

(四)仪表及报警一览表

位号	说明	类型	正常值	量程高限	量程低限	工程单位	高报值	低报值	高高报值	低低报值
AI101	回流罐 C4 组分	AI	>95.0	100.0	0	%				
FI101	T101 进料	AI	5.0	10.0	0	t/h				
FI102	T101 塔顶气量	AI	3.8	6.0	0	t/h				
FRC103	吸收油流量控制	PID	13.50	20.0	0	t/h	16.0	4.0		
FIC104	富油流量控制	PID	14.70	20.0	0	t/h	16.0	4.0		
FI105	T102 进料	AI	14.70	20.0	0	t/h				
FIC106	回流量控制	PID	8.0	14.0	0	t/h	11.2	2.8		
FI107	T101 塔底贫油采出	AI	13.41	20.0	0	t/h				
FIC108	加热蒸汽量控制	PID	2.963	6.0	0	t/h				
LIC101	吸收塔液位控制	PID	50	100	0	%	85	15		
LI102	D101 液位	AI	60.0	100	0	%	85	15		
LI103	D102 液位	AI	50.0	100	0	%	65	5		
LIC104	解吸塔釜液位控制	PID	50	100	0	%	85	15		
LIC105	回流罐液位控制	PID	50	100	0	%	85	15		
PI101	吸收塔顶压力显示	AI	1.22	20	0	MPa	1.7	0.3		
PI102	吸收塔塔底压力	AI	1.25	20	0	MPa				
PIC103	吸收塔顶压力控制	PID	1.2	20	0	MPa	1.7	0.3		
PIC104	解吸塔顶压力控制	PID	0.55	1.0	0	MPa				
PIC105	解吸塔顶压力控制	PID	0.50	1.0	0	MPa				
PI106	解吸塔底压力显示	AI	0.53	1.0	0	MPa				
TI101	吸收塔塔顶温度	AI	6	40	0	℃				
TI102	吸收塔塔底温度	AI	40	100	0	℃				
TIC103	循环油温度控制	PID	5.0	50	0	℃	10.0	2.5		
TI104	C4 回收罐温度显示	AI	2.0	40	0	℃				
TI105	预热后温度显示	AI	80.0	150.0	0	℃				
TI106	吸收塔顶温度显示	AI	6.0	50	0	℃				
TIC107	解吸塔釜温度控制	PID	102.0	150.0	0	℃				
TI108	回流罐温度显示	AI	40.0	100	0	℃				

三、事故设置一览

下列事故处理操作仅供参考,详细操作以评分系统为准。

(一)冷却水中断

1.主要现象

(1)冷却水流量为0。

(2)入口路各阀常开状态。

2.处理方法

(1)停止进料,关V1阀。

(2)手动关PV103保压。

(3)手动关FV104,停T102进料。

(4)手动关LV105,停出产品。

(5)手动关FV103,停T101回流。

(6)手动关FV106,停T102回流。

(7)关LIC104前后阀,保持液位。

(二)加热蒸汽中断

1.主要现象

(1)加热蒸汽管路各阀开度正常。

(2)加热蒸汽入口流量为0。

(3)塔釜温度急剧下降。

2.处理方法

(1)停止进料,关V1阀。

(2)停T102回流。

(3)停D103产品出料。

(4)停T102进料。

(5)关PV103保压。

(6)关LIC104前后阀,保持液位。

(三)仪表风中断

1.主要现象

各调节阀全开或全关。

2.处理方法

(1)打开FRC103旁路阀V3。

(2)打开FIC104旁路阀V5。

(3)打开PIC103旁路阀V6。

(4)打开TIC103旁路阀V8。

(5)打开LIC104旁路阀V12。

(6)打开FIC106旁路阀V13。

(7)打开PIC105旁路阀V14。

(8)打开PIC104旁路阀V15。

(9)打开LIC105旁路阀V16。

(10)打开 FIC108 旁路阀 V17。

(四)停电

1.主要现象

(1)泵 P101A/B 停。

(2)泵 P102A/B 停。

2.处理方法

(1)打开泄液阀 V10,保持 LI102 液位在 50%。

(2)打开泄液阀 V19,保持 LI105 液位在 50%。

(3)关小加热油流量,防止塔温上升过高。

(4)停止进料,关 V1 阀。

(五)P101A 泵坏

1.主要现象

(1)FRC103 流量降为 0。

(2)塔顶 C4 上升,温度上升,塔顶压上升。

(3)釜液位下降。

2.处理方法

(1)停 P101A。注:先关泵后阀,再关泵前阀。

(2)开启 P101B,先开泵前阀,再开泵后阀。

(3)由 FRC103 调至正常值,并投自动。

(六)LIC104 调节阀卡

1.主要现象

(1)FI107 降至 0。

(2)塔釜液位上升,并可能报警。

2.处理方法

(1)关 LIC104 前后阀 VI13 和 VI14。

(2)开 LIC104 旁路阀 V12 至 60%左右。

(3)调整旁路阀 V12 开度,使液位保持在 50%。

(七)换热器 E105 结垢严重

1.主要现象

(1)调节阀 FIC108 开度增大。

(2)加热蒸汽入口流量增大。

(3)塔釜温度下降,塔顶温度也下降,塔釜 C4 组成上升。

2.处理方法

(1)关闭富气进料阀 V1。

(2)手动关闭产品出料阀 LIC102。

(3)手动关闭再沸器后,清洗换热器 E105。

四、仿真界面

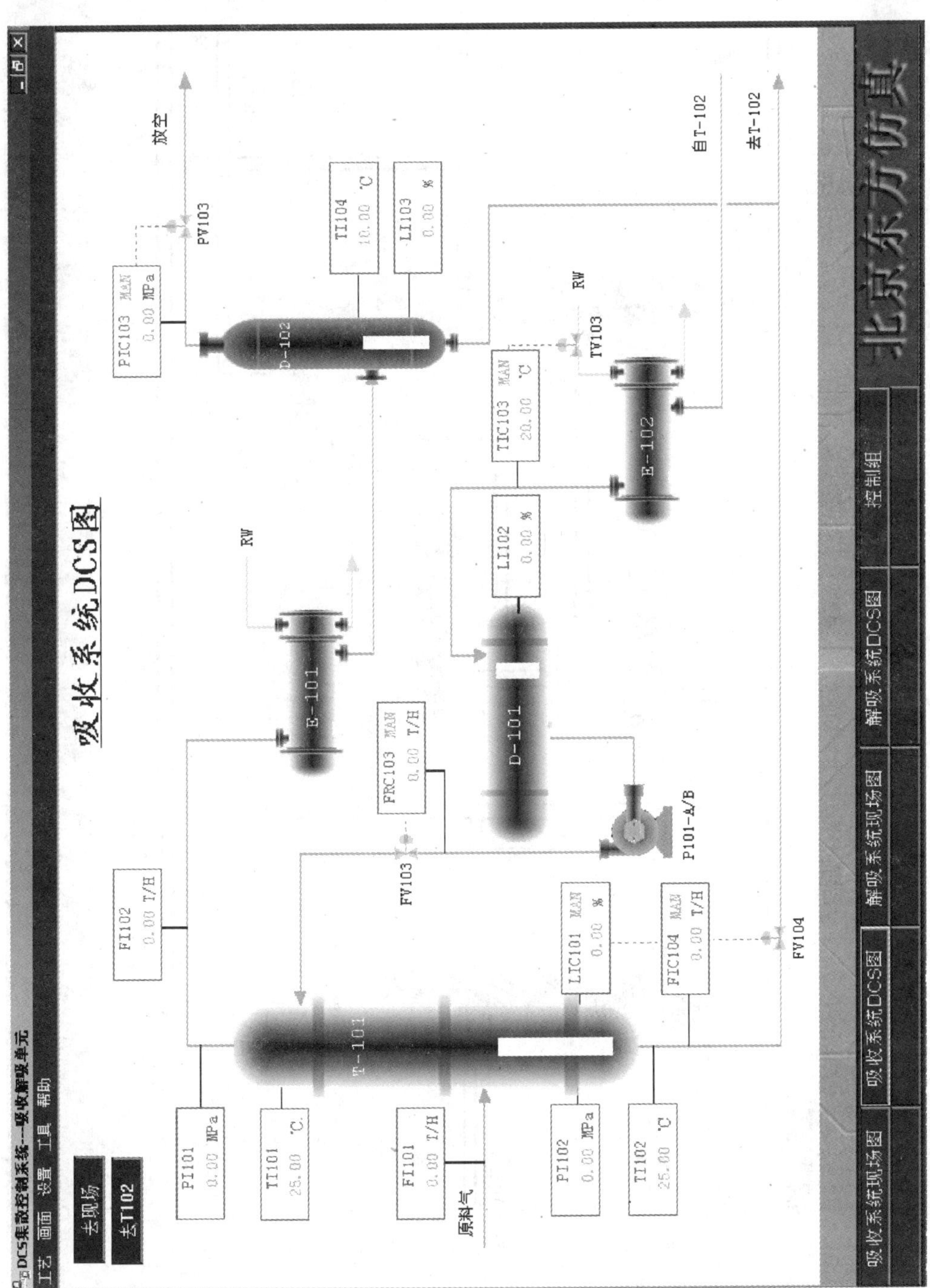
DCS集散控制系统--吸收解吸单元
工艺 画面 设置 工具 帮助
去现场
去T102
吸收系统DCS图
放空
PV103
PIC103 MAN 0.00 MPa
TI104 10.00 ℃
LI103 0.00 %
D-102
自T-102
去T-102
RW
TV103
TIC103 MAN 20.00 ℃
E-102
RW
E-101
LI102 0.00 %
D-101
FRC103 MAN 0.00 T/H
FV103
P101-A/B
FI102 0.00 T/H
LIC101 MAN 0.00 %
FIC104 MAN 0.00 T/H
FV104
T-101
PI101 0.00 MPa
TI101 25.00 ℃
FI101 0.00 T/H
原料气
PI102 0.00 MPa
TI102 25.00 ℃
北京东方仿真
吸收系统现场图
吸收系统DCS图
解吸系统现场图
解吸系统DCS图
控制组

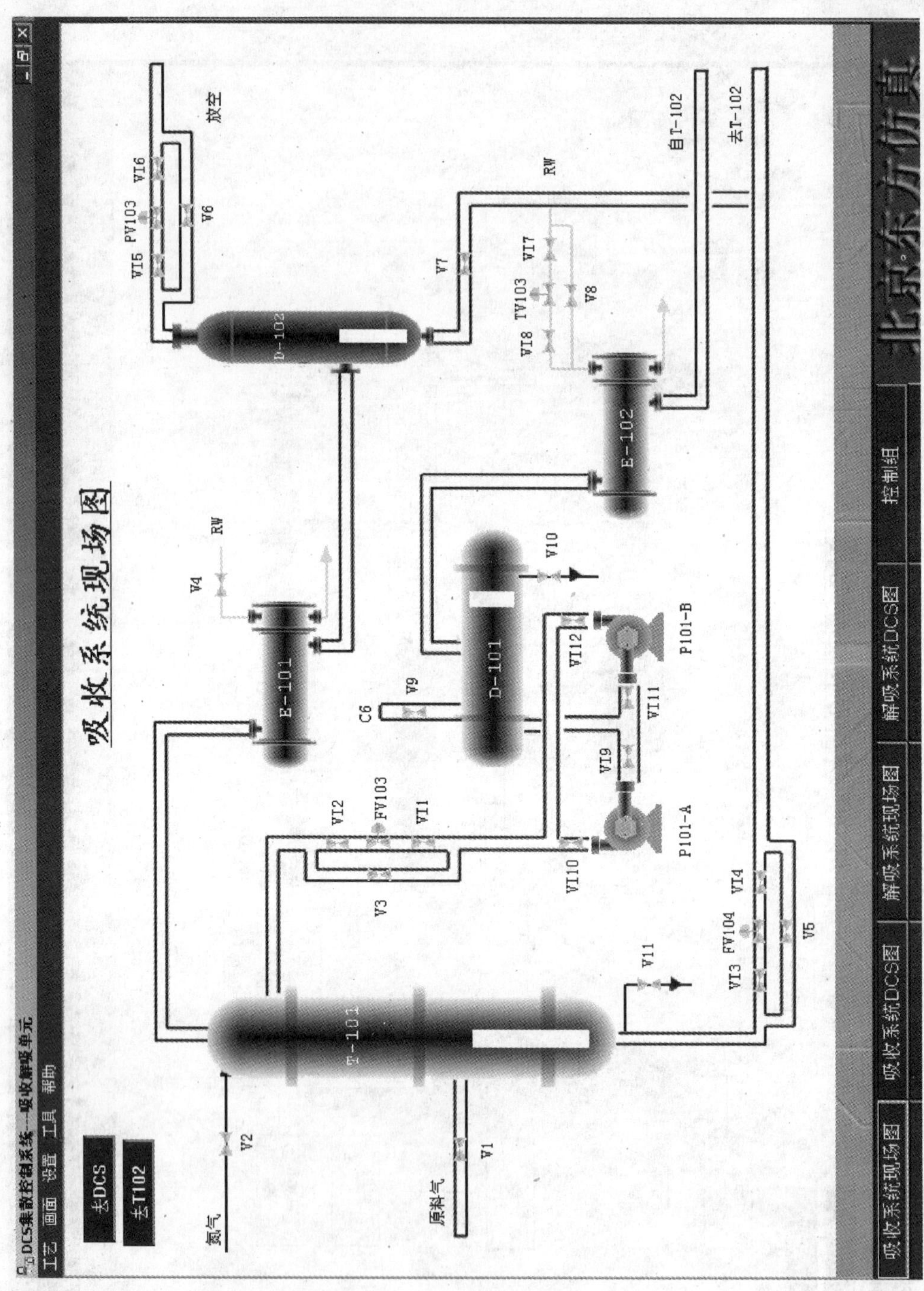
DCS集散控制系统—吸收解吸单元
工艺 画面 设置 工具 帮助
去DCS
去T102
吸收系统现场图
氮气
原料气
V1
V2
T-101
E-101
V4
RW
D-102
VI5
FV103
VI6
V6
放空
V3
VI2
FV103
VI1
C6
V9
D-101
V10
VI10
VI9
VI11
VI12
P101-A
P101-B
V7
VI8
TV103
VI7
V8
RW
E-102
自T-102
去T-102
V11
VI3
FV104
VI4
V5
吸收系统现场图
吸收系统DCS图
解吸系统现场图
解吸系统DCS图
控制组
北京东方仿真

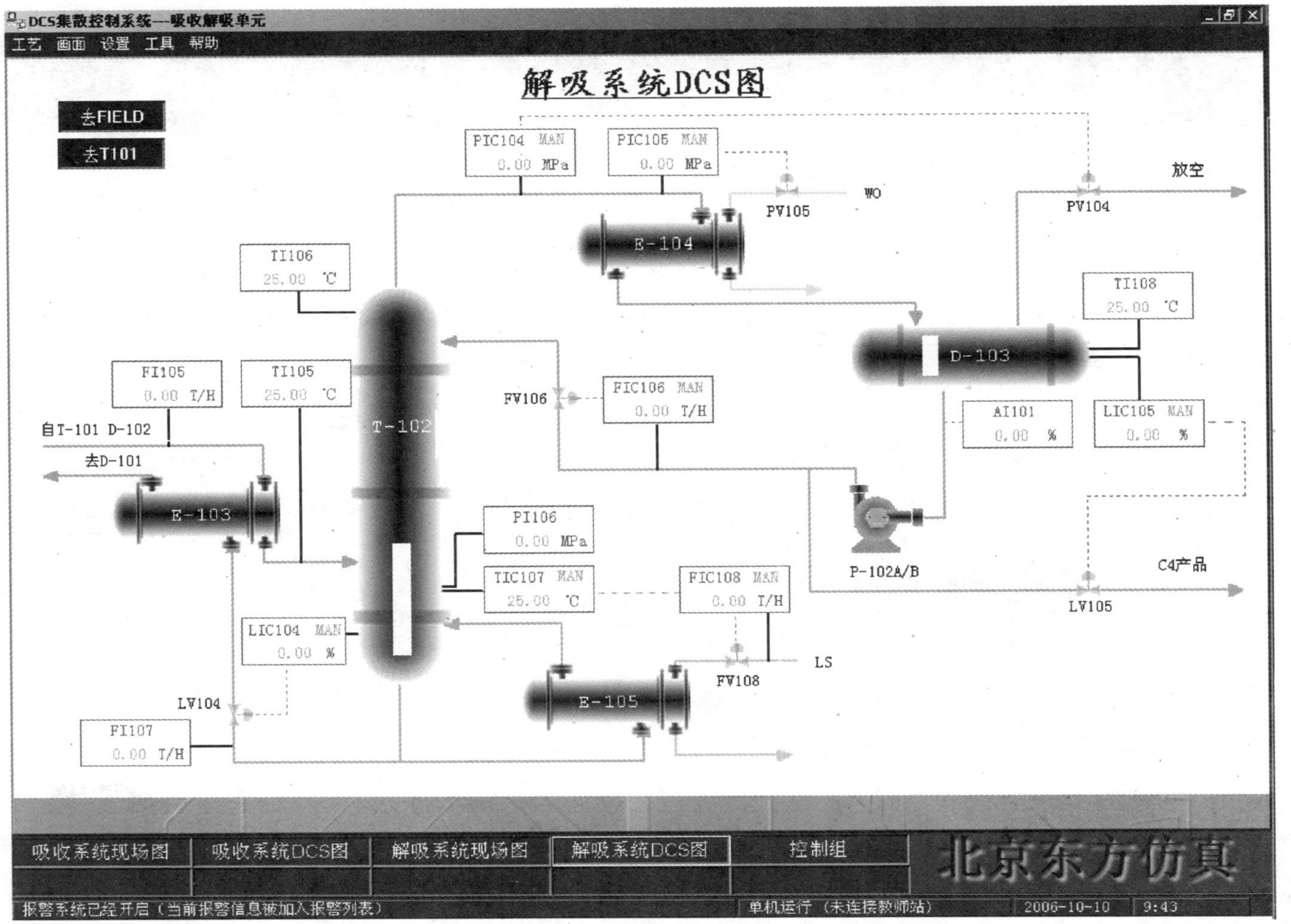
DCS集散控制系统—吸收解吸单元
工艺 画面 设置 工具 帮助
解吸系统DCS图
去FIELD
去T101
PIC104 MAN 0.00 MPa
PIC105 MAN 0.00 MPa
PV105
WO
PV104
放空
E-104
TI106 25.00 ℃
TI108 25.00 ℃
D-103
FI105 0.00 T/H
TI105 25.00 ℃
T-102
FV106
FIC106 MAN 0.00 T/H
AI101 0.00 %
LIC105 MAN 0.00 %
自T-101 D-102
去D-101
E-103
PI106 0.00 MPa
TIC107 MAN 25.00 ℃
FIC108 MAN 0.00 T/H
P-102A/B
C4产品
LV105
LIC104 MAN 0.00 %
LS
FV108
LV104
E-105
FI107 0.00 T/H
吸收系统现场图
吸收系统DCS图
解吸系统现场图
解吸系统DCS图
控制组
北京东方仿真
报警系统已经开启（当前报警信息被加入报警列表）
单机运行（未连接教师站）
2006-10-10
9:43

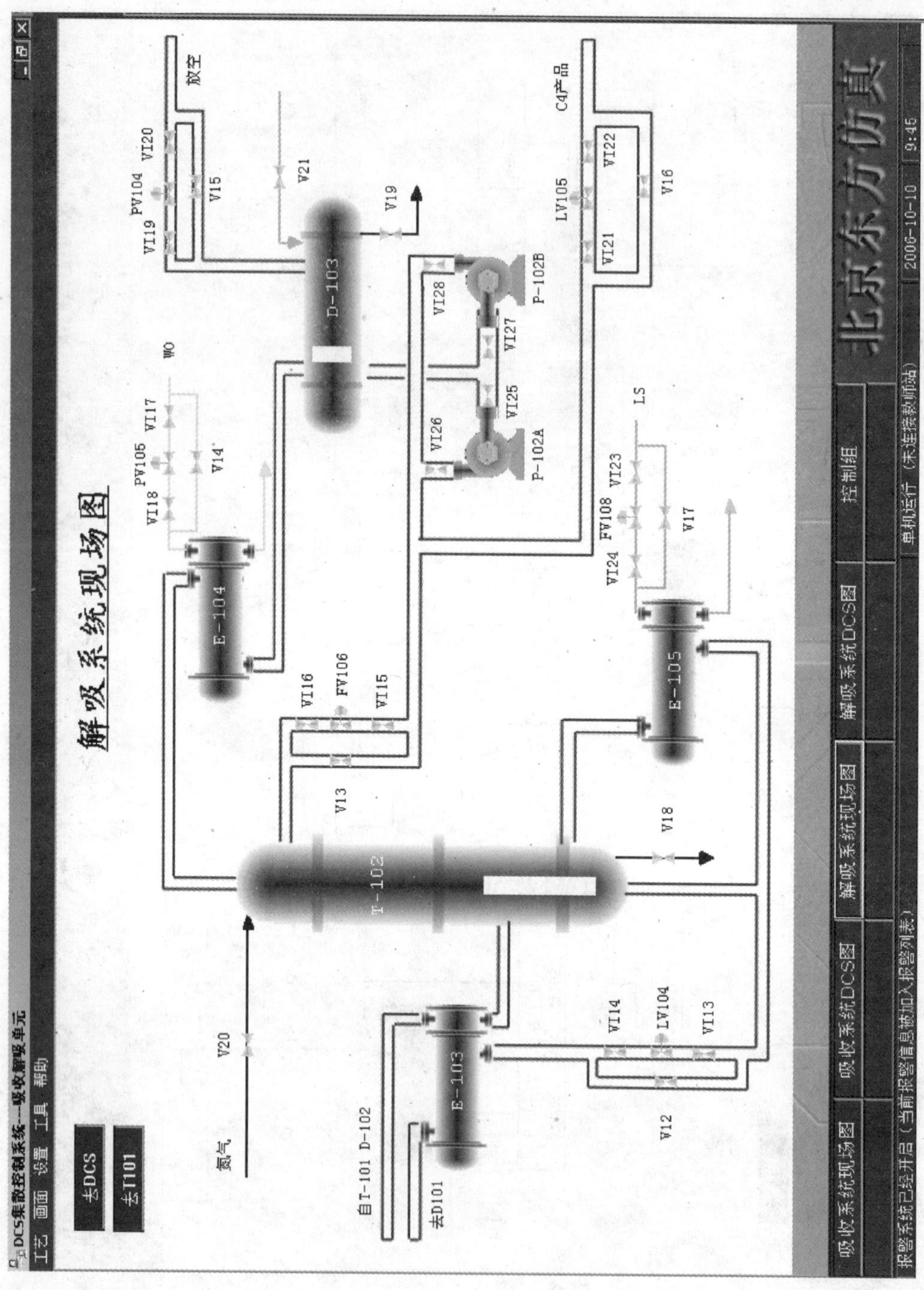
DCS集散控制系统—吸收解吸单元
工艺 画面 设置 工具 帮助
去DCS
去T101
解吸系统现场图
氮气
V20
自T-101 D-102
去D101
E-103
T-102
E-104
D-103
E-105
P-102A
P-102B
放空
C4产品
WO
LS
吸收系统现场图
吸收系统DCS图
解吸系统现场图
解吸系统DCS图
控制组
北京东方仿真
报警系统已经开启（当前报警信息被加入报警列表）
单机运行（未连接教师站）
2006-10-10
9:45

五、思考题

1. 吸收过程的操作是在高压、低温的条件下进行的，为什么说这样的操作条件对吸收过程的进行有利？

2. 请从节能的角度对换热器 E103 在本单元的作用作出评价。

3. 结合本单元的具体情况，说明串级控制的工作原理。

4. 操作时若发现富油无法进入解吸塔，造成这种情况的原因有哪些？应如何调整？

5. 假如本单元的操作已经平稳，这时吸收塔的进料富气温度突然升高，分析会导致什么现象。如果造成系统不稳定，吸收塔的塔顶压力上升（塔顶 C4 增加），有哪几种手段可以将系统调节正常？

6. 请分析本流程的串级控制；如果请你来设计，还有哪些变量间可以通过串级调节控制？这样做的优点是什么？

7. C6 油贮罐进料阀为手操阀，有没有必要在此设一个调节阀，使进料操作自动化？为什么？

项目 11 萃取塔单元操作

一、工作原理简述

利用化合物在两种互不相溶（或微溶）的溶剂中溶解度或分配系数的不同，使化合物从一种溶剂内转移到另外一种溶剂中，经过反复多次萃取，将绝大部分的化合物提取出来。

分配定律是萃取方法理论的主要依据。物质对不同的溶剂有着不同的溶解度。在两种互不相溶的溶剂中，加入某种可溶性的物质时，它能分别溶解于两种溶剂中。实验证明，在一定温度下，该化合物与两种溶剂不发生分解、电解、缔合和溶剂化等作用时，该化合物在两液层中比例是一个定值。不论所加物质的量是多少，都是如此。用公式表示为

$$C_A/C_B = K$$

C_A，C_B 分别表示一种化合物在两种互不相溶的溶剂中的摩尔浓度。K 是一个常数，称为分配系数。

有机化合物在有机溶剂中一般比在水中溶解度大。用有机溶剂提取溶解于水的化合物是萃取的典型实例。在萃取时，若在水溶液中加入一定量的电解质（如氯化钠），利用盐析效应以降低有机物和萃取溶剂在水溶液中的溶解度，常可提高萃取效果。

要把所需要的化合物从溶液中完全萃取出来，通常萃取一次是不够的，必须重复萃取数次。利用分配定律的关系，可以算出经过萃取后化合物的剩余量。

设：V 为原溶液的体积，w_0 为萃取前化合物的总量，w_1 为萃取一次后化合物的剩余量，w_2 为萃取二次后化合物的剩余量，w_n 为萃取 n 次后化合物的剩余量，S 为萃取溶液的体积，经一次萃取，原溶液中该化合物的浓度为 w_1/V；而萃取溶剂中该化合物的浓度为 $(w_0 - w_1)/S$；两者之比等于 K，即

$$\frac{w_1/V}{(w_0 - w_1)/S} = K \qquad \text{从而得，} w_1 = w_0 \frac{KV}{KV + S}$$

同理，经二次萃取后，则有

$$\frac{w_2/V}{(w_1 - w_2)/S} = K \qquad \text{从而得，} w_2 = w_1 \frac{KV}{KV + S} = w_0 \frac{KV}{KV + S}$$

因此，经 n 次萃取后，

$$w_n = w_0 \frac{KV}{KV + S}$$

当用一定量溶剂时，希望在水中的剩余量越少越好。而上式 $KV/(KV+S)$ 总是小于 1，所以 n 越大，w_n 就越小。也就是说，把溶剂分成数份作多次萃取比用全部量的溶剂作一次萃取效果为好。但应该注意，上面的公式适用于几乎和水不相溶的溶剂，例如苯、四氯化碳等。而与水有少量互溶的溶剂乙醚等，上面公式只是近似，但还是可以定性地推测预期的结果。

二、项目流程简介

本装置是通过萃取剂（水）来萃取丙烯酸丁酯生产过程中的催化剂（对甲苯磺酸）。具体操作如下。

将自来水（FCW）通过阀 V4001 或者通过泵 P425 及阀 V4002 送进催化剂萃取塔 C421，当液位调节器 LIC4009 为 50%时，关闭阀 V4001 或者泵 P425 及阀 V4002；开启泵 P413 将含有产品和催化剂的 R412B 的流出物在被 E415 冷却后进入催化剂萃取塔 C421 的塔底；开启泵 P412A，将来自 D411 作为溶剂的水从顶部加入。泵 P413 的流量由 FIC4020 控制在 21126.6kg/h；P412 的流量由 FIC4021 控制在 2112.7kg/h；萃取后的丙烯酸丁酯主物流从塔顶排出，进入塔 C422；塔底排出的水相中含有大部分的催化剂及未反应的丙烯酸，一路返回反应器 R411A 循环使用，一路去重组分分解器 R460 作为分解用的催化剂，如图 1-8 所示。

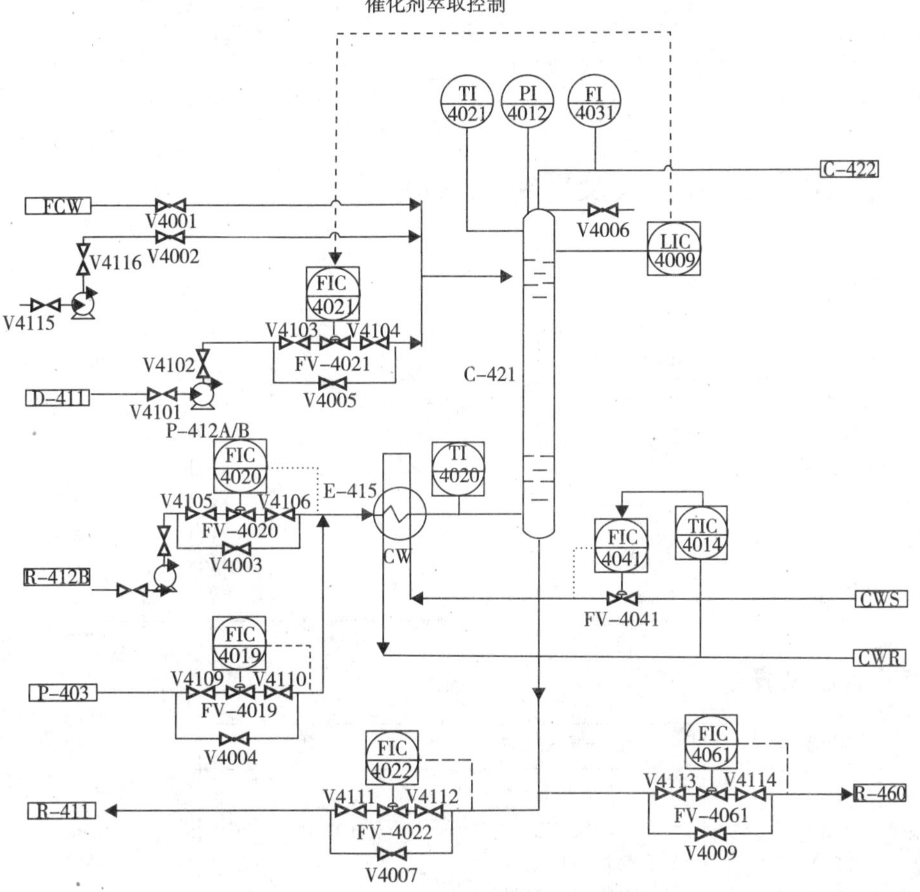

图 1-8 萃取塔单元带控制点流程图

下表是萃取过程中用到的物质。

序号	组分	名称	化学式
1	H_2O	水	H_2O
2	BUOH	丁醇	$C_4H_{10}O$
3	AA	丙烯酸	$C_3H_4O_2$
4	BA	丙烯酸丁酯	$C_7H_{12}O_2$
5	D-AA	3-丙烯酰氧基丙酸	$C_6H_8O_4$
9	FUR	呋喃甲醛	$C_5H_4O_2$
7	PTSA	对甲苯磺酸	$C_7H_8O_3S$

三、主要设备

主要设备一览表。

设备位号	设备名称
P425	进水泵
P412A/B	溶剂进料泵
P413	主物流进料泵
E415	冷却器
C421	萃取塔

四、调节阀、显示仪表及现场阀说明

(一)调节阀一览表

位号	所控调节阀	正常值	单位	正常工况
FIC4021	FV4021	2112.7	kg/h	串级
FIC4020	FV4020	21126.6	kg/h	自动
FIC4022	FV4022	1868.4	kg/h	自动
FIC4041	FV4041	20000	kg/h	串级
FIC4061	FV4061	77.1	kg/h	自动
LI4009	萃取剂	50	%	自动
TIC4014	相液位	30	℃	自动

(二)显示仪表

位号	显示变量	正常值	单位
TI4021	C421 塔顶温度	35	℃
PI4012	C421 塔顶压力	101.3	kPa
TI4020	主物料出口温度	35	℃
FI4031	主物料出口流量	21293.8	kg/h

五、操作规程

(一)冷态开车

进料前确认所有调节器为手动状态,调节阀和现场阀均处于关闭状态,机泵处于关停状态。

1.灌水

(1)(当D425液位LIC4016达到50%时)全开泵P425的前后阀V4115和V4116,启动泵P425。

(2)打开手阀V4002,使其开度为50%,对萃取塔C421进行灌水。

(3)当C421界面液位LIC4009的显示值接近50%时,关闭阀门V4002。

(4)依次关闭泵P425的后阀V4116、开关阀V4123、前阀V4115。

2.启动换热器

开启调节阀FV4041,使其开度为50%,对换热器E415通冷物料。

3.引反应液

(1)依次开启泵P413的前阀V4107、开关阀V4125、后阀V4108、启动泵P413。

(2)全开调节器FIC4020的前后阀V4105和V4106,开启调节阀FV4020,使其开度为50%,将R412B出口液体经热换器E415,送至C421。

(3)将TIC4014投自动,设为30℃,并将FIC4041投串级。

4.引溶剂

(1)打开泵P412的前阀V4101、开关阀V4124、后阀V4102、启动泵P412。

(2)全开调节器FIC4021的前后阀V4103和V4104,开启调节阀FV4021,使其开度为50%,将D411出口液体送至C421。

5.引C421萃取液

(1)全开调节器FIC4022的前后阀V4111和V4112,开启调节阀FV4022,使其开度为50%,将C421塔底的部分液体返回R411A中。

(2)全开调节器FIC4061的前后阀V4113和V4114,开启调节阀FV4061,使其开度为50%,将C421塔底的另外部分液体送至重组分分解器R460中。

6.调至平衡

(1)界面液位LIC4009达到50%时,投自动。

(2)FIC4021达到2112.7kg/h时,投串级。

(3)FIC4020的流量达到21126.6kg/h时,投自动。

(4)FIC4022的流量达到1868.4kg/h时,投自动。

(5)FIC4061的流量达到77.1kg/h时,投自动。

(二)正常运行

熟悉工艺流程,维持各工艺参数稳定;密切注意各工艺参数的变化情况,发现突发事故时,应先分析事故原因,并做正确处理。

（三）正常停车

1.停主物料进料

(1)关闭调节阀 FV4020 的前后阀 V4105 和 V4106，将 FV4020 的开度调为 0。

(2)关闭泵 P413 的后阀 V4108、开关阀 V4125、前阀 V4107。

2.灌自来水

(1)打开进自来水阀 V4001，使其开度为 50%。

(2)当罐内物料相中 BA 的含量小于 0.9%时，关闭 V4001。

3.停萃取剂

(1)将控制阀 FV4021 的开度调为 0，关闭前手阀 V4103 和 V4104 关闭。

(2)关闭泵 P412A 的后阀 V4102、开关阀 V4124、后阀 V4101。

4.萃取塔 C421 泄液

(1)打开阀 V41007，使其开度为 50%，同时将 FV4022 的开度调为 100%。

(2)打开阀 V41009，使其开度为 50%，同时将 FV4061 的开度调为 100%。

(3)当 FIC4022 的值小于 0.5kg/h 时，关闭 V41007，将 FV4022 的开度置 0，关闭其前后阀 V4111 和 V4112；同时关闭 V41009，将 FV4061 的开度置 0，关闭其前后阀 V4113 和 V4114。

（四）事故处理

P412A 泵坏：

1.主要现象

(1)P412A 泵的出口压力急剧下降。

(2)FIC4021 的流量急剧减小。

2.处理方法

(1)停泵 P12A。

(2)换用泵 P412B。

调节阀 FV4020 阀卡：

1.主要现象

FIC4020 的流量不可调节。

2.处理方法

(1)打开旁通阀 V4003。

(2)关闭 FV4020 的前后阀 V4105、V4106。

项目 12 罐区单元仿真培训系统

一、项目流程说明

(一)罐区的工作原理

罐区是化工原料、中间产品及成品的集散地,是大型化工企业的重要组成部分,也是化工安全生产的关键环节之一。大型石油化工企业罐区储存的化学品之多,是任何生产装置都无法比拟的,罐区的安全操作关系到整个工厂的正常生产,所以,罐区的设计、生产操作及管理都特别重要。

罐区的工作原理如下:产品从上一生产单元中被送到产品罐,经过换热器冷却后用离心泵打入产品罐中,进行进一步冷却,再用离心泵打入包装设备。

(二)罐区的项目流程

本项目为单独培训罐区操作而设计,其项目流程(参考流程仿真界面)如图 1-9 所示。

来自上一生产设备的约 35℃带压液体,经过阀门 MV101 进入产品罐 T01,由温度传感器 TI101 显示 T01 罐底温度,压力传感器 PI101 显示 T01 罐内压力,液位传感器 LI101 显示 T01 的液位。由离心泵 P101 将产品罐 T01 的产品打出,控制阀 FIC101 控制回流量。回流的物流通过换热器 E01,被冷却水逐渐冷却到 33℃左右。温度传感器 TI102 显示被冷却后产品的温度，温度传感器 TI103 显示冷却水冷却后温度。由泵打出的少部分产品由阀门 MV102 打回生产系统。当产品罐 T01 液位达到 80%后，阀门 MV101 和阀门 MV102 自动关断。

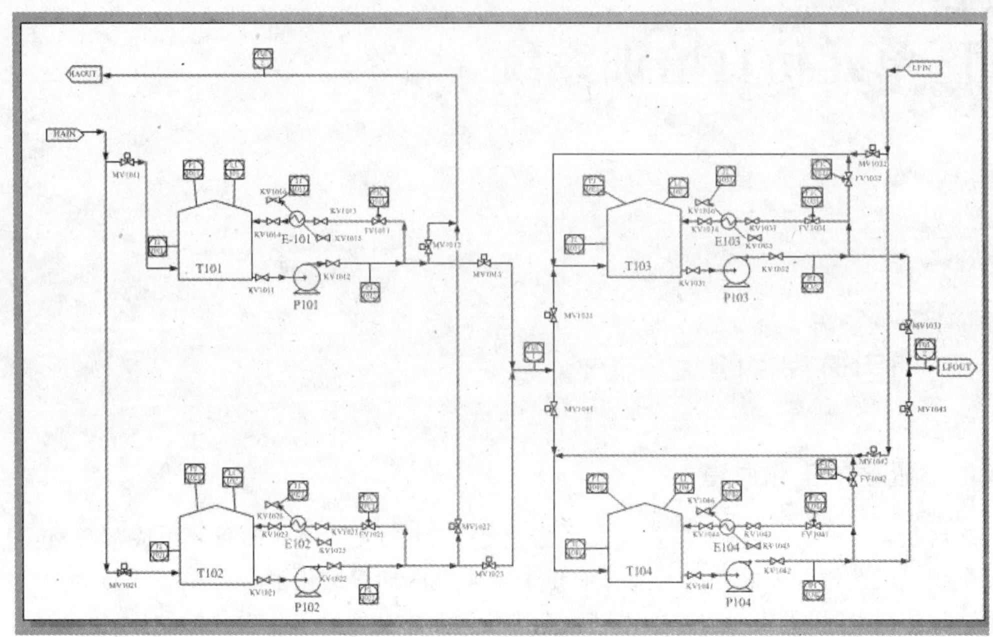

图 1-9 罐区的项目流程

产品罐 T01 打出的产品经过 T01 的出口阀 MV103 和 T03 的进口阀进入产品罐 T03，由温度传感器 TI103 显示 T03 罐底温度，压力传感器 PI103 显示 T03 罐内压力，液位传感器 LI103 显示 T03 的液位。由离心泵 P103 将产品罐 T03 的产品打出，控制阀 FIC103 控制回流量。回流的物流通过换热器 E03，被冷却水逐渐冷却到 30℃左右。温度传感器 TI302 显示被冷却后产品的温度，温度传感器 TI303 显示冷却水冷却后温度。少部分回流物料不经换热器 E03 直接打回产品罐 T03；从包装设备来的产品经过阀门 MV302 打回产品罐 T03，控制阀 FIC302 控制这两股物流混合后的流量。产品经过 T03 的出口阀 MV303 到包装设备进行包装。

如产品罐 T01 的设备发生故障，马上启用备用产品罐 T02 及其备用设备，其工艺流程同 T01。如产品罐 T03 的设备发生鼓胀，马上启用备用产品罐 T04 及其备用设备，其工艺流程同 T03。

本项目流程主要包括以下设备：

T01：产品罐

P01：产品罐 T01 的出口压力泵

E01：产品罐 T01 的换热器

T02：备用产品罐

P02：备用产品罐 T02 的出口泵

E02：备用产品罐 T02 的换热器

T03：产品罐

P03：产品罐 T03 的出口压力泵
E03：产品罐 T03 的换热器
T04：备用产品罐
P04：备用产品罐 T04 的出口压力泵
E04：备用产品罐 T04 的换热器

二、罐区单元操作规程

(一)冷态开车操作规程

1.准备工作

(1)检查日罐 T01(T02)的容积。容积必须达到超过 80%吨，不包括储罐余料。
(2)检查产品罐 T03(T04)的容积。容积必须达到超过 80%吨，不包括储罐余料。

2.日罐进料

(1)打开日罐 T01(T02)的进料阀 MV101(MV201)。

3.日罐建立回流

(1)打开日罐泵 P01(P02)的前阀 KV101(KV201)。
(2)打开日罐泵 P01(P02)的电源开关。
(3)打开日罐泵 P01(P02)的后阀 KV102(KV202)。
(4)打开日罐换热器热物流进口阀 KV104(KV204)。
(5)打开日罐换热器热物流出口阀 KV103(KV203)。
(6)打开日罐回流控制阀 FIC101(FIC201)，建立回流。
(7)打开日罐出口阀 MV102(MV202)。

4.冷却日罐物料

(1)打开换热器 E01(E02)的冷物流进口阀 KV105(KV205)。
(2)打开换热器 E01(E02)的冷物流出口阀 KV106(KV206)。

5.产品罐进料

(1)打开产品罐 T03(T04)的进料阀 MV301(MV401)。
(2)打开日罐 T01(T02)的倒罐阀 MV103(MV203)。
(3)打开产品罐 T03(T04)的包装设备进料阀 MV302(MV402)。
(4)打开产品罐回流阀 FIC302(FIC402)。

6.产品罐建立回流

(1)打开产品罐泵 P03(P04)的前阀 KV301(KV401)。
(2)打开产品罐泵 P03(P04)的电源开关。
(3)打开产品罐泵 P03(P04)的后阀 KV302(KV402)。
(4)打开产品罐换热器热物流进口阀 KV304(KV404)。
(5)打开产品罐换热器热物流出口阀 KV303(KV403)。
(6)打开产品罐回流控制阀 FIC301(FIC401)，建立回流。
(7)打开产品罐出口阀 MV302(MV402)。

7.冷却产品罐物料

(1)打开换热器 E03(E04)的冷物流进口阀 KV305(KV405)。

(2)打开换热器 E03(E04)的冷物流出口阀 KV306(KV406)。

8.产品罐出料

打开产品罐出料阀 MV303(MV403),将产品打入包装车间进行包装。

操作评分文件:

学员姓名:			学员(13:33:54)
学员姓名:			学员(13:33:54)
操作单元:			冷态开车
总分:140.00			测评历时 834s
实际得分:0.00			
百分制得分:0.00			
其中			
普通步骤操作得分:0.00			
质量步骤操作得分:0.00			
趋势步骤操作得分:0.00			
操作失误导致扣分:0.00			
以下为各过程操作明细			
	应得	实得	操作步骤说明
向产品日储罐 T01 进料			
	10	10	打开 T01 的进料阀 MV101,直到开度大于 50
建立 T01 的回流			
	10	10	T01 液位大于 5%时,打开泵 P101 进口阀 KV101
	10	10	打开泵 P101 开关,启动泵 P101
	10	10	打开泵 P101 出口阀 KV102
	10	10	打开换热器 H101 热物流进口阀 KV104
	10	10	打开换热器 H101 热物流出口阀 KV103
	10	10	打开 T01 回流控制阀 FIC101,直到开度大于 50
	10	10	缓慢打开 T01 出口阀 MV102,直到开度大于 50

续表

对 T01 产品进行冷却			
	10	10	当 T01 液位大于 10%，打开换热器 H101 冷物流进口阀 KV105
	10	10	打开换热器 E01 冷物流出口阀 KV106
	30	11.1	T03 罐内温度保持在 29～31℃
向产品罐 T03 进料			
	10	10	打开产品罐 T03 进口阀 MV301，直到开度大于 50
	10	10	缓慢打开日储罐倒罐阀 MV103，直到开度大于 50
	10	10	打开 T03 的设备进料阀 MV302，直到开度大于 50
	10	10	缓慢打开 T03 回流阀 FIC302，直到开度大于 50
建立 T03 的回流			
	10	10	当 T03 的液位大于 3%时，打开泵 P301 的进口阀 KV301
	10	10	打开泵 P301 的开关，启动泵 P301
	10	10	打开泵 P301 的出口阀 KV302
	10	10	打开换热器 H301 热物流进口阀 KV304
	10	10	打开换热器 H301 热物流出口阀 KV303
	10	10	打开 T03 回流控制阀 FIC301，直到开度大于 50
对 T03 产品进行冷却			
	10	010	当 T03 液位大于 5%，打开换热器 H301 冷物流出口阀 KV305
	10	10	打开换热器 H301 冷物流进口阀 KV306
	30	5.8	T03 罐内温度保持在 29～31℃
产品罐 T03 出料			
	10	10	当 T03 液位高于 80%，缓慢打开出料阀 MV303，直到开度大于 50

(二)仪表及报警一览表

位号	说　明	类型	正常值	量程上限	量程下限	工程单位	高报	低报
TI101	日罐 T01 罐内温度	AI	33.0	60.0	0	℃	34	32
TI201	日罐 T02 罐内温度	AI	33.0	60.0	0	℃	34	32
TI301	产品罐 T03 罐内温度	AI	30.0	60.0	0	℃	31	29
TI401	产品罐 T04 罐内温度	AI	30.0	60.0	0	℃	31	29

(三)仿真界面

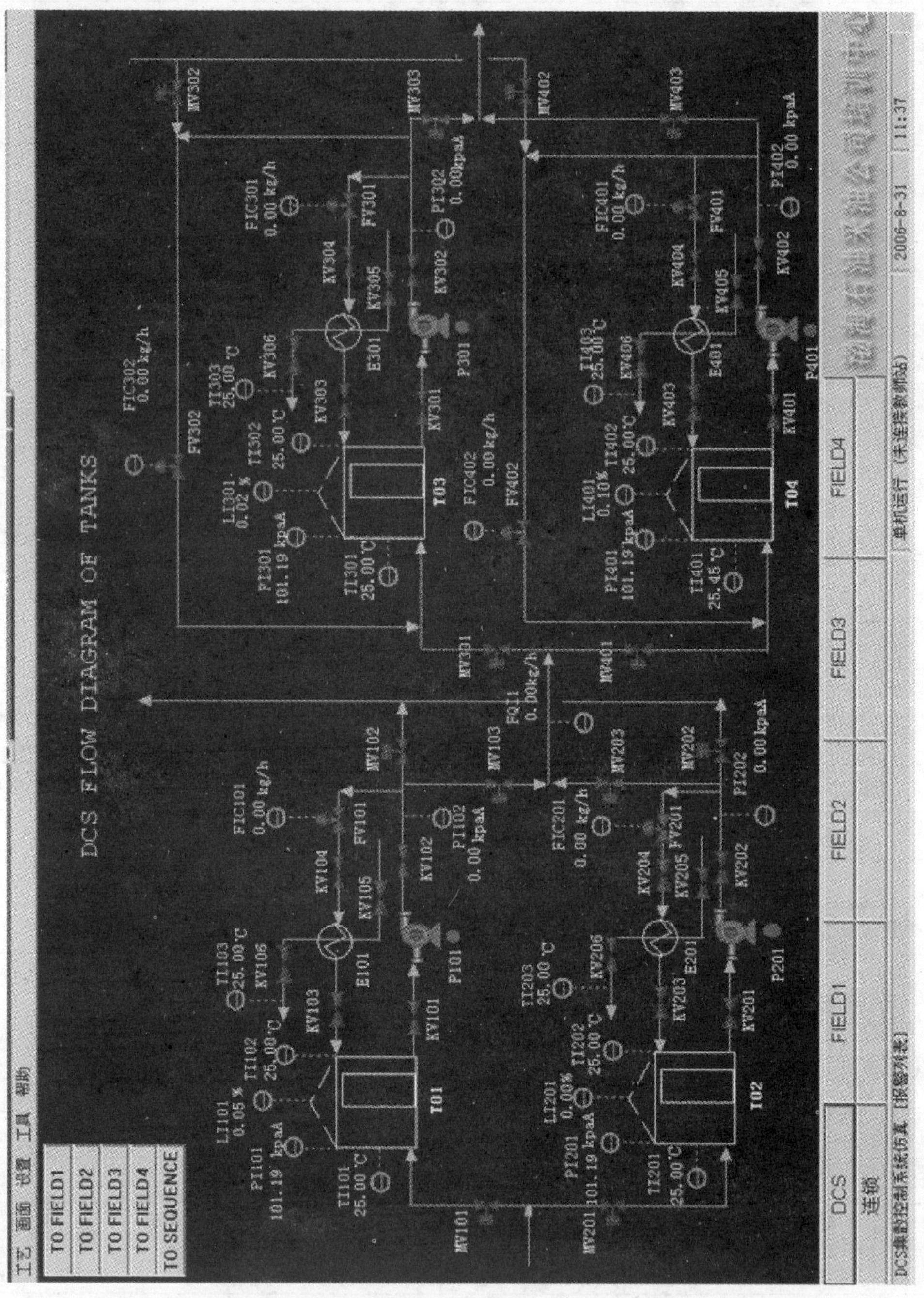
工艺 画面 设置 工具 帮助
TO FIELD1
TO FIELD2
TO FIELD3
TO FIELD4
TO SEQUENCE
DCS FLOW DIAGRAM OF TANKS
DCS
FIELD1
FIELD2
FIELD3
FIELD4
连锁
渤海石油采油公司培训中心
DCS集散控制系统仿真 [报警列表]
单机运行 (未连接教师站)
2006-8-31
11:37

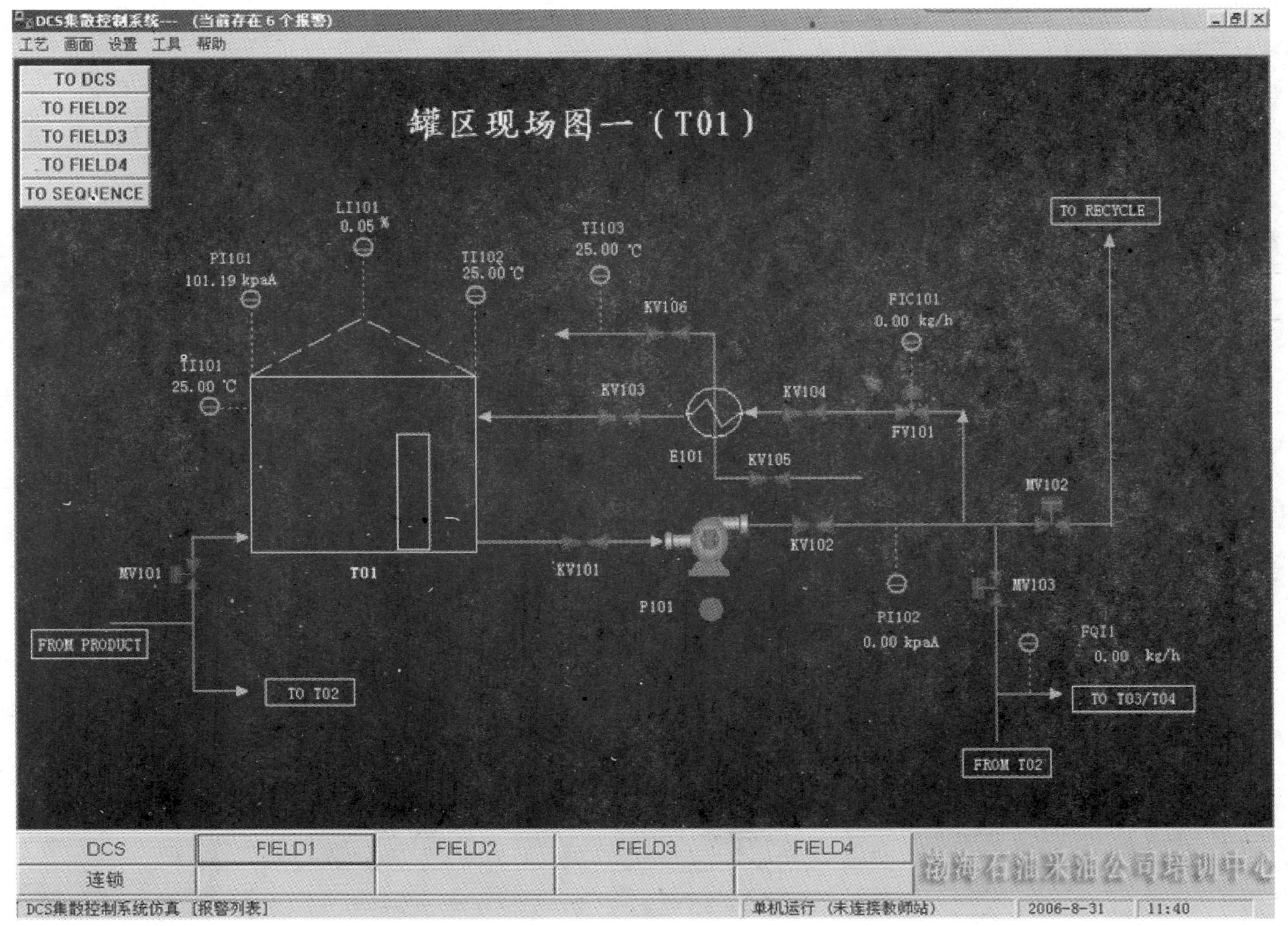

DCS集散控制系统--- (当前存在 6 个报警)
工艺 画面 设置 工具 帮助
TO DCS
TO FIELD2
TO FIELD3
TO FIELD4
TO SEQUENCE
罐区现场图一（T01）
LI101
0.05 %
PI101
101.19 kpaA
TI102
25.00 ℃
TI103
25.00 ℃
TI101
25.00 ℃
KV106
KV103
KV104
E101
KV105
FIC101
0.00 kg/h
FV101
TO RECYCLE
MV102
KV102
KV101
MV101
T01
P101
PI102
0.00 kpaA
MV103
FQI1
0.00 kg/h
FROM PRODUCT
TO T02
TO T03/T04
FROM T02
DCS
FIELD1
FIELD2
FIELD3
FIELD4
连锁
渤海石油采油公司培训中心
DCS集散控制系统仿真 [报警列表]
单机运行 (未连接教师站)
2006-8-31
11:40

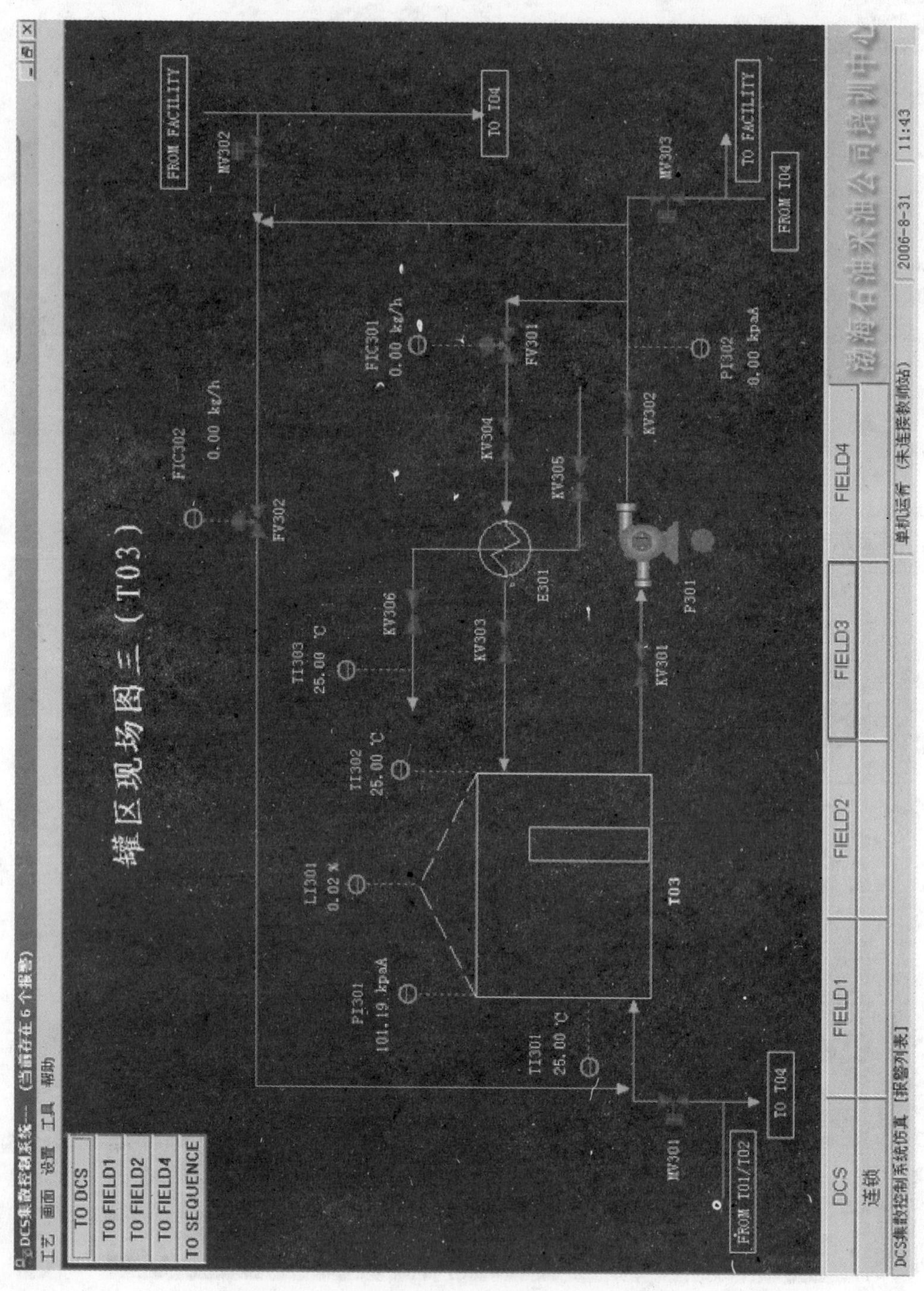
DCS集散控制系统-- (当前存在 6 个报警)
工艺 画面 设置 工具 帮助
TO DCS
TO FIELD1
TO FIELD2
TO FIELD4
TO SEQUENCE
罐区现场图三（T03）
FROM FACILITY
TO T04
MV302
FIC302
0.00 kg/h
FV302
FIC301
0.00 kg/h
FV301
KV304
KV305
KV306
KV303
KV302
KV301
E301
P301
PI302
0.00 kpaA
MV303
TO FACILITY
FROM T04
TI303
25.00 ℃
TI302
25.00 ℃
LI301
0.02 %
PI301
101.19 kpaA
TI301
25.00 ℃
T03
MV301
FROM T01/T02
TO T04
DCS
FIELD1
FIELD2
FIELD3
FIELD4
连锁
DCS集散控制系统仿真 [报警列表]
单机运行 (未连接教师站)
2006-8-31
11:43

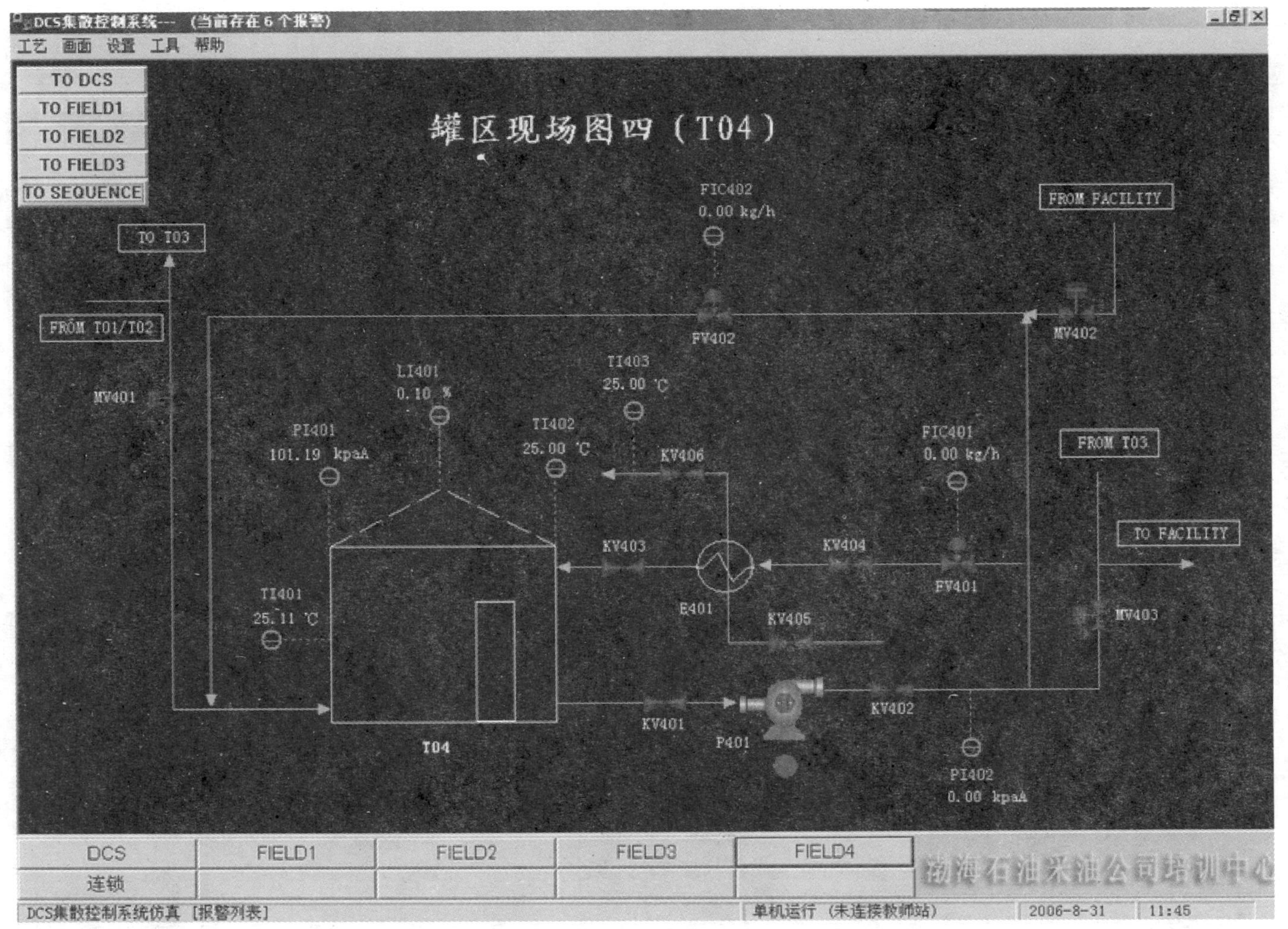
DCS集散控制系统--- (当前存在 6 个报警)
工艺 画面 设置 工具 帮助
TO DCS
TO FIELD1
TO FIELD2
TO FIELD3
TO SEQUENCE
罐区现场图四（T04）
FIC402
0.00 kg/h
FROM FACILITY
TO T03
FROM T01/T02
FV402
MV402
MV401
LI401
0.10 %
TI403
25.00 ℃
PI401
101.19 kpaA
TI402
25.00 ℃
KV406
FIC401
0.00 kg/h
FROM T03
TO FACILITY
KV403
KV404
FV401
TI401
25.11 ℃
E401
KV405
MV403
KV401
P401
KV402
T04
PI402
0.00 kpaA
DCS
FIELD1
FIELD2
FIELD3
FIELD4
连锁
渤海石油采油公司培训中心
DCS集散控制系统仿真 [报警列表]
单机运行 (未连接教师站)
2006-8-31
11:45

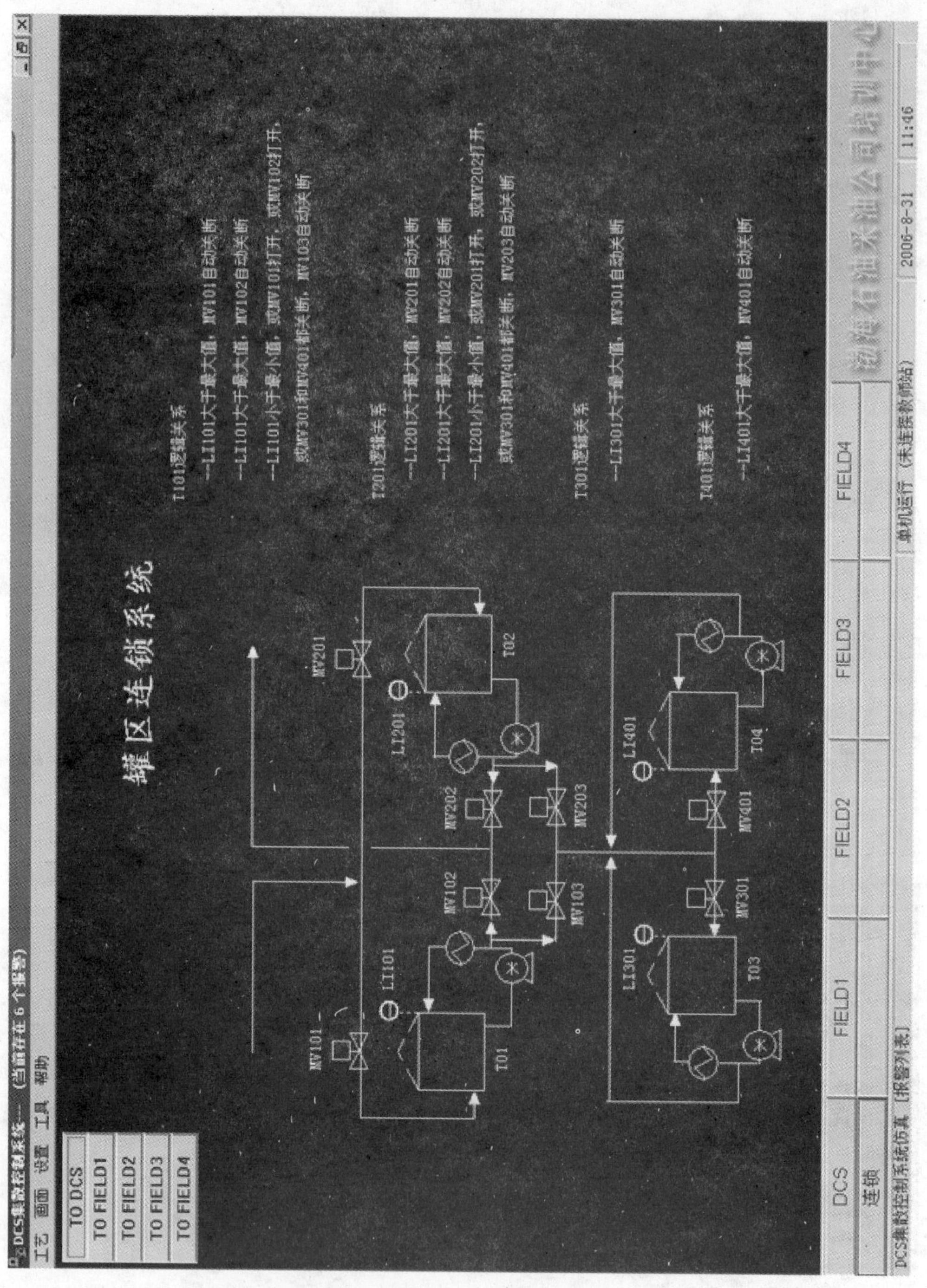
DCS集散控制系统—（当前存在6个报警）
工艺 画面 设置 工具 帮助
TO DCS
TO FIELD1
TO FIELD2
TO FIELD3
TO FIELD4
罐区连锁系统
MV101
LI101
T01
MV102
MV103
MV201
LI201
T02
MV202
MV203
LI301
T03
MV301
LI401
T04
MV401
T101逻辑关系
—LI101大于最大值，MV101自动关断
—LI101大于最大值，MV102自动关断
—LI101小于最小值，或MV101打开，或MV102打开，
或MV301和MV401都关断，MV103自动关断。
T201逻辑关系
—LI201大于最大值，MV201自动关断
—LI201大于最大值，MV202自动关断
—LI201小于最小值，或MV201打开，或MV202打开，
或MV301和MV401都关断，MV203自动关断
T301逻辑关系
—LI301大于最大值，MV301自动关断
T401逻辑关系
—LI401大于最大值，MV401自动关断
DCS
连锁
FIELD1
FIELD2
FIELD3
FIELD4
渤海石油采油公司培训中心
DCS集散控制系统仿真 [报警列表]
单机运行（未连接教师站）
2006-8-31
11:46

三、事故设置一览表

(一)P01 泵坏

1.主要现象

(1)P01 泵出口压力为零。

(2)FIC101 流量急骤减小到零。

2.处理方案

停用日罐 T01,启用备用日罐 T02。

见附录 1。

(二)换热器 E01 结垢

1.主要现象

(1)冷物流出口温度低于 17.5℃。

(2)热物流出口温度降低极慢。

2.处理方案

停用日罐 T01,启用备用日罐 T02。

见附录 1。

(三)换热器 E03 热物流串进冷物流

1.主要现象

(1)冷物流出口温度明显高于正常值。

(2)热物流出口温度降低极慢。

2.处理方案

停用产品罐 T03,启用备用产品罐 T04。

项目 13
间歇反应釜单元仿真培训系统

一、项目流程简述

(一)项目说明

间歇反应在助剂、制药、染料等行业的生产过程中很常见。本工艺过程的产品2-巯基苯并噻唑就是橡胶制品硫化促进剂DM(2,2-二硫代苯并噻唑)的中间产品,它本身也是硫化促进剂,但活性不如DM。

全流程的缩合反应包括备料工序和缩合工序。考虑到突出重点,将备料工序略去。则缩合工序共有3种原料:多硫化钠(Na_2S_n)、邻硝基氯苯($C_6H_4ClNO_2$)及二硫化碳(CS_2)。

主反应:

$2\ C_6H_4ClNO_2 + Na_2S_n \rightarrow C_{12}H_8N_2S_2O_4 + 2NaCl + (n-2)S\downarrow$

$C_{12}H_8N_2S_2O_4 + 2CS_2 + 2H_2O + 3Na_2S_n \rightarrow 2C_7H_4NS_2Na + 2H_2S\uparrow + 2Na_2S_2O_3 + (3n-4)S\downarrow$

副反应:

$C_6H_4NClO_2 + Na_2S_n + H_2O \rightarrow C_6H_6NCl + Na_2S_2O_3 + (n-2)S\downarrow$

项目流程:来自备料工序的CS_2、$C_6H_4CLNO_2$、Na_2S_n分别注入计量罐及沉淀罐中,经计量沉淀后利用位差及离心泵压入反应釜中,釜温由夹套中的蒸汽、冷却水及蛇管中的冷却水控制,设有分程控制TIC101(只控制冷却水),通过控制反应釜温来控制反应速度及副反应速度,以获得较高的收率及确保反应过程安全。

在本项目流程中,主反应的活化能要比副反应的活化能高,因此升温后更利于提高反应收率。在90℃的时候,主反应和副反应的速度比较接近,因此,要尽量延长反应温度在90℃以上的时间,以获得更多的主反应产物。

(二)设备一览

R01:间歇反应釜

VX01:CS_2计量罐

VX02:邻硝基氯苯计量罐

VX03:Na_2S_n沉淀罐

PUMP1:离心泵

二、间歇反应器单元操作规程

(一)开车操作规程

本操作规程仅供参考,详细操作以评分系统为准。

装置开车状态为各计量罐、反应釜、沉淀罐处于常温、常压状态,各种物料均已备好,大部阀门、机泵处于关停状态(蒸汽联锁阀除外)。

1. 备料过程

(1)向沉淀罐 VX03 进料(Na_2S_n)。

①开阀门 V9,向罐 VX03 充液。

②VX03 液位接近 3.60m 时,关小 V9,至 3.60m 时关闭 V9。

③静置 4min(实际 4h)备用。

(2)向计量罐 VX01 进料(CS_2)。

①开放空阀门 V2。

②开溢流阀门 V3。

③开进料阀 V1,开度约为 50%,向罐 VX01 充液。液位接近 1.4m 时,可关小 V1。

④溢流标志变绿后,迅速关闭 V1。

⑤待溢流标志再度变红后,可关闭溢流阀 V3。

(3)向计量罐 VX02 进料(邻硝基氯苯)。

①开放空阀门 V6。

②开溢流阀门 V7。

③开进料阀 V5,开度约为 50%,向罐 VX01 充液。液位接近 1.2m 时,可关小 V5。

④溢流标志变绿后,迅速关闭 V5。

⑤待溢流标志再度变红后,可关闭溢流阀 V7。

2. 进料

(1)微开放空阀 V12,准备进料。

(2)从 VX03 中向反应器 RX01 中进料(Na_2S_n)。

①打开泵前阀 V10,向进料泵 PUM1 中充液。

②打开进料泵 PUM1。

③打开泵后阀 V11,向 RX01 中进料。

④至液位小于 0.1m 时停止进料。关泵后阀 V11。

⑤关泵 PUM1。

⑥关泵前阀 V10。

(3)从 VX01 中向反应器 RX01 中进料(CS_2)。

①检查放空阀 V2 开放。

②打开进料阀 V4 向 RX01 中进料。

③待进料完毕后关闭 V4。

(4)从 VX02 中向反应器 RX01 中进料(邻硝基氯苯)。

①检查放空阀 V6 开放。

②打开进料阀 V8 向 RX01 中进料。

③待进料完毕后关闭 V8。

(5)进料完毕后关闭放空阀 V12。

3.开车阶段

(1)检查放空阀 V12,进料阀 V4、V8、V11 是否关闭。打开联锁控制。

(2)开启反应釜搅拌电机 M1。

(3)适当打开夹套蒸汽加热阀 V19,观察反应釜内温度和压力上升情况,保持适当的升温速度。

(4)控制反应温度直至反应结束。

4.反应过程控制

(1)当温度升至 55～65℃左右时,关闭 V19,停止通蒸汽加热。

(2)当温度升至 70～80℃左右时,微开 TIC101(冷却水阀 V22、V23),控制升温速度。

(3)当温度升至 110℃以上时,是反应剧烈的阶段。应小心加以控制,防止超温。当温度难以控制时,打开高压水阀 V20,并可关闭搅拌器 M1 以使反应降速。当压力过高时,可微开放空阀 V12 以降低气压,但放空会使 CS_2 损失,污染大气。

(4)反应温度大于 128℃时,相当于压力超过 8atm,已处于事故状态,如联锁开关处于"ON"的状态,联锁起动(开高压冷却水阀,关搅拌器,关加热蒸汽阀)。

(5)压力超过 15atm(相当于温度大于 160℃)时,反应釜安全阀作用。

(二)热态开车操作规程

本操作规程仅供参考,详细操作以评分系统为准。

1.反应中要求的工艺参数

(1)反应釜中压力不大于 8 个大气压。

(2)冷却水出口温度不小于 60℃,如小于 60℃易使硫在反应釜壁和蛇管表面结晶,使传热不畅。

2.主要工艺生产指标的调整方法

(1)温度调节:操作过程中以温度为主要调节对象,以压力为辅助调节对象。升温慢会引起副反应速度大于主反应速度的时间段过长,从而造成反应的产率低。升温快则容易反应失控。

(2)压力调节:压力调节主要是通过调节温度实现的,但在超温的时候可以微开放空阀,使压力降低,以达到安全生产的目的。

(3)收率:由于在 90℃以下时,副反应速度大于正反应速度,因此在安全的前提下,快速升温是收率高的保证。

(三)停车操作规程

本操作规程仅供参考,详细操作以评分系统为准。

在冷却水量很小的情况下,反应釜的温度下降仍较快,则说明反应接近尾声,可以进行停车出料操作。

(1)打开放空阀 V12 5～10s,放掉釜内残存的可燃气体。关闭 V12。

(2)向釜内通增压蒸汽。

①打开蒸汽总阀 V15。

②打开蒸汽加压阀 V13 给釜内升压,使釜内气压高于 4atm。

(3)打开蒸汽预热阀 V14 片刻。

(4)打开出料阀门 V16 出料。

(5)出料完毕后保持开 V16 约 10s 进行吹扫。

(6)关闭出料阀 V16(尽快关闭,超过 1min 不关闭将不能得分)。

(7)关闭蒸汽阀 V15。

(四)仪表及报警一览表

位号	说明	类型	正常值	量程高限	量程低限	工程单位	高报值	低报值	高高报值	低低报值
TIC101	反应釜温度控制	PID	115	500	0	℃	128	25	150	10
TI102	反应釜夹套冷却水温度	AI		100	0	℃	80	60	90	20
TI103	反应釜蛇管冷却水温度	AI		100	0	℃	80	60	90	20
TI104	CS_2 计量罐温度	AI		100	0	℃	80	20	90	10
TI105	邻硝基氯苯罐温度	AI		100	0	℃	80	20	90	10
TI106	多硫化钠沉淀罐温度	AI		100	0	℃	80	20	90	10
LI101	CS_2 计量罐液位	AI		1.75	0	m	1.4	0	1.75	0
LI102	邻硝基氯苯罐液位	AI		1.5	0	m	1.2	0	1.5	0
LI103	多硫化钠沉淀罐液位	AI		4	0	m	3.6	0.1	4.0	0
LI104	反应釜液位	AI		3.15	0	m	2.7	0	2.9	0
PI101	反应釜压力	AI		20	0	atm	8	0	12	0

三、事故设置一览

下列事故处理操作仅供参考,详细操作以评分系统为准。

(一)超温(压)事故

1.原因

反应釜超温(超压)。

2.现象

温度大于 128℃(气压大于 8atm)。

3.处理方法

(1)开大冷却水,打开高压冷却水阀 V20。

(2)关闭搅拌器 PUM1,使反应速度下降。

(3)如果气压超过 12atm,打开放空阀 V12。

(二)搅拌器 M1 停转

1.原因

搅拌器坏。

2.现象

反应速度逐渐下降为低值,产物浓度变化缓慢。

3.处理方法

停止操作,出料维修。

(三)冷却水阀 V22、V23 卡住(堵塞)

1.原因

蛇管冷却水阀 V22 卡。

2.现象

开大冷却水阀对控制反应釜温度无作用,且出口温度稳步上升。

3.处理方法

开冷却水旁路阀 V17 调节。

(四)出料管堵塞

1.原因

出料管硫磺结晶,堵住出料管。

2.现象

出料时,内气压较高,但釜内液位下降很慢。

3.处理方法

开出料预热蒸汽阀 V14 吹扫 5min 以上(仿真中采用)。拆下出料管,用火烧化硫磺或更换管段及阀门。

(五)测温电阻连线故障

1.原因

测温电阻连线断。

2.现象

温度显示置零。

3.处理方法

(1)改用压力显示对反应进行调节(调节冷却水用量)。

(2)升温至压力为 0.3～0.75atm 就停止加热。

(3)升温至压力为 1.0～1.6atm 开始通冷却水。

(4)压力为 3.5～4atm 以上为反应剧烈阶段。

(5)反应压力大于 7atm,相当于温度大于 128℃处于故障状态。

(6)反应压力大于 10atm,反应器联锁起动。

(7)反应压力大于 15atm,反应器安全阀起动(注:以上压力为表压)。

四、仿真界面

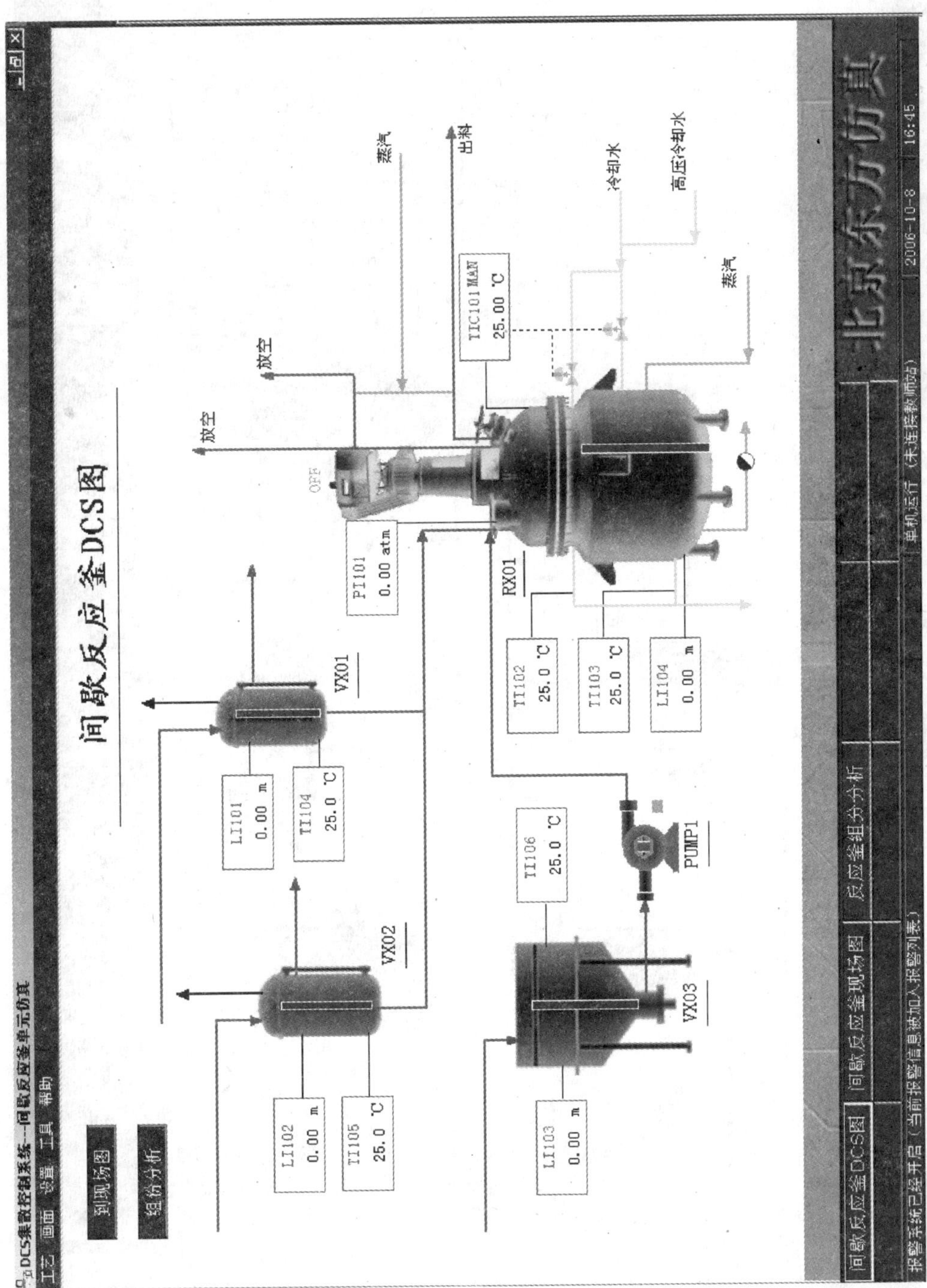
DCS集散控制系统--间歇反应釜单元仿真
工艺 画面 设置 工具 帮助
到现场图
组份分析
间歇反应釜DCS图
放空
放空
蒸汽
出料
冷却水
高压冷却水
蒸汽
TIC101 MAN 25.00 ℃
PI101 0.00 atm
RX01
VX01
VX02
VX03
PUMP1
LI101 0.00 m
TI104 25.0 ℃
LI102 0.00 m
TI105 25.0 ℃
LI103 0.00 m
TI106 25.0 ℃
TI102 25.0 ℃
TI103 25.0 ℃
LI104 0.00 m
北京东方仿真
间歇反应釜DCS图
间歇反应釜现场图
反应釜组分分析
报警系统已经开启（当前报警信息被加入报警列表）
单机运行（未连接教师站）
2006-10-8
16:45

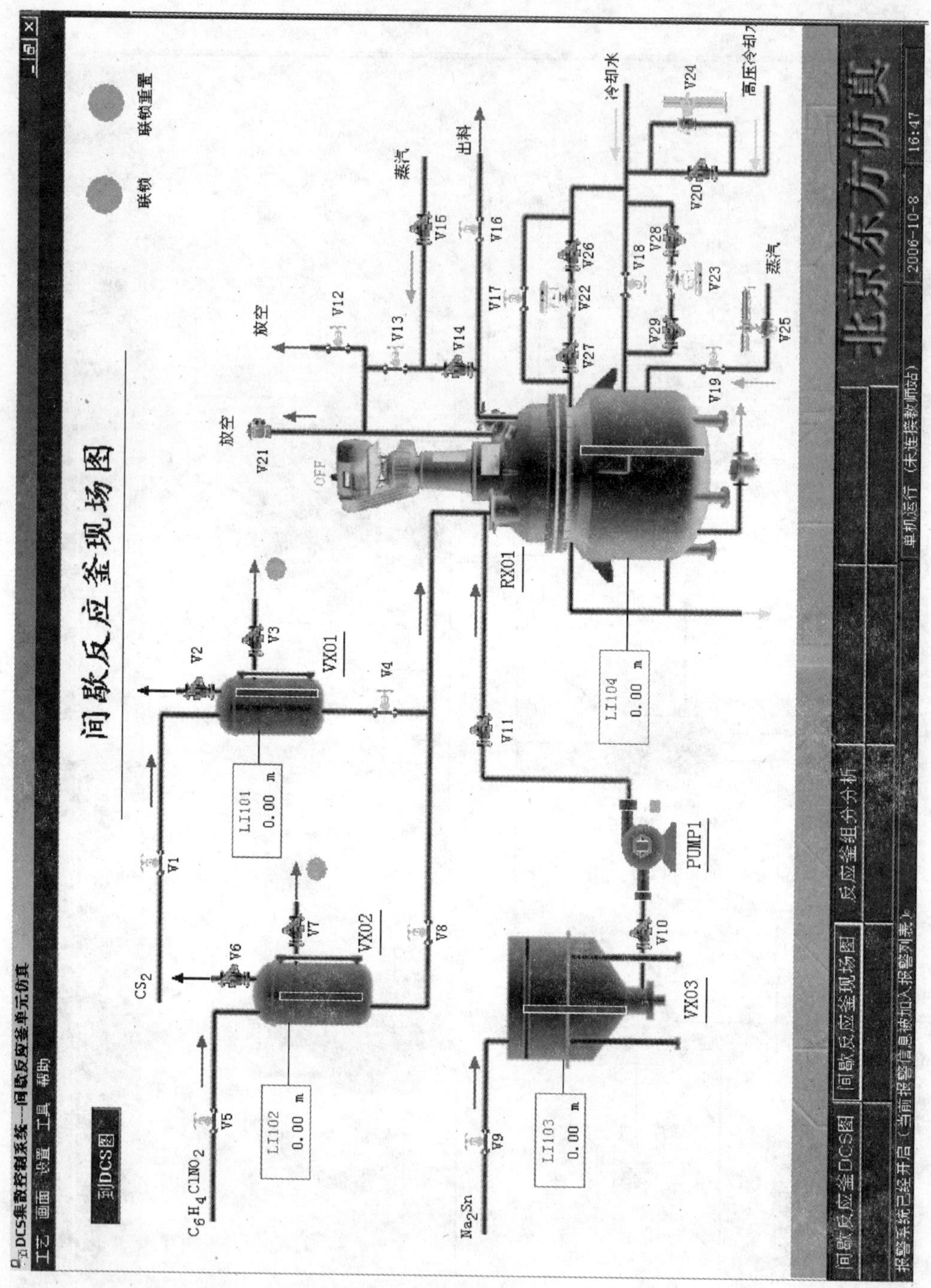
DCS集散控制系统—间歇反应釜单元仿真
工艺 画面 设置 工具 帮助
到DCS图
间歇反应釜现场图
联锁
联锁重置
VX01
VX02
VX03
RX01
PUMP1
LI101 0.00 m
LI102 0.00 m
LI103 0.00 m
LI104 0.00 m
放空
蒸汽
出料
冷却水
高压冷却水
间歇反应釜DCS图
间歇反应釜现场图
反应釜组分分析
北京东方仿真
2006-10-8
16:47

项目 14 固定床反应器单元仿真培训系统

一、项目流程说明

(一)项目说明

本流程为利用催化加氢脱乙炔的工艺。乙炔是通过等温加氢反应器除掉的，反应器温度由壳侧中冷剂温度控制。

主反应为：$nC_2H_2+2nH_2 \rightarrow (C_2H_6)n$，该反应是放热反应。每克乙炔反应后放出热量约为 34000 千卡。温度超过 66℃时有副反应发生：$2nC_2H_4 \rightarrow (C_4H_8)n$，该反应也是放热反应。

冷却介质为液态丁烷，通过丁烷蒸发带走反应器中的热量，丁烷蒸汽通过冷却水冷凝。

反应原料分两股，一股约为 -15℃ 的以 C2 为主的烃原料，进料量由流量控制器 FIC1425 控制；另一股为 H_2 与 CH_4 的混合气，温度约 10℃，进料量由流量控制器 FIC1427 控制。FIC1425 与 FIC1427 为比值控制，两股原料按一定比例在管线中混合后经原料气/反应气换热器（EH423）预热，再经原料预热器（EH424）预热到 38℃，进入固定床反应器（ER424A/B）。预热温度由温度控制器 TIC1466 通过调节预热器 EH424 加热蒸汽（S3）的流量来控制。

ER424A/B 中的反应原料在 2.523MPa、44℃下反应生成 C_2H_6。当温度过高时会发生 C_2H_4 聚合生成 C_4H_8 的副反应。反应器中的热量由反应器壳侧循环的加压 C4 冷剂蒸发带走。C4 蒸汽在水冷器 EH429 中由冷却水冷凝，而 C4 冷剂的压力由压力控制器 PIC1426 通过调节 C4 蒸汽冷凝回流量来控制，从而保持 C4 冷剂的温度。

(二)本单元复杂控制回路说明

FFI1427：为一比值调节器。根据 FIC1425（以 C2 为主的烃原料）的流量，按一定的比例，相应地调整 FIC1427（H_2）的流量。

比值调节：工业上为了保持 2 种或 2 种以上物料的比例为一定值的调节叫“比值调节”。对于比值调节系统，首先是要明确哪种物料是主物料，然后按主物料来配比另一种物料。在本单元中，FIC1425（以 C2 为主的烃原料）为主物料，而 FIC1427（H_2）的量是随主物料（C2 为主的烃原料）的量的变化而改变。

(三)设备一览

EH423:原料气/反应气换热器

EH424:原料气预热器

EH429:C4 蒸汽冷凝器

EV429:C4 闪蒸罐

ER424A/B:C_2H_2加氢反应器

二、固定床反应器单元操作规程

(一)开车操作规程

本操作规程仅供参考,详细操作以评分系统为准。

装置的开车状态为反应器和闪蒸罐都处于已进行过氮气冲压置换后,保压在 0.03MPa 状态。可以直接进行实气冲压置换。

1.EV429 闪蒸器充丁烷

(1)确认 EV429 压力为 0.03MPa。

(2)打开 EV429 回流阀 PV1426 的前后阀 VV1429、VV1430。

(3)调节 PV1426(PIC1426)阀开度为 50%。

(4)EH429 通冷却水,打开 KXV1430,开度为 50%。

(5)打开 EV429 的丁烷进料阀门 KXV1420,开度为 50%。

(6)当 EV429 液位到达 50%时,关进料阀 KXV1420。

2.ER424A 反应器充丁烷

(1)确认事项。

①反应器在 0.03MPa 保压。

②EV429 液位到达 50%。

(2)充丁烷。

打开丁烷冷剂进 ER424A 壳层的阀门 KXV1423,有液体流过,充液结束;同时打开出 ER424A 壳层的阀门 KXV1425。

3.ER424A 启动

(1)启动前准备工作。

①ER424A 壳层有液体流过。

②打开 S3 蒸汽进料控制 TIC1466。

③调节 PIC1426 设定,压力控制设定在 0.4MPa。

(2)ER424A 充压、实气置换。

①打开 FIC1425 的前后阀 VV1425、VV1426 和 KXV1412。

②打开阀 KXV1418。

③微开 ER424A 出料阀 KXV1413,丁烷进料控制 FIC1425(手动),慢慢增加进料,提高反应器压力,充压至 2.523MPa。

④慢开 ER424A 出料阀 KXV1413 至 50%，充压至压力平衡。

⑤乙炔原料进料控制 FIC1425 设自动，设定值 56186.8kg/h。

(3)ER424A 配氢，调整丁烷冷剂压力。

①稳定反应器入口温度在 38.0℃，使 ER424A 升温。

②当反应器温度接近 38.0℃(超过 35.0℃)时，准备配氢。打开 FV1427 的前后阀 VV1427、VV1428。

③氢气进料控制 FIC1427 设自动，流量设定为 80kg/h。

④观察反应器温度变化，当氢气量稳定后，FIC1427 设手动。

⑤缓慢增加氢气量，注意观察反应器温度变化。

⑥氢气流量控制阀开度每次增加不超过 5%。

⑦氢气量最终加至 200kg/h 左右，此时 H_2/C2=2.0，FIC1427 投串级。

⑧控制反应器温度 44.0℃左右。

(二)正常操作规程

1.正常工况下工艺参数

(1)正常运行时，反应器温度 TI1467A:44.0℃，压力 PI1424A 控制在 2.523MPa。

(2)FIC1425 设自动，设定值 56186.8kg/h，FIC1427 设串级。

(3)PIC1426 压力控制在 0.4MPa，EV429 温度 TI1426 控制在 38.0℃。

(4)TIC1466 设自动，设定值 38.0℃。

(5)ER424A 出口氢气浓度低于 50ppm，乙炔浓度低于 200ppm。

(6)EV429 液位 LI1426 为 50%。

2.ER424A 与 ER424B 间切换

(1)关闭氢气进料。

(2)ER424A 温度下降低于 38.0℃后，打开 C4 冷剂进 ER424B 的阀 KXV1424、KXV1426，关闭 C4 冷剂进 ER424A 的阀 KXV1423、KXV1425。

(3)开 C_2H_2 进 ER424B 的阀 KXV1415，微开 KXV1416。关 C_2H_2 进 ER424A 的阀 KXV1412。

3.ER424B 的操作

ER424B 的操作与 ER424A 操作相同。

(三)停车操作规程

本操作规程仅供参考，详细操作以评分系统为准。

1.正常停车

(1)关闭氢气进料，关 VV1427、VV1428，FIC1427 设手动，设定值为 0。

(2)关闭加热器 EH424 蒸汽进料，TIC1466 设手动，开度为 0。

(3)闪蒸器冷凝回流控制 PIC1426 设手动，开度 100%。

(4)逐渐减少乙炔进料，开大 EH429 冷却水进料。

(5)逐渐降低反应器温度、压力至常温、常压。

(6)逐渐降低闪蒸器温度、压力至常温、常压。

2. 紧急停车

(1)与停车操作规程相同。

(2)也可按紧急停车按钮(在现场操作图上)。

(四)联锁说明

该单元有一联锁。

1. 联锁源

(1)现场手动紧急停车(紧急停车按钮)。

(2)反应器温度高报(TI1467A/B>66℃)。

2. 联锁动作

(1)关闭氢气进料,FIC1427 设手动。

(2)关闭加热器 EH424 蒸汽进料,TIC1466 设手动。

(3)闪蒸器冷凝回流控制 PIC1426 设手动,开度 100%。

(4)自动打开电磁阀 XV1426。

该联锁有一复位按钮。

注意:在复位前,应首先确定反应器温度已降回正常,同时处于手动状态的各控制点的设定应设为最低值。

(五)仪表及报警一览表

位号	说明	类型	量程高限	量程低限	工程单位	报警上限	报警下限
PIC1426	EV429 罐压力控制	PID	1.0	0	MPa	0.70	无
TIC1466	EH423 出口温控	PID	80.0	0	℃	43.0	无
FIC1425	C_2H_2 流量控制	PID	700000.0	0	kg/h	无	无
FIC1427	H_2 流量控制	PID	300.0	0	kg/h	无	无
FT1425	C_2H_2 流量	PV	700000.0	0	kg/h	无	无
FT1427	H_2 流量	PV	300.0	0	kg/h	无	无
TC1466	EH423 出口温度	PV	80.0	0	℃	43.0	无
TI1467A	ER424A 温度	PV	400.0	0	℃	48.0	无
TI1467B	ER424B 温度	PV	400.0	0	℃	48.0	无
PC1426	EV429 压力	PV	1.0	0	MPa	0.70	无
LI1426	EV429 液位	PV	100	0	%	80.0	20.0
AT1428	ER424A 出口氢浓度	PV	200000.0	ppm	90.0	无	无
AT1429	ER424A 出口乙炔浓度	PV	1000000.0	ppm	无	无	无
AT1430	ER424B 出口氢浓度	PV	200000.0	ppm	90.0	无	无
AT1431	ER424B 出口乙炔浓度	PV	1000000.0	ppm	无	无	无

三、事故设置一览

下列事故处理操作仅供参考,详细操作以评分系统为准。

(一)氢气进料阀卡住

1.原因

FIC1427卡在20%处。

2.现象

氢气量无法自动调节。

3.处理方法

(1)降低EH429冷却水的量。

(2)用旁路阀KXV1404手工调节氢气量。

(二)预热器EH424阀卡住

1.原因

TIC1466卡在70%处。

2.现象

换热器出口温度超高。

3.处理方法

(1)增加EH429冷却水的量。

(2)减少配氢量。

(三)闪蒸罐压力调节阀卡

1.原因

PIC1426卡在20%处。

2.现象

闪蒸罐压力,温度超高。

3.处理方法

增加EH429冷却水的量。

用旁路阀KXV1434手工调节。

(四)反应器漏气

1.原因

反应器漏气,KXV1414卡在50%处。

2.现象

反应器压力迅速降低。

3.处理方法

停工。

(五)EH429 冷却水停

1.原因

EH429 冷却水供应停止。

2.现象

闪蒸罐压力,温度超高。

3.处理方法

停工。

(六)反应器超温

1.原因

闪蒸罐通向反应器的管路有堵塞。

2.现象

反应器温度超高,会引发乙烯聚合的副反应。

3.处理方法

增加 EH429 冷却水的量。

四、仿真界面

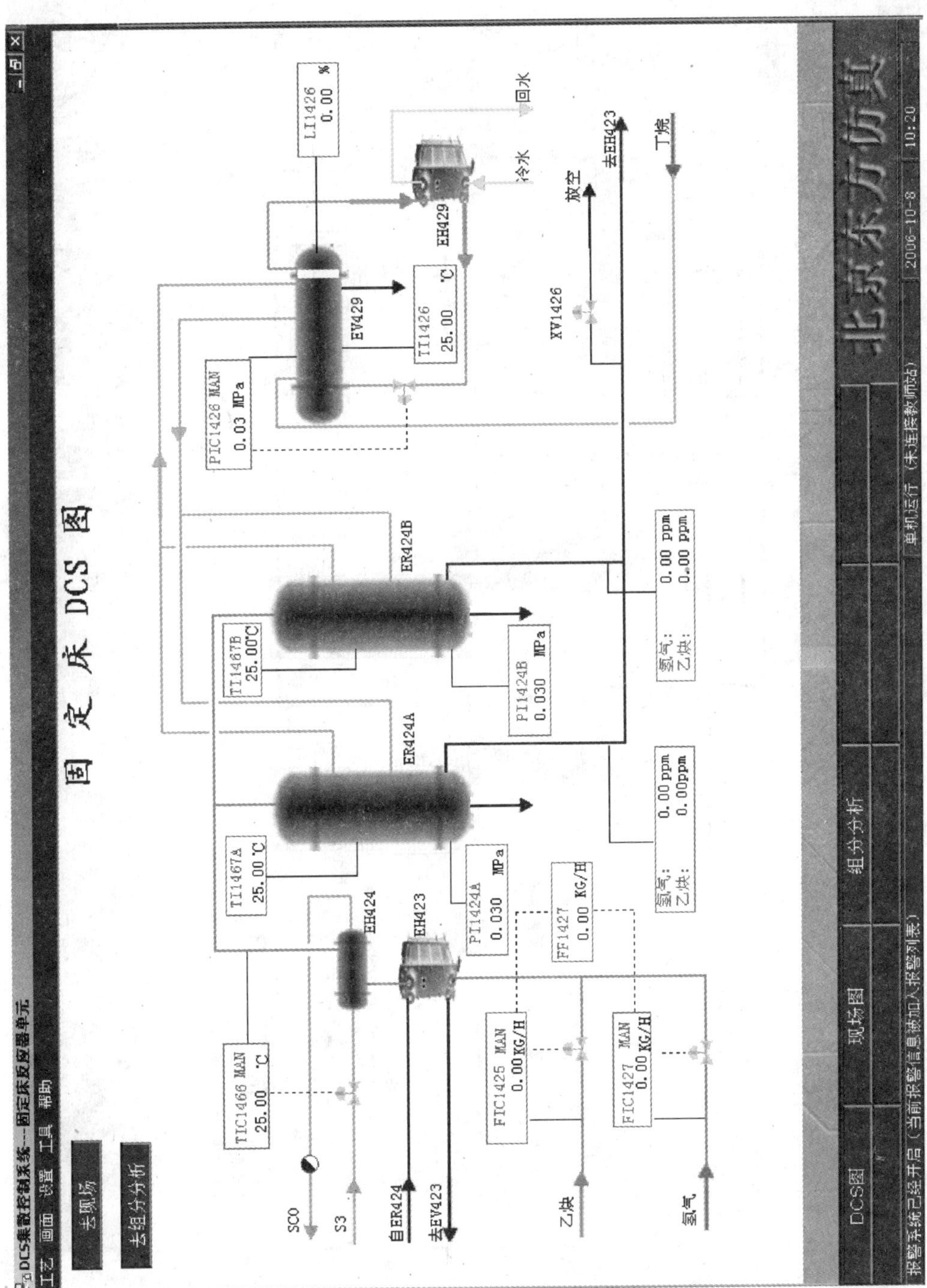
DCS集散控制系统--固定床反应器单元
工艺 画面 设置 工具 帮助
去现场
去组分分析
固定床DCS图
TIC1466 MAN
25.00 ℃
SCO
S3
自ER424
去EV423
EH424
EH423
TI1467A
25.00 ℃
ER424A
PI1424A
0.030 MPa
FF1427
0.00 KG/H
FIC1425 MAN
0.00 KG/H
FIC1427 MAN
0.00 KG/H
乙炔
氢气
TI1467B
25.00℃
ER424B
PI1424B
0.030 MPa
PIC1426 MAN
0.03 MPa
EV429
TI1426
25.00 ℃
EH429
LI1426
0.00 %
冷水
回水
XV1426
放空
去EH423
丁烷
DCS图
现场图
组分分析
北京东方仿真
2006-10-8
10:20

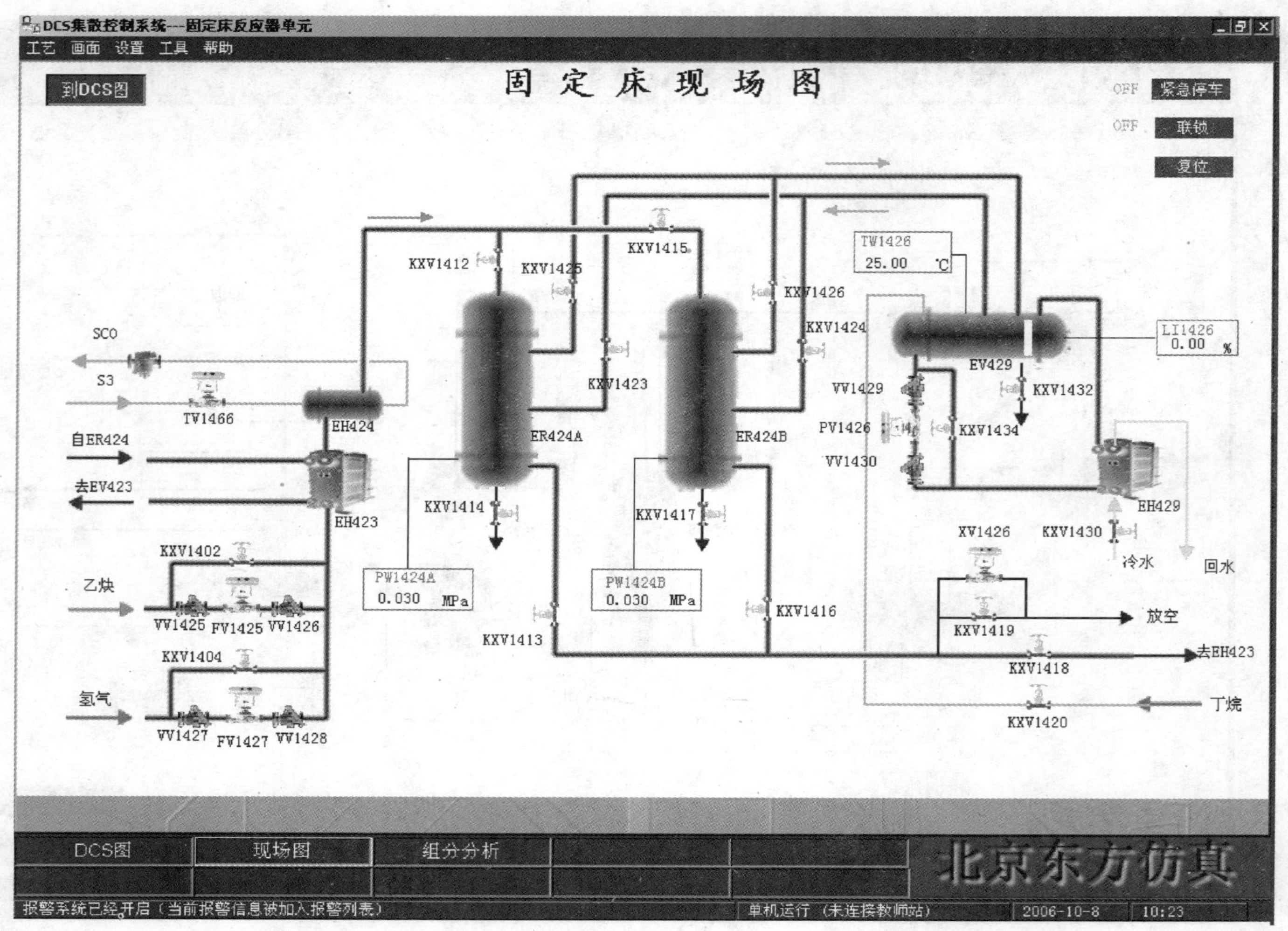
DCS集散控制系统---固定床反应器单元
工艺 画面 设置 工具 帮助
到DCS图
固定床现场图
OFF 紧急停车
OFF 联锁
复位
SCO
S3
TV1466
EH424
自ER424
去EV423
EH423
KXV1402
乙炔
VV1425 FV1425 VV1426
KXV1404
氢气
VV1427 FV1427 VV1428
KXV1412
KXV1425
KXV1415
KXV1423
ER424A
KXV1414
PW1424A 0.030 MPa
KXV1413
KXV1426
KXV1424
ER424B
KXV1417
PW1424B 0.030 MPa
KXV1416
TW1426 25.00 ℃
EV429
LI1426 0.00 %
KXV1432
VV1429
PV1426
KXV1434
VV1430
EH429
XV1426
KXV1430
冷水
回水
KXV1419
放空
KXV1418
去EH423
KXV1420
丁烷
DCS图
现场图
组分分析
北京东方仿真
报警系统已经开启（当前报警信息被加入报警列表）
单机运行 （未连接教师站）
2006-10-8
10:23

五、思考题

1. 结合本单元实际说明比例控制的工作原理。

2. 为什么要根据乙炔的进料量调节配氢气的量，而不是根据氢气的量调节乙炔的进料量？

3. 根据本单元实际情况，说明反应器冷却剂的自循环原理。

4. 简述 EH429 冷却器中的冷却水中断后会造成的结果。

5. 结合本单元实际，解释“联锁”和“联锁复位”的概念。

项目 15 流化床反应器单元仿真培训系统

一、项目流程说明

(一)项目说明

该流化床反应器取材于 HIMONT 工艺本体聚合装置,用于生产高抗冲击共聚物。具有剩余活性的干均聚物(聚丙烯),在压差作用下自闪蒸罐 D301 流到该气体共聚反应器 R401。在气体分析仪的控制下,氢气被加到乙烯进料管道中,以改进聚合物的本征黏度,满足加工需要。聚合物从顶部进入流化床反应器,落在流化床的床层上。流化气体(反应单体)通过一个特殊设计的栅板进入反应器。由反应器底部出口管路上的控制阀来维持聚合物的料位。聚合物料位决定了停留时间,从而决定了聚合反应的程度。为了避免过度聚合的鳞片状产物堆积在反应器壁上,反应器内配置一转速较慢的刮刀,以使反应器壁保持干净。栅板下部夹带的聚合物细末,用一台小型旋风分离器 S401 除去,并送到下游的袋式过滤器中。所有未反应的单体循环返回到流化压缩机的吸入口。来自乙烯气提塔顶部的回收气体与气相反应器出口的循环单体汇合,而补充的氢气、乙烯和丙烯加入到压缩机排出口。循环气体用工业色谱仪进行分析,调节氢气和丙烯的补充量。然后调节补充的丙烯进料量,以保证反应器的进料气体能够满足工艺的要求。用脱盐水作为冷却介质,用一台立式列管式换热器将聚合反应热撤出。该热交换器位于循环气体压缩机之前。

共聚物的反应压力约为 1.4MPa (表),温度为 70℃。注意:该系统压力位于闪蒸罐压力和袋式过滤器压力之间,从而在整个聚合物管路中形成一定压力梯度,以避免容器间物料的返混并使聚合物向前流动。

(二)反应机理

乙烯、丙烯以及反应混合气在一定的温度(70℃)、一定的压力(1.35MPa)下,通过具有剩余活性的干均聚物(聚丙烯)的引发,在流化床反应器里进行反应,同时加入氢气以改善共聚物的本征黏度,生成高抗冲击共聚物。

主要原料:乙烯、丙烯、具有剩余活性的干均聚物(聚丙烯)和氢气。

主产物:高抗冲击共聚物(具有乙烯和丙烯单体的共聚物)。

副产物:无。

反应方程式：$nC_2H_4 + nC_3H_6 \rightarrow [C_2H_4—C_3H_6]_n$。

(三)设备一览

A401：R401的刮刀
C401：R401循环压缩机
E401：R401气体冷却器
E409：夹套水加热器
P401：开车加热泵
R401：共聚反应器
S401：R401旋风分离器

(四)参数说明

AI40111：反应产物中H_2的含量
AI40121：反应产物中C_2H_4的含量
AI40131：反应产物中C_2H_6的含量
AI40141：反应产物中C_3H_6的含量
AI40151：反应产物中C_3H_8的含量

二、装置的操作规程

(一)冷态开车规程

本操作规程仅供参考，详细操作以评分系统为准。

1.开车准备

准备工作包括：系统中用氮气充压，循环加热氮气，随后用乙烯对系统进行置换(按照实际正常的操作，用乙烯置换系统要进行2次，考虑到时间关系，只进行1次)。这一过程完成之后，系统将准备开始单体开车。

(1)系统氮气充压加热。

①充氮：打开充氮阀，用氮气给反应器系统充压，当系统压力达0.7MPa(表)时，关闭充氮阀。

②当氮气充压至0.1MPa(表)时，按照正确的操作规程，启动C401共聚循环气体压缩机，将导流叶片(HIC402)定在40%

③环管充液：启动压缩机后，开进水阀V4030，给水罐充液，开氮封阀V4031。

④当水罐液位大于10%时，开泵P401入口阀V4032，启动泵P401，调节泵出口阀V4034至60%开度。

⑤ 手动开低压蒸汽阀HC451，启动换热器E409，加热循环氮气。

⑥打开循环水阀V4035。

⑦当循环氮气温度达到70℃时，TC451投自动，调节其设定值，维持氮气温度TC401在70℃左右。

(2)氮气循环。

①当反应系统压力达 0.7MPa 时，关充氮阀。

②在不停压缩机的情况下，用 PIC402 和排放阀给反应系统泄压至 0MPa(表)。

③在充氮泄压操作中，不断调节 TC451 设定值，维持 TC401 温度在 70℃左右。

(3)乙烯充压。

①当系统压力降至 0MPa(表)时，关闭排放阀。

②由 FC403 开始乙烯进料，乙烯进料量设定在 567.0kg/hr 时投自动调节，乙烯使系统压力充至 0.25MPa(表)。

2.干态运行开车

本规程旨在聚合物进入之前，共聚集反应系统具备合适的单体浓度，另外通过该步骤也可以在实际工艺条件下，预先对仪表进行操作和调节。

(1)反应进料。

①当乙烯充压至 0.25MPa(表)时，启动氢气的进料阀 FC402，氢气进料设定在 0.102kg/hr，FC402 投自动控制。

②当系统压力升至 0.5MPa(表)时，启动丙烯进料阀 FC404，丙烯进料设定在 400kg/hr，FC404 投自动控制。

③打开自乙烯气提塔来的进料阀 V4010。

④当系统压力升至 0.8MPa(表)时，打开旋风分离器 S401 底部阀 HC403 至 20%开度，维持系统压力缓慢上升。

(2)准备接收 D301 来的均聚物。

①再次加入丙烯，将 FIC404 改为手动，调节 FV404 为 85%。

②当 AC402 和 AC403 平稳后，调节 HC403 开度至 25%。

③启动共聚反应器的刮刀，准备接收从闪蒸罐(D301)来的均聚物。

3.共聚反应物的开车

(1) 确认系统温度 TC451 维持在 70℃左右。

(2)当系统压力升至 1.2MPa(表)时，开大 HC403 开度在 40%和 LV401 在 20%～25%，以维持流态化。

(3)打开来自 D301 的聚合物进料阀。

(4)停低压加热蒸汽，关闭 HV451。

4.稳定状态的过渡

(1)反应器的液位。

①随着 R401 料位的增加，系统温度将升高，及时降低 TC451 的设定值，不断取走反应热，维持 TC401 温度在 70℃左右。

②调节反应系统压力在 1.35MPa(表)时，PC402 自动控制。

③手动开启 LV401 至 30%，让共聚物稳定地流过此阀。

④当液位达到 60%时，将 LC401 设置投自动。

⑤随系统压力的增加，料位将缓慢下降，PC402 调节阀自动开大，为了维持系统压力在 1.35MPa，缓慢提高 PC402 的设定值至 1.40MPa (表)。

⑥当 LC401 在 60%投自动控制后，调节 TC451 的设定值，待 TC401 稳定在 70℃左右

时，TC401 与 TC451 串级控制。

(2)反应器压力和气相组成控制。

①压力和组成趋于稳定时，将 LC401 和 PC403 投串级。

②FC404 和 AC403 串级联结。

③FC402 和 AC402 串级联结。

(二)正常操作规程

正常工况下的工艺参数：

(1)FC402：调节氢气进料量(与 AC402 串级)，正常值：0.35kg/h。

(2)FC403：单回路调节乙烯进料量正常值：567.0kg/h。

(3)FC404：调节丙烯进料量(与 AC403 串级)，正常值：400.0kg/h。

(4)PC402：单回路调节系统压力，正常值：1.4MPa。

(5)PC403：主回路调节系统压力，正常值：1.35MPa。

(6)LC401：反应器料位(与 PC403 串级)，正常值：60%。

(7)TC401：主回路调节循环气体温度，正常值：70℃。

(8)TC451：分程调节取走反应热量(与 TC401 串级)，正常值：50℃。

(9)AC402：主回路调节反应产物中 H_2/C2 之比，正常值：0.18。

(10)AC403：主回路调节反应产物中 C2/C3&C2 之比，正常值：0.38。

(三)停车操作规程

本操作规程仅供参考，详细操作以评分系统为准。

1.降反应器料位

(1)关闭催化剂来料阀 TMP20。

(2)手动缓慢调节反应器料位。

2.关闭乙烯进料，保压

(1)当反应器料位降至 10%时，关乙烯进料。

(2)当反应器料位降至 0%时，关反应器出口阀。

(3)关旋风分离器 S401 上的出口阀。

3.关丙烯及氢气进料

(1)手动切断丙烯进料阀。

(2)手动切断氢气进料阀。

(3)排放导压至火炬。

(4)停反应器刮刀 A401。

4.氮气吹扫

(1)将氮气加入该系统。

(2)当压力达 0.35MPa 时，放火炬。

(3)停压缩机 C401。

(四)仪表一览表

位号	说明	类型	正常值	量程高限	量程低限	工程单位	高报值	低报值	高高报值	低低报值
FC402	氢气进料流量	PID	0.35	5.0	0	kg/h				
FC403	乙烯进料流量	PID	567.0	1000.0	0	kg/h				
FC404	丙烯进料流量	PID	400.0	1000.0	0	kg/h				
PC402	R401 压力	PID	1.40	3.0	0	MPa				
PC403	R401 压力	PID	1.35	3.0	0	MPa				
LC401	R401 液位	PID	60.0	100.0	0	%				
TC401	R401 循环气温度	PID	70.0	150.0	0	℃				
FI401	E401 循环水流量	AI	36.0	80.0	0	t/h				
FI405	R401 气相进料流量	AI	120.0	250.0	0	t/h				
TI402	循环气 E401 入口温度	AI	70.0	150.0	0	℃				
TI403	E401 出口温度	AI	65.0	150.0	0	℃				
TI404	R401 入口温度	AI	75.0	150.0	0	℃				
TI405/1	E401 入口水温度	AI	60.0	150.0	0	℃				
TI405/2	E401 出口水温度	AI	70.0	150.0	0	℃				
TI406	E401 出口水温度	AI	70.0	150.0	0	℃				

三、事故设置一览

下列事故处理操作仅供参考,详细操作以评分系统为准。

(一)泵 P401 停

1.原因

运行泵 P401 停。

2.现象

温度调节器 TC451 急剧上升,然后 TC401 随之升高。

3.处理方法

(1)调节丙烯进料阀 FV404,增加丙烯进料量。

(2)调节压力调节器 PC402,维持系统压力。

(3)调节乙烯进料阀 FV403,维持 C2/C3 比。

(二)压缩机 C401 停

1.原因

压缩机 C401 停。

2. 现象

系统压力急剧上升。

3. 处理方法

(1)关闭催化剂来料阀 TMP20。

(2)手动调节 PC402,维持系统压力。

(3)手动调节 LC401,维持反应器料位。

(三)丙烯进料停

1. 原因

丙烯进料阀卡。

2. 现象

丙烯进料量为 0。

3. 处理方法

(1)手动关小乙烯进料量,维持 C2/C3 比。

(2)关催化剂来料阀 TMP20。

(3)手动关小 PV402,维持压力。

(4)手动关小 LC401,维持料位。

(四)乙烯进料停

1. 原因

乙烯进料阀卡。

2. 现象

乙烯进料量为 0。

3. 处理方法

(1)手动关丙烯进料,维持 C2/C3 比。

(2)手动关小氢气进料,维持 H_2/C2 比。

(五)D301 供料停

1. 原因

D301 供料阀 TMP20 关。

2. 现象

D301 供料停止。

3. 处理方法

(1)手动关闭 LV401。

(2)手动关小丙烯和乙烯进料。

(3)手动调节压力。

四、仿真界面

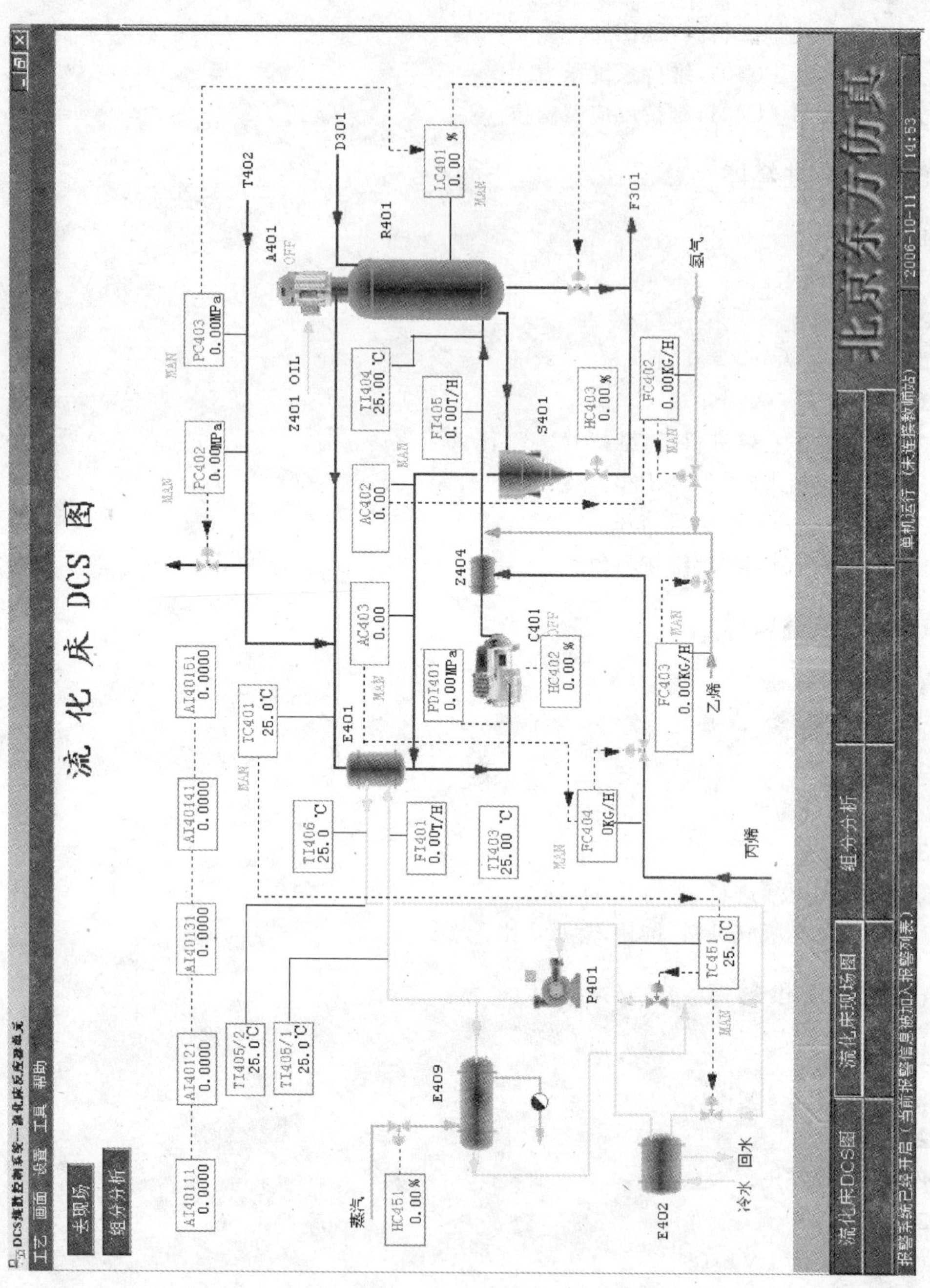

工艺 画面 设置 工具 帮助
去现场
组分分析
流化床DCS图
AI40111 0.0000
AI40121 0.0000
AI40131 0.0000
AI40141 0.0000
AI40151 0.0000
TC401 25.0℃
PC402 0.00MPa
PC403 0.00MPa
T402
D301
A401
R401
LC401 0.00 %
F301
Z401 OIL
TI404 25.00 ℃
FI405 0.00T/H
AC402 0.00
AC403 0.00
S401
HC403 0.00 %
FC402 0.00KG/H
氢气
Z404
C401
PDI401 0.00MPa
HC402 0.00 %
FC403 0.00KG/H
乙烯
E401
TI406 25.0 ℃
FI401 0.00T/H
TI403 25.00 ℃
FC404 0KG/H
丙烯
TI405/2 25.0℃
TI405/1 25.0℃
P401
TC451 25.0℃
E409
HC451 0.00 %
蒸汽
E402
冷水 回水
北京东方仿真
流化床DCS图
流化床现场图
组分分析
单机运行（未连接教师站）
2006-10-11 14:53

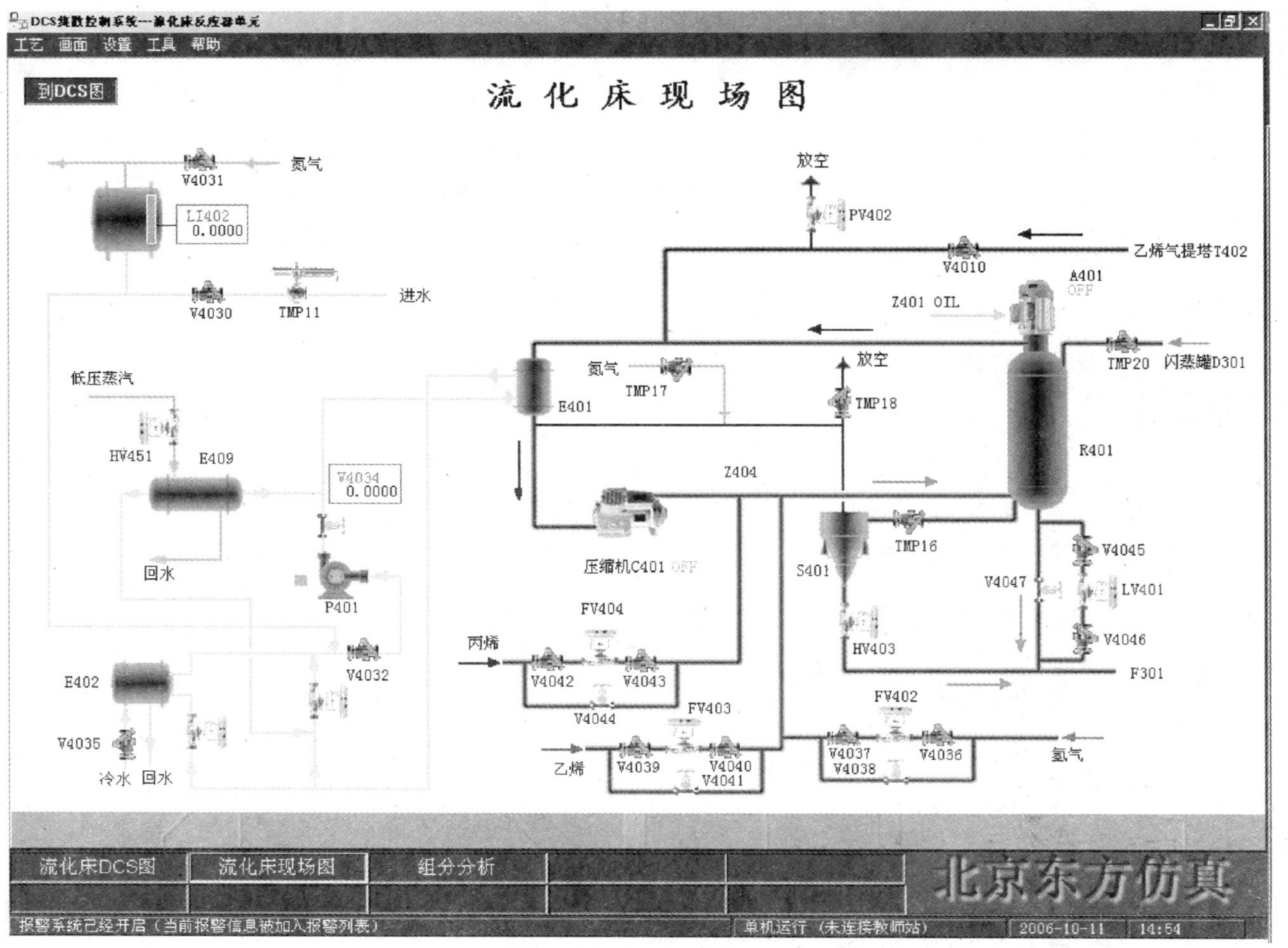
DCS操作控制系统—流化床反应器单元
工艺 画面 设置 工具 帮助
到DCS图
流化床现场图
氮气
V4031
LI402
0.0000
V4030
TMP11
进水
放空
PV402
V4010
乙烯气提塔T402
A401
OFF
Z401 OIL
TMP20
闪蒸罐D301
低压蒸汽
HV451
E409
回水
V4034
0.0000
P401
V4032
E402
V4035
冷水
回水
氮气
TMP17
E401
放空
TMP18
R401
Z404
压缩机C401 OFF
TMP16
S401
HV403
V4045
LV401
V4046
V4047
F301
丙烯
FV404
V4042
V4043
V4044
FV403
乙烯
V4039
V4040
V4041
FV402
V4037
V4038
V4036
氢气
流化床DCS图
流化床现场图
组分分析
北京东方仿真
报警系统已经开启（当前报警信息被加入报警列表）
单机运行（未连接教师站）
2006-10-11
14:54

五、思考题

1.在开车及运行过程中，为什么要一直保持氮封？

2.熔融指数(MFR)表示什么？H_2在共聚过程中起什么作用？试描述AC402指示值与MFR的关系。

3.气相共聚反应的温度为什么绝对不能偏离所规定的温度？

4.气相共聚反应的停留时间是如何控制的？

5.气相共聚反应器的流态化是如何形成的？

6.冷态开车时，为什么要首先进行系统氮气充压加热？

7.什么叫流化床？它与固定床相比有什么特点？

8.解释以下概念：共聚、均聚、气相聚合和本体聚合。

9.简述本培训单元所选流程的反应机理。

模块二

实操训练项目指导

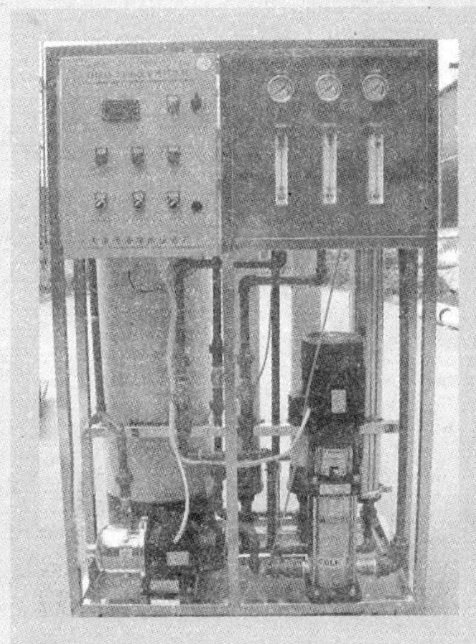

化工操作技能实训中心安全与环保要求

• **火警电话 119，报警电话 110，急救电话 120**

• **个人防护**

化工操作技能实训中心的老师和学生进入化工操作技能实训中心后必须穿戴劳防用品：在指定区域正确戴上安全帽，穿上安全鞋，在进入任何作业过程中佩戴安全防护眼镜，在任何作业过程中佩戴合适的防护手套。无关人员不得进入化工操作技能实训中心。

• **行为规范**

(1)不准吸烟。

(2)保持实训环境的整洁。

(3)不准从高处乱扔杂物。

(4)不准随意坐在灭火器箱、地板和实训室内的凳子上。

(5)非紧急情况下不得随意使用消防器材(训练除外)。

(6)不得靠在实训装置上。

(7)在实训场地、教室里不得打骂和嬉闹。

(8)使用后的用具待清洗干净后按规定放置整齐。

(9)一切按规章操作。

• **用电安全**

(1)进行实训之前，必须了解室内总电源开关与分电源开关的位置，以便在出现用电事故时及时切断电源。

(2)在启动仪表柜电源前，必须清楚每个开关的作用。

(3)启动电动机、上电前先用手转动一下电机的轴，通电后，立即查看电机是否已转动；若不转动，应立即断电，否则电机很容易烧毁。

(4)在实训过程中，如果发生停电现象，必须切断电闸。以防操作人员离开现场后，因突然供电而导致电器设备在无人看管下运行。

(5)不要打开仪表控制柜的后盖和强电桥架盖，应请专业人员进行电器的维修。

• **烫伤的防护**

凡是有蒸汽通过的地方都有烫伤的可能，尤其是在没有保温层覆盖的地方更应注意。空气被加热后温度很高，疏水器的排液温度更高，不能站在热空气和疏水器排液出口处，以免烫伤。

• **蒸汽分配器的使用**

按照国家标准规定，蒸汽分配器为压力容器，应按国家标准对其进行定期检验与维护，不允许不经检验而使用。

• **梯子的使用**

不能使用有缺陷的梯子，登梯前必须确保梯子支撑稳固，上下梯子应面向梯子并且双手扶梯，一人登高时要有同伴扶稳梯子。

• **高压钢瓶的安全知识**

(1)使用高压钢瓶的主要危险是钢瓶可能爆炸和漏气。若钢瓶受日光直晒或靠近热源，瓶内气体受热膨胀，以致压力超过钢瓶的耐压强度时，容易引起钢瓶爆炸。

(2)搬运钢瓶时，钢瓶上要有钢瓶帽和橡胶安全圈，并严防钢瓶摔倒或受到撞击，以免发生意外爆炸事故。使用钢瓶时，必须将其牢靠地固定在架子上、墙上或实训操作台旁。

(3) 绝不可把油或其他易燃性有机物黏附在钢瓶上(特别是出口和气压表处)；也不可用麻、棉等物堵漏，以防燃烧引起事故。

(4)使用钢瓶时，一定要用气压表，而且各种气压表一般不能混用。一般可燃性气体的钢瓶气门螺纹是反扣的(如 H_2、C_2H_2)，不燃性或助燃性气体的钢瓶气门螺纹是正扣的(如 N_2、O_2)。

(5)使用钢瓶时必须连接减压阀或高压调节阀，不使用这些部件而让系统直接与钢瓶连接是十分危险的。

(6)开启钢瓶阀门及调压时，人不要站在气体出口的前方，头不要在瓶口上方，而应在瓶的侧面，以防钢瓶的总阀门或气压表冲出伤人。

(7)当钢瓶使用到瓶内压力为 0.5MPa 时，应停止使用。压力过低会给充气带来不安全因素，当钢瓶内压力与外界压力相同时，会造成空气的进入。

• **环保**

不得随意丢弃化学品和乱扔垃圾，避免水、能源和其他资源的浪费，保持实训基地的环境卫生。在实训过程中，要注意不能发生物料的跑、冒、滴、漏。

项目 1
管路拆装操作实训

管路是由管子、管件和阀门等组成。在生产中，只有管路畅通，阀门调节适当，生产才能正常运行。管路拆装操作实训任务要求学生根据指导教师提供的管系图列出设备、仪表清单，以培养学生的识图能力；掌握常用工具的使用方法；以小组为单位，能进行管线的组装、试压、冲洗及拆除操作，以培养学生团结协作的精神；能进行系统的试运行及停车操作。

一、实训目的

1. 掌握流程图的识读。
2. 认识管路拆装装置的管件。
3. 根据提供的流体输送流程图，准确填写安装管线所需管道、管件、阀门、仪表的规格型号及数量等材料的清单；准确列出组装管线所需的工具和易耗品等零件清单，并正确领取工具和易耗品。
4. 能进行管线的组装、管道的试压、管线的拆除。

二、实训要求

(一)化工管路布置的一般要求

在管路布置及安装时，主要考虑安装、检修、操作的方便及安全，同时尽可能减少基建费用，并根据生产的特点、设备的布置、材料的性质等加以综合考虑。

1. 安装化工管路时，各种管线应平行铺设，便于共用管架；要尽量走直线，少拐弯，少交叉，以节约管材，减小阻力，同时力求做到整齐美观。
2. 为便于操作及安装检修，并列管路上的零件与阀门位置应错开安装。
3. 管子安装应横平竖直，对于水平管，其偏差不大于 15mm/10m；对于垂直管，其偏差不大于 10mm/10m。
4. 管路安装完毕后，应按规定进行强度和严密度试验。
5. 管路离地面的高度以便于检修为准，但通过人行道时，最低点离地面不得小于 2m。

(二)常见管件及阀门、流量计的安装要求

1. 转子流量计是用来测量管系中流体流量的，其安装有严格的要求。它必须垂直安装在管系中，若有倾斜，会影响测量的准确性，严重时会使转子升不上来。转子流量计前后应有相应的直管段，前段应有 $15d \sim 20d$ 的直管段，后段应有 $5d$ 左右的直管段（d 为管子内径），以保证流量的稳定。

2. 阀门的拆装：截止阀结构简单，易于调节流量，但阻力较大。安装时，应使流体从阀盘的下部向上流动，目的是减小阻力，开启更省力。在关闭状态下阀杆、填料函不与介质接触，以免阀杆等受腐蚀。闸阀密封性能好，流体阻力小，但不适用于输送含有晶体和悬浮溶物的液体管路中。

3. 活动接头是管系中常见的管件，在闭合管系时，它应是最后安装；拆除管系时，应首先从活动接头动手。

(三)泵的管路布置原则

泵的管路布置总的原则是保证良好的吸入条件与检修方便。

1. 为增加泵的允许吸上高度，吸入管路应尽量短而直，减少阻力，吸入管路的直径不应小于泵吸入口直径。

2. 在泵的上方不布置管路，以利于泵的检修。

三、装置认识

• **认识目标**

熟悉装置流程、主体设备及其名称、各类测量仪表的作用及名称。

• **认识方法**

现场认知、老师指导。

1. 装置流程

管路拆装操作实训装置见图 2-1。

2. 主体设备

根据对装置的认识，在表 2-1 中填写相关内容。

表 2-1 管路拆装设备的结构认识

位号	名称	用途	类型
	离心泵		
	水槽		
	转子流量计		

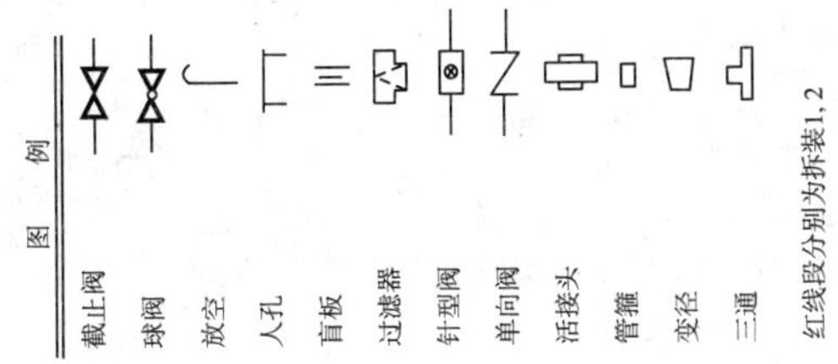

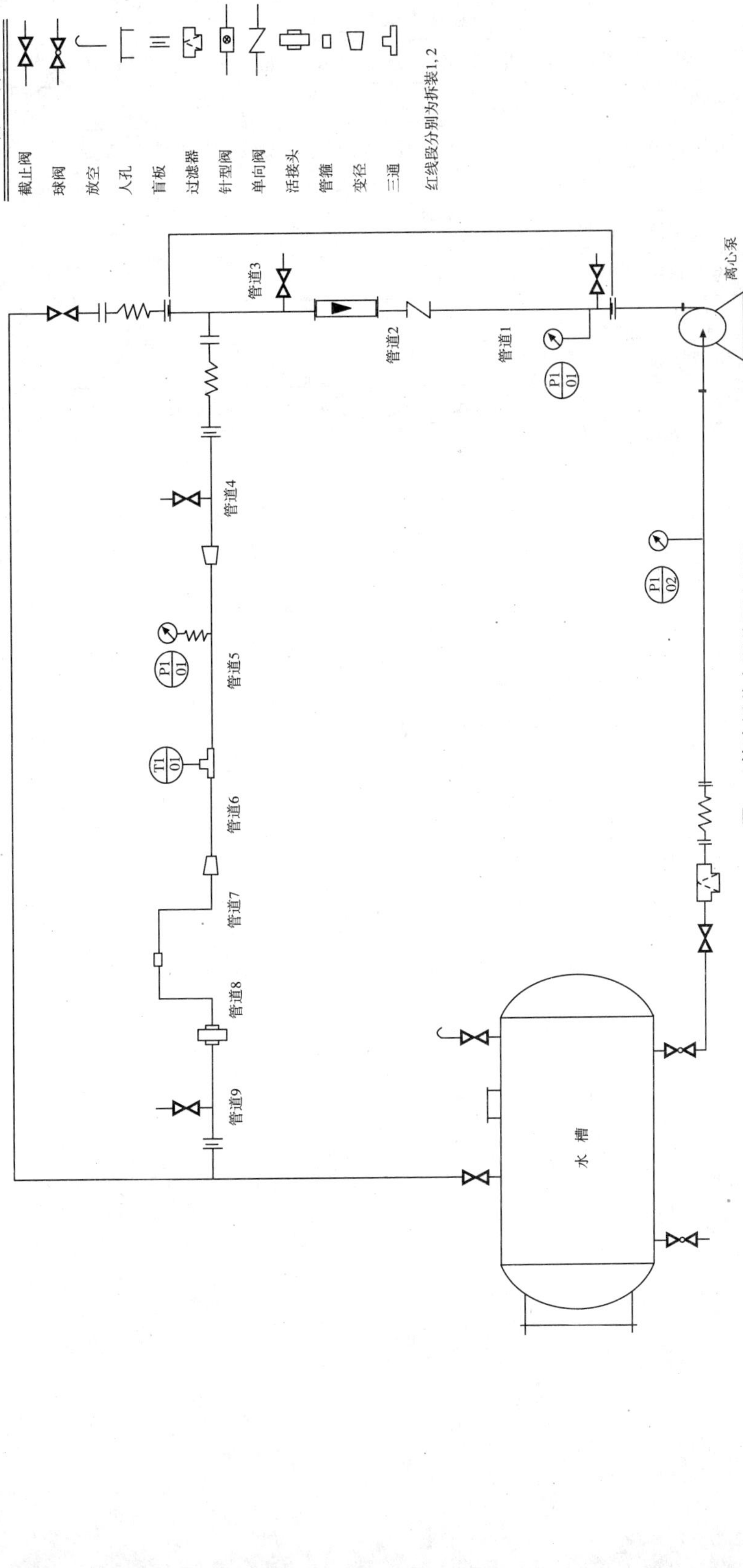

图2-1　管路拆装实训装置流程图

3.管路配置

表 2-2 流体流动设备的结构认识

名称	规格	连接方式和型号	材料	单位	数量
管段 1	DN40	一端法兰、一端螺纹,有两个分支:一分支 DN15 外螺纹,一分支 DN15 内螺纹	不锈钢	只	1
管段 2	DN40	一端法兰、一端螺纹	不锈钢	只	1
管段 3	DN40	两端法兰,有两个分支:一分支 DN15 外螺纹,一分支 DN32 法兰连接	不锈钢	只	1
管段 4	DN32	一端法兰、一端螺纹,有一 DN15 外螺纹分支	不锈钢	只	1
管段 5	DN25	两端螺纹,有一 DN15 内螺纹分支	不锈钢	只	1
管段 6	DN25	两端螺纹	不锈钢	只	1
管段 7	DN32	两端螺纹	不锈钢	只	1
管段 8	DN32	两端螺纹	不锈钢	只	1
管段 9	DN32	一端法兰、一端螺纹,有一 DN15 外螺纹分支	不锈钢	只	1

四、技能训练步骤

(一)训练目标

1.培养学生的识图能力。

2.掌握常用工具的使用方法。

3.培养团结协作精神,能进行管线的组装、试压、冲洗及拆除操作。

4.能进行系统的试运行及停车操作。

(二)操作步骤

1.根据流程简图和管路拆装清单进行预习。

2.根据流程图及所需的工具填写领件申请单,领取物件,按提供的领件单到物架和工具柜处一次性领取物件。

3.在划定的范围内进行管线组装,初步安装结束后,请指导教师进行初步安装检查,发现有阀门、管件、压力表和盲板装错或装反时,要求返修。

4.到教师处填写水压试验压力。

5.教师示意可试压后试压。试压过程包括:试压泵与试压注水口之间的连接,向试压管段注水、排气。当试压泵压力表升至试验压力并稳定、认为被试压管段中没有漏点时,向教师示意开始稳压。

6.教师检查情况完毕,示意继续完成安装,开始卸压、排液,完成安装。

7.教师检查完成安装后,示意进行开泵试运行,教师对整个管线进行检查并记下情况。

8.试运行完成后,由教师允许进行管路排液。排液结束后,可进行下一步管线拆除。拆除的物件可就地放置,拆除完毕后,要清理现场,归还物件。归还物件时,每归还一个物件要给教师检查一下,并要按原来位置放在物架和工具柜内。

9.教师整体检查后,记下情况并进行整体评定。

五、设备的维护与检修

1.泵和流量计的日常维护

(1)设备检查:①查泄漏;②查腐蚀;③查松动。

(2)日常保养:由操作人员负责,每天进行。要求巡回检查设备运行状态及完好状态,保持设备清洁、稳固。

(3)注意防垢。

2.管件的维护

由于管件要经常进行拆装,因此要轻拿轻放,要小心安装和拆卸,不可使用蛮力拆装。

项目 2 流体输送操作实训

液体和气体统称为“流体”。流体的特征是具有流动性，即其抗剪和抗张的能力很小；无固定形状，随容器的形状而变化；在外力作用下其内部发生相对运动。

化工生产中所处理的原料及产品，大多是流体。制造产品时，往往按照生产工艺的要求把原料依次输送到各种设备内，发生化学反应或物理变化；制成的产品又常需要输送到贮罐内贮存。在化工生产中，以下两个方面需要经常应用流体流动的基本原理及其流动规律。

(1)流体的输送　通常设备之间是用管道连接的，要想把流体按照规定的条件，从一个设备送到另一个设备，就需要选用适宜的流动速度，以确定输送管路的直径。在流体的输送过程中，常常要采用输送设备，因此就需要计算流体在流动过程中应加入的外功，为选用输送设备提供依据。

(2)压强、流速和流量的测量　为了了解和控制生产过程，需要对管路或设备内的压强、流速及流量等一系列参数进行测定，以便合理地选用和安装测量仪表，而这些仪表的操作原理又多以流体的静止或流动规律为依据。

一、实训目的

1. 认识流体输送设备结构。
2. 认识流体输送装置流程及仪表。
3. 掌握流体输送装置的运行操作技能。
4. 学会常见异常现象的判别及处理方法。

二、实训原理

1. 流体阻力

流体在管道内流动时，由于其黏性作用和涡流的影响会产生阻力，流体在流动过程中要消耗能量以克服流动阻力，因此流动阻力的计算较为重要。可以将流动阻力产生的原因与影响因素归纳为：流体具有黏性，流动时存在着内摩擦，这是流动阻力产生的根源；固定的管壁或其他形状固体壁面，促使流动的流体内部发生相对的运动，为流动阻力的产生提供了条件。所以流动阻力的大小与流体本身的物理性质、流动状况及壁面的形状等因素有关。

流体在管内以一定速度流动时，有两个方向相反的力相互作用着。一个是促使流动的推动力，这个力的方向和流动方向一致；另一个是由于内摩擦而引起的摩擦阻力，这个力起到阻止流体运动的作用，其方向与流体的流动方向相反。只有在推动力与阻力达到平衡的条件下，流动速度才能维持不变，即达到定态流动。

流体在直管内流动阻力的大小与管长、管径、流体流速和管道摩擦系数有关，它们之间存在如下关系：

$$h_f = \frac{\Delta P_f}{\rho} = \lambda \frac{l}{d} \frac{u^2}{2} \tag{2-1}$$

$$\lambda = \frac{2d}{\rho . l} \frac{\Delta P_f}{u^2} \tag{2-2}$$

$$R_e = \frac{d \cdot u \cdot \rho}{\mu} \tag{2-3}$$

式中：d——管径，单位：m。

ΔP_f——直管阻力引起的压强降，单位：Pa。

l——管长，单位：m。

u——流速，单位：m/s。

ρ——流体的密度，单位：kg/m^3。

μ——流体的黏度，单位：$N \cdot s/m^2$。

直管摩擦系数 λ 与雷诺数 Re 之间有一定的关系，这个关系一般用曲线来表示。在实验装置中，直管段管长 l 和管径 d 都已固定。若水温一定，则水的密度 ρ 和黏度 μ 也是定值。所以本实验实质上是测定直管段流体阻力引起的压强降 ΔP_f 与流速 u（流量 V）之间的关系。

根据实验数据和式(2-2)可计算出不同流速下的直管摩擦系数 λ，用式(2-3)计算对应的 Re，从而整理出直管摩擦系数和雷诺数的关系，绘出 λ 与 Re 的关系曲线。

2.泵性能

离心泵是最常见的液体输送设备。在一定的型号和转速下，离心泵的扬程 H、轴功率 N 及效率 η 均随流量 Q 而改变。通常通过实验测出 H-Q、N-Q 及 η-Q 关系，并用曲线表示它们，称为“特性曲线”。特性曲线是确定泵的适宜操作条件和选用泵的重要依据。泵特性曲线的具体测定方法如下。

(1) H 的测定：

在泵的吸入口和压出口之间列伯努利方程

$$Z_{入} + \frac{P_{入}}{\rho g} + \frac{u_{入}^2}{2g} + H = Z_{出} + \frac{P_{出}}{\rho g} + \frac{u_{出}^2}{2g} + H_{f入-出}$$

$$H = (Z_{出} - Z_{入}) + \frac{P_{出} - P_{入}}{\rho g} + \frac{u_{出}^2 - u_{入}^2}{2g} + H_{f入-出} \tag{2-4}$$

式(2-4)中 $H_{f入\text{-}出}$ 是泵的吸入口和压出口之间管路内的流体流动阻力（不包括泵体内部的流动阻力所引起的压头损失），当所选的两截面很接近泵体时，与伯努利方程中其他项比较，$H_{f入\text{-}出}$ 值很小，故可忽略。于是上式变为：

$$H = (Z_{出} - Z_{入}) + \frac{P_{出} - P_{入}}{\rho g} + \frac{u_{出}^2 - u_{入}^2}{2g}$$

将测得的($Z_{出} - Z_{入}$)和 $P_{出} - P_{入}$ 的值以及计算所得的 $u_{入}$ 和 $u_{出}$ 代入上式，即可求得 H 的值。

(2)N 的测定：

功率表测得的功率为电动机的输入功率。由于泵由电动机直接带动，传动效率可视为 1.0，所以电动机的输出功率等于泵的轴功率。即：

泵的轴功率 N ＝电动机的输出功率，单位：kw

电动机的输出功率＝电动机的输入功率×电动机的效率

泵的轴功率＝功率表的读数×电动机效率，kw

(3)η 的测定：

$$\eta = \frac{Ne}{N} \tag{2-5}$$

$$Ne = \frac{HQ\rho g}{1000} = \frac{HQ\rho}{102}\text{KW} \tag{2-6}$$

式中：η——泵的效率。

N——泵的轴功率，单位：kw。

H——泵的压头，单位：m。

Q——泵的流量，单位：m^3/s。

ρ——水的密度，单位：kg/m^3。

3. 节流式流量计

流体的流量是化工生产过程中的重要参数之一。为了控制生产过程能定态进行，就必须经常了解流量等操作条件。进行科学实验时，也往往需要准确测定流体的流量。

连续流动的流体遇到安装在管道内的节流装置时(节流装置中间有个圆孔，孔径比管道内径小)，流体流通面积突然缩小，流体的流速增大，挤过节流孔，形成流束收缩。当挤过节流孔之后，流速又由于流通面积的变大和流束的扩大而降低。与此同时，在节流装置前后的管壁处的流体静压力产生差异，形成静压差，此即为节流现象。因此，节流装置的作用在于造成流束的局部收缩，从而产生压差。流过的流量越大，在节流装置前后所产生的压差也就越大，因此可以通过测量压差来计量流体流量的大小。

为了减小流体流经节流元件时的能量损失，可以用一段渐缩、渐扩管代替孔板，如图 2-2 所示，这样结构的流量计称为文丘里流量计或文氏流量计。由于有渐缩段和渐扩段，流体在其内的流速改变平稳，涡流较少，喉管处增加的动能可于其后渐扩的过程中大部分转回成静压能，所以能量损失大大减少。

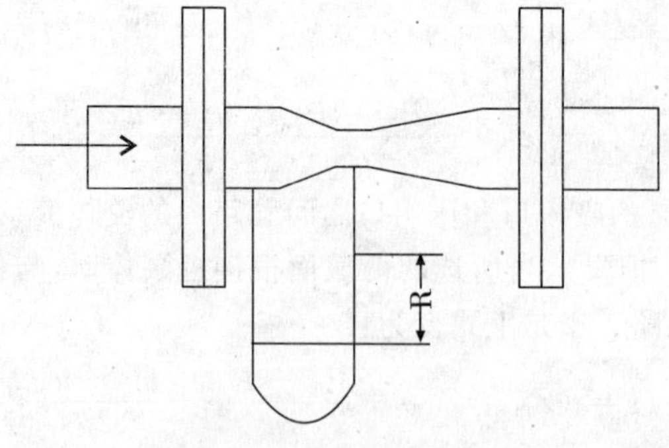

图 2-2　文丘里流量计

$$V_s = CA_0 \sqrt{\frac{2(P_上 - P_下)}{\rho}} \tag{2-7}$$

式中：V_s——被测流体（水）的体积流量，单位：m^3/s。

C——流量系数，无因次。

A_0——流量计节流孔截面积，单位：m^2。

$P_上 - P_下$——流量计上下游两压口之间的压强差，单位：Pa。

ρ——被测流体（水）的密度，单位：kg/m^3。

三、装置认识

• 认识目标

熟悉装置流程、主体设备及其名称、各类测量仪表的作用及名称。

• 认识方法

现场认知、老师指导。

1. 装置流程

流体输送操作实训装置见图 2-3。

2. 主体设备

根据对装置的认识，在表 2-3 中填写相关内容。

表 2-3　流体输送设备的结构认识

位号	名称	用途	类型
	离心泵		
	漩涡泵		
	循环水槽		
	水罐		
	真空喷射泵		
	真空缓冲罐		
	反应釜		
	高位槽		

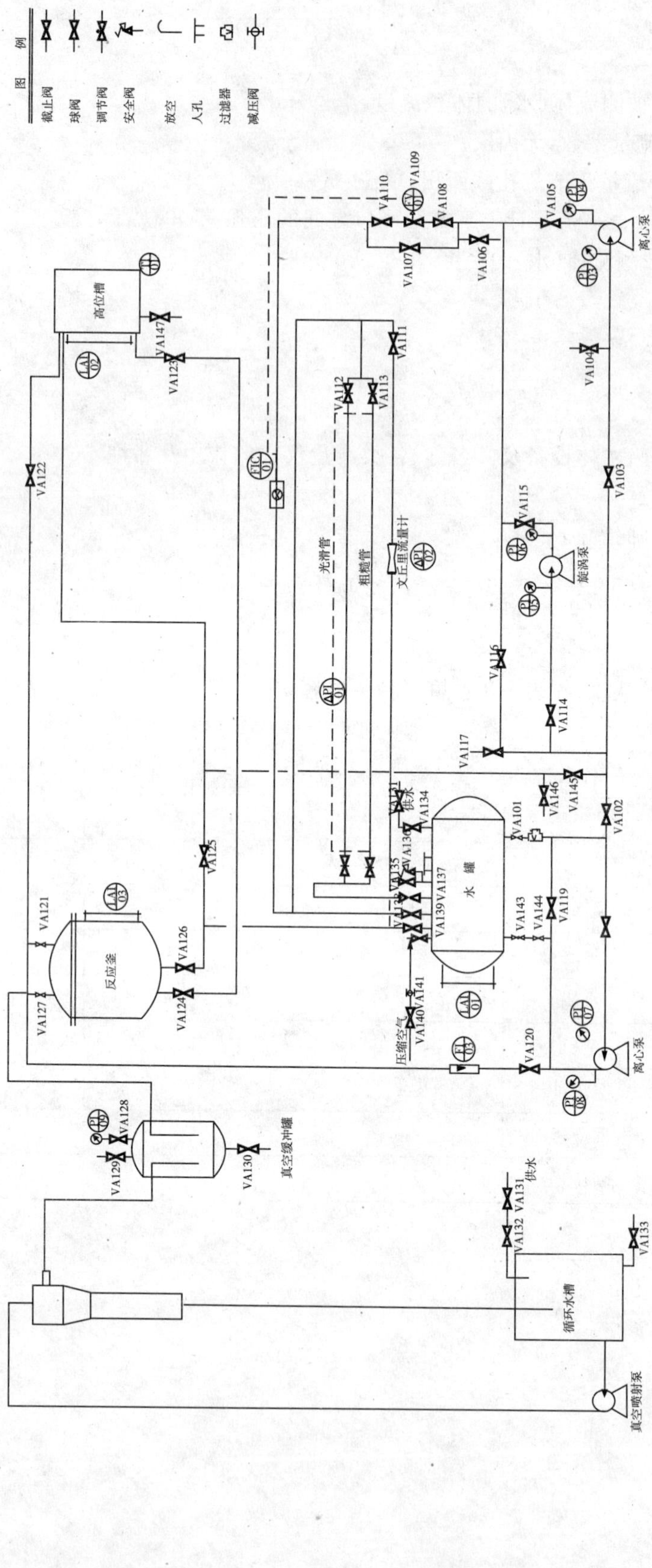

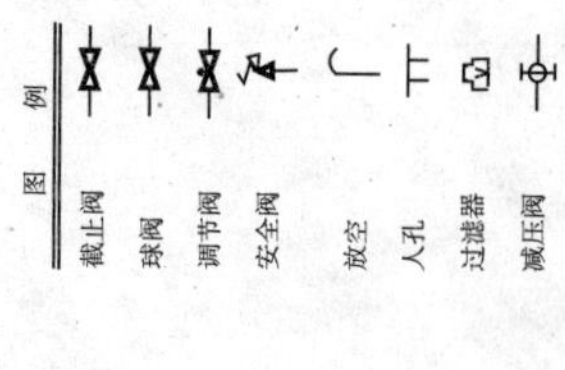

图2-2流体输送装置流程图

3.测量仪表

根据对流程的认识,在表 2-4 中填写相关内容。

表 2-4 测量仪表认识

位号	名称	仪表用途	类型
FIC01			
FI02			
FI03			
FV01			
LAI01			
LAI02			
LAI03			
TI01			
PI01			
PI02			
PI03			
PI04			
PI05			
PI06			
PI07			
PI08			
PI09			

四、技能训练步骤

技能训练 1 泵性能测定

• 训练目标

熟悉泵的构造和操作,掌握泵特性曲线的表示方法和测定方法,测定泵在一定条件下的特性曲线。

(一)开车前的准备工作

1.了解流体输送的基本原理。

2.熟悉流体输送实训流程、实训装置及主要设备。

3.检查公用工程是否处于正常供应状态。

4.检查流程中各阀门是否处于正常开车状态:关闭阀门——VA101、VA102、VA103、

VA104、VA105、VA106、VA107、VA111、VA112、VA113、VA114、VA115、VA116、VA117、VA118、VA119、VA120、VA121、VA122、VA123、VA124、VA125、VA126、VA127、VA128、VA129、VA132、VA134、VA135、VA136、VA138、VA139、VA140、VA141、VA142、VA143、VA144、VA145、VA146、VA147;全开阀门——VA108、VA110、VA131、VA137。

5.设备上电,检查各仪表状态是否正常,开动设备试车。

6.了解本实训所用水和压缩空气的来源。

7.按照要求制定操作方案。

注意:发现异常情况,必须及时报告指导教师进行处理。

(二)离心泵特性曲线测定

1.打开阀门 VA101、VA102 和 VA103,启动离心泵 P101。

2.泵出口调节阀 VA105 全开,将涡轮流量计设定到某一数值,待流动稳定后同时读取流量(FIC01)、泵出口处的压强(PI04)、泵进口处的真空度(PI03)、功率等数据。

3.从小流量到大流量依次测取 10～15 组实验数据。

4.将电动调节阀 VA109 两端的 VA108 和 VA110 全开,逐次调节离心泵的频率(20～50Hz 之间),分别在不同的频率下读取流量(FIC01)、泵出口处的压强(PI04)、泵进口处的真空度(PI03)等数据。

5.实验完毕,关闭泵的出口阀门,停泵。

·操作数据记录

表 2-5 数据记录表

序号	流量	入口真空度	出口压强	功率
1				
2				
3				
4				
5				
6				
7				
8				
9				
10				
11				
12				
13				
14				
15				

根据数据画出 $He\text{-}q_V$、$Pa\text{-}q_V$、ηq_V 之间的关系曲线。

技能训练 2　流体输送

· **训练目标**

掌握正确的流体输送方法，了解相应的操作原理。

(一)离心泵输送流体

1. 打开阀门 VA101、VA120 和 VA121，再关闭 VA121 启动离心泵 P103。

2. 打开阀门 VA123，调节离心泵出口阀门 VA122，观察流量 FI03 以及反应釜的液位(LAI03)变化。

3. 当 LAI03 达到一定值后，关闭离心泵，打开阀门 VA129 和 VA140，将反应釜内流体放回水槽 V101。

4. 将各阀门恢复到开车前的状态。

(二)压缩空气输送流体

1. 打开阀门 VA101、VA121、VA122、VA123、VA127 和 VA131，关闭阀门 VA137、VA124。

2. 打开阀门 VA141 和 VA144，调节减压阀 VA145，将流体输送到高位槽 V102，同时观察减压阀压力示数和高位槽液位(LAI02)的变化。

3. 当 LAI02 达到一定值时，关闭阀门 VA145、VA141 和 VA144。

4. 将各阀门恢复到开车前的状态。

(三)重力输送流体

1. 依次打开阀门 VA125 和 VA126，观察高位槽液位(LAI02)与反应釜液位(LAI03)的变化。

2. 当 LAI03 达到一定值后，关闭阀门 VA125、VA126、VA129 和 VA140，将反应釜内流体放回水罐 V101。

3. 将各阀门恢复到开车前的状态。

(四)真空抽送流体

1. 打开阀门 VA101、VA121、VA122、VA123 和 VA130，关闭阀门 VA126、VA129、VA131H 和 VA132。

2. 启动真空喷射泵观察真空缓冲罐的压力(PI09)和反应釜液位(LAI03)的变化。

3. 当 LAI03 达到一定值时，关闭真空喷射泵，打开阀门 VA131。

4. 打开阀门 VA129 和 VA140，将流体放回水罐 V101。

5. 将各阀门恢复到开车前的状态。

开车过程发生异常现象时，必须及时报告指导教师进行处理。

技能训练 3　文丘里流量计标定

• **训练目标**

了解常用流量计的构造、工作原理、主要特点，掌握流量计的标定方法；了解节流式流量计流量系数 C 随雷诺数的变化规律，流量系数 C 的确定方法。

• **操作要求**

1. 打开阀门 VA101、VA102、VA103、VA107、VA111、VA140，启动离心泵 P101，全开阀门 VA105。

2. 将涡轮流量计(FIC01)固定在某一流量，待流动稳定后记录与之相对应的文丘里流量计的压降读数。

3. 依次增大涡轮流量计的流量，重复步骤 2。

4. 实验结束后关闭离心泵，将各阀门恢复到开车前的状态。

• **操作数据记录**

表 2-6　流量记录表

序号	涡轮流量计读数	雷诺数 Re	文丘里流量计读数
1			
2			
3			
4			
5			
6			
7			
8			
9			
10			

• **数据处理**

标绘出文丘里流量计读数一流量的曲线以及流量随 Re 变化的曲线。

根据公式：

$$V_s = CA_0\sqrt{\frac{2Rg(\rho - \rho)}{\rho}} \tag{2-8}$$

式中：ρ——工作流体的密度。

ρ_0——压差计流体的密度。

A_0——开孔面积(开孔直径 25mm)。

计算出流量系数 C。

技能训练 4 流动阻力测定

• **训练目标**

学习直管摩擦阻力 h_f、直管摩擦系数 λ 的测定方法，掌握直管摩擦系数 λ 与雷诺数 Re 和相对粗糙度之间关系的测定方法及变化规律，学习压差的几种测量方法。

• **操作要求**

1. 打开阀门 VA101、VA102、VA103 和 VA138。
2. 启动离心泵 P101，全开阀门 VA105。
3. 打开阀门 VA112 和 VA113(或 VA114 和 VA115)。
4. 在大流量下进行管路排气。
5. 将涡轮流量计设定到某一数值，待流动稳定后记录下流量 FIC01 与摩擦压降 PI01(或 PI02)的读数。
6. 切换到另一条管路进行实验。
7. 关闭离心泵，将各阀门恢复至开车前的状态。

考考你：

A. 测压孔大小和位置、测压导管的粗细和长短对实验有无影响？为什么？

B. 在测量前为什么要将设备中的空气排净？怎样才能迅速排净？

C. 本实验中使用了哪些测定压差的方法？它们各有什么特点？

• **数据记录**

表 2-7 数据实验记录表

序号	流量	压降
1		
2		
3		
4		
5		
6		
7		
8		
9		
10		
11		
12		
13		
14		
15		

· **数据处理**

阻力损失 h_f 可通过对两截面间做机械能衡算求出：

$$h_f = (z_1 - z_2)g + \frac{p_1 - p_2}{\rho} + \frac{u_1^2 - u_2^3}{2} \tag{2-9}$$

对于水平等径直管，上式可以简化为：

$$h_f = \frac{p_1 - p_2}{\rho} = \frac{\Delta p}{\rho} \tag{2-10}$$

在一定流速下可以按下式求出摩擦系数 λ：

$$\lambda = h_f \times \frac{d}{l} \times \frac{2}{u^2} \tag{2-11}$$

式中：l ——直管长度，单位：m。

d ——直管内径，单位：m。

u ——流体速度，单位：m/s。

技能训练5 设备的维护与检修

· **训练目标**

掌握流体相关设备的维护与检修。

· **训练方法**

在实训设备上进行维护与检修练习。

1.泵和流量计的日常维护

(1)设备检查：①查泄漏；②查腐蚀；③查松动。

(2)日常保养：由操作人员负责，每天进行。要求：一是巡回检查设备运行状态及完好状态；二是保持设备清洁、稳固。

(3)注意防垢。

2.水槽的日常维护

(1)设备检查：①查泄漏；②查腐蚀。

(2)日常保养：由操作人员负责，每天进行。要求：保持设备清洁、稳固。

(3)注意防垢。

项目 3
过滤操作实训

众多固体颗粒堆积而成的静止的颗粒层称为“固定床”。许多化工操作都与流体通过固定床的流动有关，其中最常见的是固体悬浮液的过滤，此时可将由悬浮液中所含的固体颗粒形成的滤饼看作固定床，滤液通过颗粒之间的空隙流动。

一、实训目的

1. 学会板框压滤机的操作：装合、过滤、洗涤、卸渣、整理。
2. 学会恒压过滤常数的测定。
3. 了解压差对过滤效果的影响。
4. 了解固体颗粒性质(可压缩性、粒度)对过滤效果的影响。
5. 了解过滤介质对过滤效果的影响。

二、实训原理

(一)过滤原理

过滤是将悬浮液中的固、液两相有效地加以分离的常用方法。通过过滤操作可获得清净的液体或获得作为产品的固体颗粒。

过滤操作是利用重力或人为造成的压差使悬浮液通过某种多孔性过滤介质，从而使悬浮液中的固体颗粒被截留，滤液则穿过介质流出。

1. 过滤方式

(1)滤饼过滤　图 2-8(a)所示是简单的滤饼过滤设备示意图，过滤时悬浮液置于过滤介质的一侧。过滤介质常用多孔织物，其网孔尺寸未必一定要小于被截流的颗粒直径。在过滤操作开始阶段，会有部分颗粒进入过滤介质网孔中发生架桥现象，如图 2-8(b)所示，也有少量颗粒穿过介质而混于滤液中。随着滤渣的逐步堆积，在介质上形成了一个滤渣层，称为“滤饼”。不断增厚的滤饼才是真正有效的过滤介质，而穿过滤饼的液体则变为清净的滤液。通常，在操作开始阶段所得到滤液是浑浊的，待滤饼形成之后返回重滤。尽管有“架桥现象”，但在选用过滤介质时，仍应使 5%以上的颗粒大于过滤介质孔径，否则容易出现“穿滤”现象。

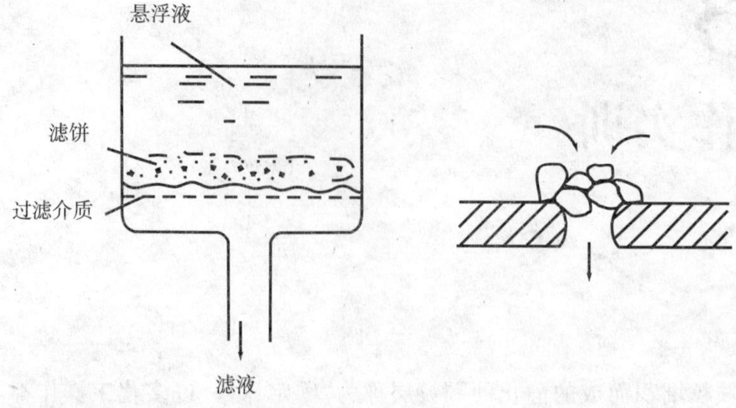

图 2-8　滤饼过滤

(2)深层过滤　图 2-9 所示是深层过滤示意图。在深层过滤中，固体颗粒并不形成滤饼而是沉积于较厚的过滤介质内部。此时，颗粒尺寸小于介质孔隙，颗粒可进入长而曲折的通道。在惯性和扩散作用下，进入通道的固体颗粒趋向通道壁面，并借静电与表面力附着其上。深层过滤常用于净化含固量很少(颗粒的体积分数小于 0.1%)的悬浮液。

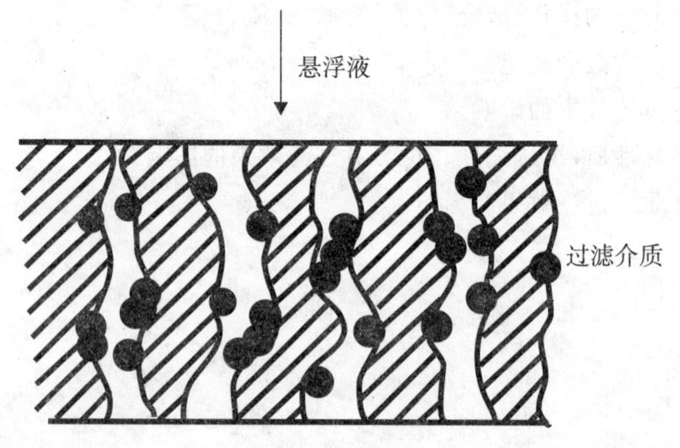

图 2-9　深层过滤

除以上 2 种过滤方式外，尚有以压差为推动力、用人工合成带均匀细孔的膜作过滤介质的膜过滤，它可分离小于 1μm 的细小颗粒。

2. 过滤介质

工业操作使用的过滤介质主要有以下几种。

(1)织物介质　有天然或合成纤维、金属丝等编织而成的滤布、滤网，织物介质是工业生产上使用最广泛的过滤介质。它具有价格便宜、清洗及更换方便等优点。视织物的编织方法和孔网的疏密程度，此类介质可截留颗粒的最小直径为 5～65μm。

(2)多孔性固体介质　此类介质包括素瓷、烧结金属(或玻璃)，或由塑料细粉黏结而成的多孔性塑料管等，能截留小于 1～3μm 的微小颗粒。

(3)堆积介质　此类介质是由各种固体颗粒(沙、木炭、石棉粉)或非编织纤维(玻璃棉等)

堆积而成，一般用于处理含固体量很少的悬浮液，如水的净化处理等。

此外，工业滤纸也可与上述介质结合，用于拦截悬浮液中少量微细颗粒。

过滤介质的选择要根据悬浮液中固体颗粒的含量及粒度范围，介质所能承受的温度以及介质的化学稳定性、机械强度等因素来考虑。

3. 滤饼的压缩性

某些悬浮液中的颗粒所形成的滤饼具有一定的刚性，滤饼的空隙结构并不因为操作压差的增大而变形，这种滤饼称为“不可压缩滤饼”。另一些滤饼在操作压差作用下会发生不同程度的变形，致使滤饼或滤布中的流动通道缩小（即滤饼中的空隙率 ε 减少），流动阻力急骤增加，这种滤饼称为“可压缩滤饼”。

为减少可压缩滤饼的流动阻力，可采用某种助滤剂以改变滤饼结构，增加滤饼刚性。另外，当所处理的悬浮液含有细微颗粒而且黏度很大时，也可采用适当助滤剂增加滤饼空隙率，减少流动阻力。

4. 滤饼的洗涤

某些过滤过程需要回收滤饼中残留的滤液或除去滤饼中的可溶性盐，则在过滤结束时用清水或其他液体通过滤饼流动，称为“洗涤”。在洗涤过程中，洗出液中的溶质浓度与洗涤时间 τ_w 的关系如图 2-10 所示。

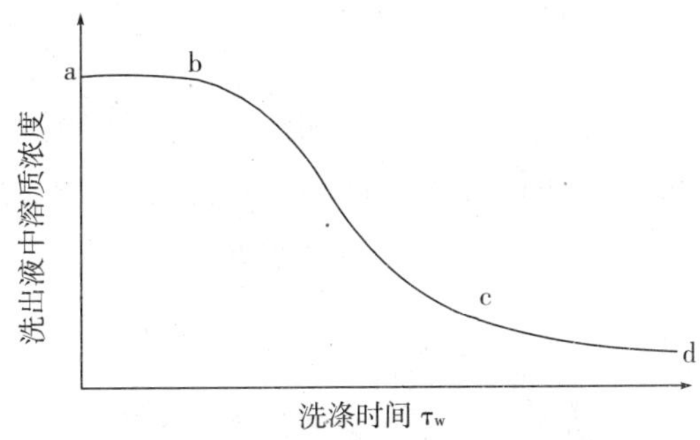

图 2-10　洗涤曲线

图中曲线的 ab 段表示洗出液基本上是滤液，它所含的溶质浓度几乎未被洗涤液所稀释。在滤渣颗粒细小、滤饼不发生开裂的理想情况下，滤饼空隙中 90% 的滤液在此阶段被洗涤液所置换，称为“置换洗涤”。此阶段所需洗涤液量约等于滤饼的全部空隙容积（εAL）。

曲线的 bc 段，洗出液中溶质浓度急骤下降。此阶段所用的洗涤液量约与前一阶段相同。

曲线的 cd 段是滤饼中的溶质逐步被洗涤液沥取带出的阶段，洗出液中溶质浓度很低。只要洗涤液用量足够，滤饼中的溶质浓度可低至所需要的程度。但若洗涤的目的旨在回收溶质，洗出液浓度过低将使回收费用增加。因此，洗涤终止时的溶质浓度应从经济角度加以确定。

图 2-10 所示的洗涤曲线、洗涤液用量和洗涤速率都应通过小型实验确定方属可靠。

5. 过滤过程的特点

液体通过过滤介质和滤饼空隙的流动是流体经过固定床流动的一种具体情况。所不同的是，过滤操作中的床层厚度（滤饼厚度）不断增加，在一定压差下，滤液通过速率随过滤时间的延长而减小，即过滤操作是一个非定态过程。但是，由于滤饼厚度的增加是比较缓慢的，过滤操作可作为拟定态处理，关于固定床压降的结果，可以用来分析过滤操作。

设过滤设备的过滤面积为A,在过滤时间为τ时所获得的滤液量为V,则过滤速率u可定义为单位时间、单位过滤面积所得的滤液量,即

$$u=\frac{dV}{Ad\tau}=\frac{dq}{d\tau} \tag{2-12}$$

式中,$q=\frac{V}{A}$为通过单位过滤面积的滤液总量,单位:m^3/m^2。

不难理解,在恒定压差下过滤,由于滤饼的增厚,过滤速率必随过滤时间的增加而降低,即u随时间τ的增加逐步趋于缓慢。对滤饼的洗涤过程,由于滤饼厚度不再增加,压差与速率的关系与固定床相同。过滤计算的目的在于确定为获得一定量的滤液(或滤饼)所需的过滤时间。

(二)过滤设备

各种生产工艺形成的悬浮液的性质有很大的差异,过滤的目的、原料的处理量也不相同。长期以来,为适应各种不同要求,出现了多种形式的过滤机,这些过滤机可按产生压差的方式不同而分成两大类。

- 压滤和吸滤　如叶滤机、板框压滤机,回转真空过滤机等。
- 离心过滤　有各种间歇卸渣和连续卸渣离心机。

1.板框压滤机

板框压滤机是一种具有较长历史但仍沿用不衰的间歇式压滤机,它由多块带棱槽面的滤板和滤框交替排列组装于机架所构成,如图 2-11 所示。滤板和滤框的个数在机座长度范围内可自行调节,一般为 10～60 块不等,过滤面积为 2～80m^2。

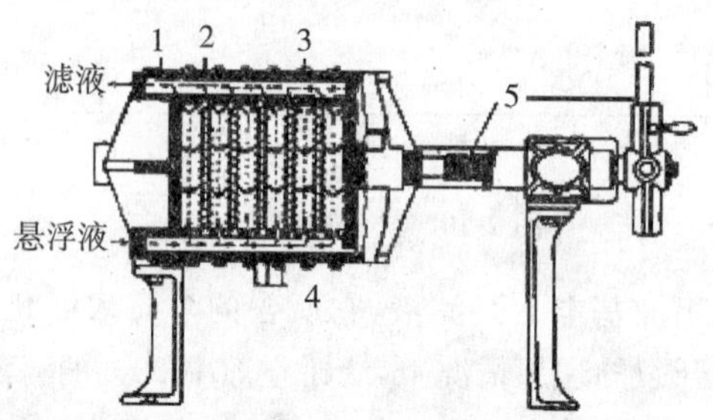

1-固定头；2-滤板；3-滤框；4-滤布；5-压紧装置

图 2-11　板框压滤机

滤板和滤框的构造如图 2-12 所示。板和框的四角开有圆孔,组装叠合后即分别构成供滤浆、滤液、洗涤液进出的通道。操作开始前,先将四角开孔的滤布盖于板和框的交界面上,借手动、电动或液压传动使螺旋杆转动压紧板和框。悬浮液从通道 1 进入滤框,滤液穿过框两边的滤布,从每一滤板的左下角经通道 3 排出机外。待框内充满滤饼,即停止过滤。此时可根据需要,决定是否对滤饼进行洗涤,可进行洗涤的板框压滤机(可洗式板框压滤机)的滤板有 2 种结构:洗涤板与非洗涤板,两者应交替排列。洗涤液由通道 2 进入洗涤板的两侧,穿过整块框内的滤饼,在非洗涤板的表面汇集,由右下角小孔流入通道 4 排出,如图2-12所示。洗涤完毕后,

即停车松开螺旋，卸除滤饼，洗涤滤布，为下一次过滤做好准备。

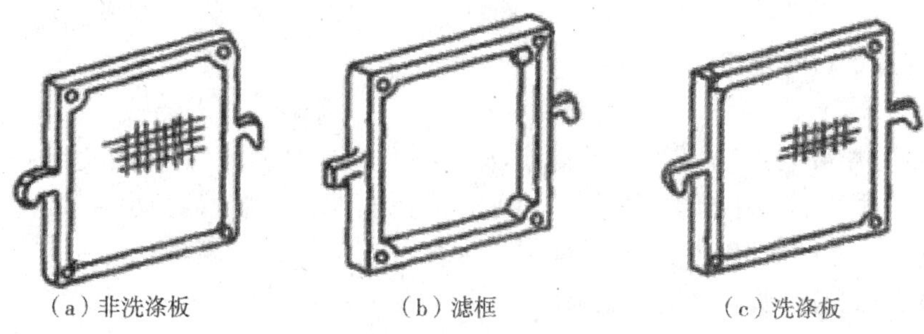

图 2-12 滤板和滤框

板框压滤机主要用于过滤含固量多的悬浮液，其优点是结构紧凑、过滤面积大。由于它可承受较高的压差，其操作压强一般为 0.3～1.0MPa，因此可用以过滤细小颗粒或液体黏度较高的物料。它的缺点是装卸、清洗时大部分要借手工操作，劳动强度较大。近代各种自动操作板框压滤机的出现，使这一缺点在一定程度上得到克服。

2. 离心机

离心过滤是借旋转液体产生的径向压差作为过滤的推动力。离心过滤在各种间歇或连续操作的离心过滤机中进行。间歇式离心机中又有人工及自动卸料之分。

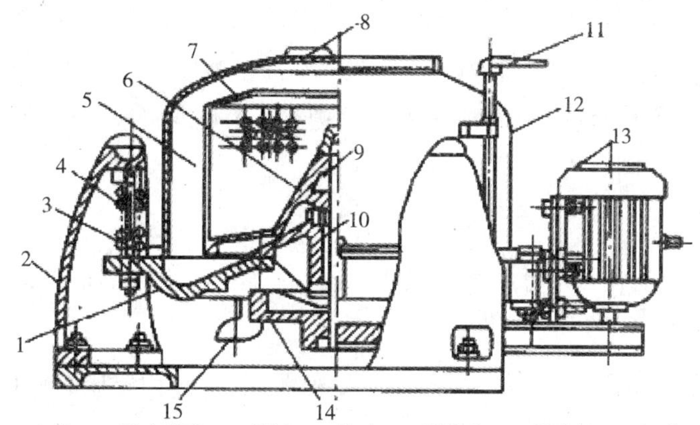

1-地盘；2-支柱；3-缓冲弹簧；4-摆杆；5-鼓壁；6-转鼓底；7-拦液板；8-机盖；9-主轴；10-轴承座；11-制动器手柄；12-外壳；13-电动机；14-制动轮；15-滤液出口

图 2-13 三足式离心机示意图

三足式离心机是一种常用的人工卸料的间歇式离心机，图 2-13 所示为其结构示意图。离心机的主要部件是篮式转鼓，壁面钻有许多小孔，内壁衬有金属丝网及滤布。整个机座和外罩借三根拉杆弹簧悬挂于三足支柱上，以减轻运转时的振动。料液加入转鼓后，滤液穿过转鼓于机座下部排出，滤渣沉积于转鼓内壁，待一批料液过滤完毕，或转鼓内的滤渣量达到设备允许的最大值时，可停止加料并继续运转一段时间以沥干滤液。必要时，也可于滤饼表面洒上清水进行洗涤，然后停车卸料，清洗设备。

三足式离心机的转鼓直径一般较大，转速不高（$<2000r/min$），过滤面积为 $0.6 \sim 2.7m^2$。它与其他形式的离心机相比，具有构造简单、运转周期可灵活掌握等优点，一般可用于间歇生产过程中的小批量物料的处理，尤其适用于各种盐类结晶的过滤和脱水，晶体较少受到破损。它的缺点是卸料时的劳动条件较差，转动部件位于机座下部，检修不方便。

(三)过滤过程计算

1.过滤过程的数学描述

(1)物料衡算

对指定的悬浮液,要获得一定量的滤液,必形成相对应量的滤饼,其间关系取决于悬浮液中的含固量,并可由物料衡算方法求出。通常表示悬浮液含固量的方法有2种,即质量分数ω(kg固体/kg悬浮液)和体积分数φ(m^3固体/m^3悬浮液)。对颗粒在液体中不发生溶胀的物系,按体积加和原则,两者的关系为

$$\varphi = \frac{\omega/\rho_p}{\omega/\rho_p + (1-\omega)\rho} \tag{2-13}$$

式2-13中,ρ_p、ρ分别为固体颗粒和滤液的密度。

物料衡算时,可对总量和固体物料列出两个衡算式

$$V_{悬} = V + LA \tag{2-14}$$

$$V_{悬} = LA(1-\varepsilon) \tag{2-15}$$

式2-14,2-15中,$V_{悬}$为获得滤液量V并形成厚度为L的滤饼时所消耗的悬浮液总量;ε为滤饼空隙率;A为过滤面积。由上两式不难导出滤饼厚度L为

$$L = \frac{\varphi}{1-\varepsilon-\varphi}q \tag{2-16}$$

式2-16表明,在过滤时若滤饼空隙率ε不变,则滤饼厚度L与单位面积累计滤液量q成正比。一般悬浮液中颗粒的体积分数φ较滤饼空隙率ε小得多,分母中φ值可以略去,则有

$$L = \frac{\varphi}{1-\varepsilon} \tag{2-17}$$

(2)过滤速率

过滤操作所涉及的颗粒尺寸一般都很小,液体在滤饼空隙中的流动多处于康采尼公式适用的低雷诺数范围内。

由过滤速率的定义式(2-12)可知,$\frac{dq}{d\tau}$即为某瞬时流体经过固定床的表观速率u。由康采尼公式可得

$$u = \frac{dq}{d\tau} = \frac{\varepsilon^3}{(1-\varepsilon)^2 a^2} \times \frac{1}{K'\mu} \times \frac{\Delta P}{L} \tag{2-18}$$

令

$$r = \frac{K'a^2(1-\varepsilon)}{\varepsilon^3}$$

则

$$\frac{dq}{d\tau} = \frac{\Delta P}{r\phi\mu q} \tag{2-19}$$

式中ΔP为滤饼层两边的压差,单位:Pa;μ为滤液的黏度,单位:Pa·s。

上式中的分子ΔP是施加于滤饼两端的压差,可看作过滤操作的推动力,而分母($r\phi\mu q$)可视为滤饼对过滤操作造成的阻力,故该式也可写成

$$过滤速率 = 过程的推动力 / 过程的阻力 \tag{2-20}$$

以上述方式表示过滤速率，其优点在于同电路中的欧姆定律具有相同的形式，在串联过程中的推动力及阻力分别具有加和性。

图 2-14 表示过滤操作中的推动力和阻力的情况。滤液通过过滤介质同样具有阻力，过滤介质阻力的大小可视为通过单位过滤面积获得某当量滤液量 q_e 所形成的虚拟滤饼层的阻力。设 Δp_1 、Δp_2 分别为滤饼两侧和过滤介质两侧的压强差，则根据式(2-19)可分别写出滤液经过滤饼与经过过滤介质的速率式

$$\frac{dq}{d\tau}=\frac{\Delta P_1}{r\phi\mu q} \text{及} \frac{dq}{d\tau}=\frac{\Delta P_2}{r\phi\mu q_e}$$

将以上两式的推动力和阻力分别加和可得：

$$\frac{dq}{d\tau}=\frac{\Delta P_1+\Delta P_2}{r\phi\mu(q+q_e)}=\frac{\Delta P}{r\phi\mu(q+q_e)} \quad (2\text{-}21)$$

式中 $\Delta P=\Delta P_1+\Delta P_2$ ，为过滤操作的总压差。

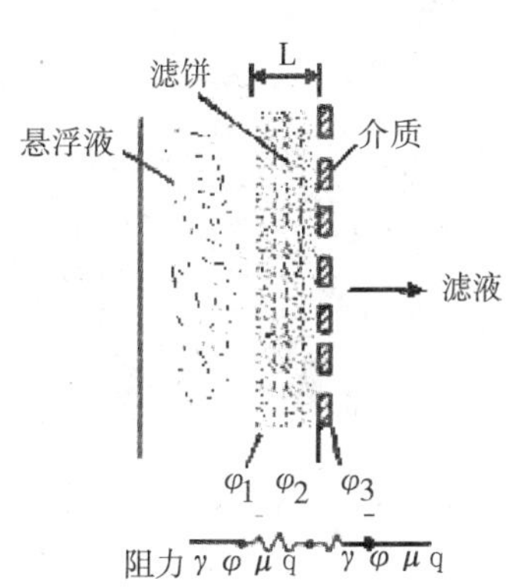

图 2-14　过程操作的推动力和阻力

由式 2-21 可知，影响过滤速率的物性参数甚多，包括悬浮液的性质(φ、μ 等)及滤饼特性(空袭率ε、比表面积 a 等)以 r 表示。为计算过滤速率应先获取这些参数。但是，这些参数在一般恒压过滤操作中保持恒定。为解决某一具体工程问题，与其测定众多物理参数，不如将其归并成一常数，即令

$$K=\frac{2\Delta P}{r\phi\mu} \quad (2\text{-}22)$$

并用指定的试验物系，直接用实验测定更为方便。这种方法称为“参数归并法”。

由式(2-21)可得

$$\frac{dq}{d\tau}=\frac{K}{2(q+q_e)} \quad (2\text{-}23)$$

或

$$\frac{dV}{d\tau}=\frac{KA^2}{2(V+V_e)} \quad (2\text{-}24)$$

式中，$V_e=Aqe$ 为形成与过滤介质阻力相等的滤饼层所得的滤液量，单位：m^3 。

式(2-23) 称为“过滤速率基本方程”。它表示某一瞬时的过滤速率与物系性质、操作压差及该时刻以前的累计滤液量之间的关系，同时亦表明了过滤介质阻力的影响。由式(2-22) 可知，K 值与悬浮液的性质及操作压差 ΔP 有关，显然，对指定的悬浮液，只有当操作压差不变时 K 值才是常数。常数 r 反映了滤饼的特性，称为“滤饼的比阻”。由定义可知，比阻 r 表示滤饼结构对过滤速率的影响，其数值大小可反映过滤操作的难易程度。不可压缩滤饼的比阻 r 仅取决于悬浮液的物理性质；可压缩滤饼的比阻 r 则随操作压差的增加而加大，一般服从如下的经验关系

$$r=r_0\Delta P^s \quad (2\text{-}25)$$

式中，r_0 、s 均为实验常数，s 称为“压缩指数”。对于不可压缩滤饼，$s=0$；可压缩滤饼的压缩指数 s 为 0.2 ~ 0.8。

2. 间歇过滤的滤液量与过滤时间的关系

将式(2-23)积分，可求出过滤时间 τ 与累计滤液量 q 之间的关系。但是，过滤可采用不

同的操作方式进行，滤饼的性质也不一样（可压缩或不可压缩），故此式积分须视具体情况进行。

过滤过程的典型操作方式有 2 种：一是在恒压差、变速率的条件下进行，称为“恒压过滤”；二是在恒速率、变压差的条件下进行，称为“恒速过滤”。有时，为避免过滤初期因压差过高而引起滤布堵塞和破损，可先采用较小的压差，然后逐步将压差提高至恒定值。

(1)恒速过滤方程

用隔膜泵将悬浮液打入过滤机是一种典型的恒速过滤。此时，过滤速率为一常数，由式(2-23)可得

$$\frac{\mathrm{d}V}{\mathrm{d}\tau}=\frac{K}{2(q+q_e)}=\text{常数}$$

即

$$\frac{q}{\tau}=\frac{K}{2(q+q_e)}$$

$$q^2+qq_e=\frac{K}{2}\tau \tag{2-26}$$

或

$$V^2+VV_e=\frac{K}{2}A^2\tau \tag{2-27}$$

式(2-26)、式(2-27)为恒速过滤方程

(2)恒压过滤方程

在恒定压差下，K 为常数。若过滤一开始就是在恒压条件下操作，由式(12)可得

$$\int_{q=0}^{q=q}(q+q_e)\mathrm{d}q=\frac{K}{2}\int_{\tau=0}^{\tau=\tau}\mathrm{d}\tau$$

$$q^2+2qq_e=K\tau \tag{2-28}$$

或

$$V^2+2VV_E=KA^2\tau \tag{2-29}$$

此两式表示了恒压条件下过滤时累计滤液量 q(或 V) 与过滤时间 τ 的关系，称为“恒压过滤方程”。

若在压差达到恒定之前，已在其他条件下过滤了一段时间 τ_1 并获得滤液量 q_1，由式(3-12) 可得

$$\int_{q=q_1}^{q=q}(q+q_e)\mathrm{d}q=\frac{K}{2}\int_{\tau=\tau_1}^{\tau=\tau}\mathrm{d}\tau$$

$$(q^2-q_1^2+2q_e(q-q_1)=K(\tau-\tau_1) \tag{2-30}$$

或

$$(V^2-V_1^2)+2V_e(V-V_1)=KA^2(\tau-\tau_1) \tag{2-31}$$

(3)过滤常数的测定

恒压过滤方程及恒速过滤方程中均包含过滤常数 K、q_e。过滤常数的测定是用同一悬浮液在小型设备中进行的。

实验在恒压条件下进行，此时式(2-28)可写成

$$\frac{\tau}{q}=\frac{1}{K}q+\frac{2}{K}q_e \tag{2-32}$$

此式表明，在恒压过滤时 τ/q 与 q 之间具有线性关系，直线的斜率为 $1/K$，截距为 $2qe/K$。在不同的过滤时间 τ，记取单位过滤面积所得的滤液量 q，可以根据式(2-32)求得过滤常数 K 和 q_e。

式(2-32)仅对过滤一开始就是恒压操作有效。若在恒压过滤之前的 τ_1 时间内单位过滤面积已得滤液 q_1，可将式(2-30)改写成

$$\frac{\tau-\tau_1}{q-q_1}=\frac{1}{K}(q-q_1)+\frac{2}{K}(q_e+q_1) \tag{3-33}$$

显然，$\dfrac{\tau-\tau_1}{q-q_1}$ 与 $q-q_1$ 之间具有线性关系，同样可求出常数 q_e 及恒压操作的 K 值。必须注意，因 $K=\dfrac{2\Delta P}{r\mu\phi}$ 的值与操作压差有关，故只有在试验条件与工业生产条件相同时才可直接使用试验测定的结果。实际上这一限制并非必要，如能在几个不同的压差下重复上述实验，从而求出比阻 r 与压差 ΔP 的关系，则实验数据将具有更广泛的使用价值。

三、装置流程图

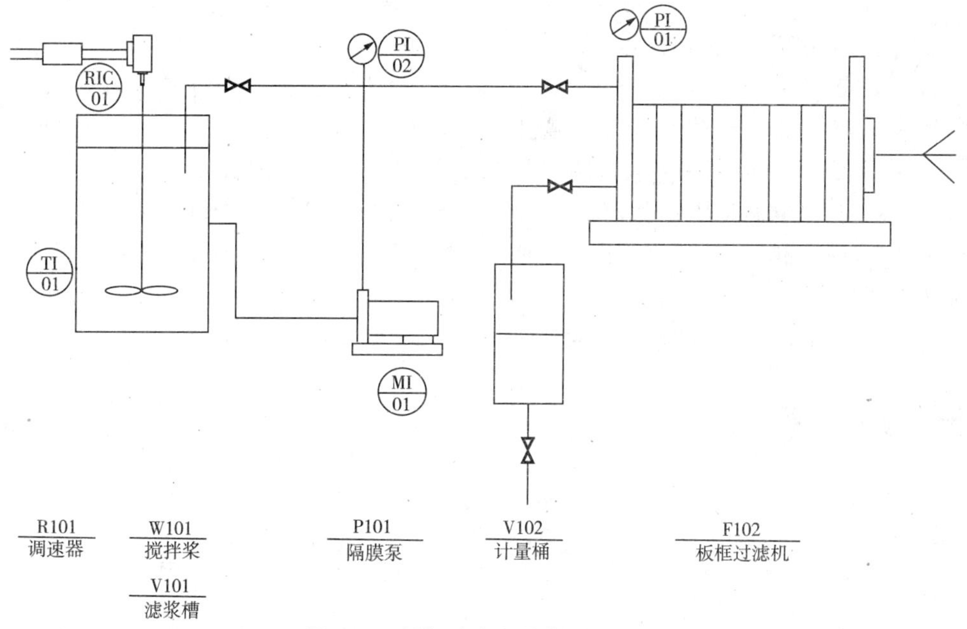

图 2-15　板框过滤实训装置流程图

四、技能训练步骤

- **训练目标**

掌握正确的开车操作步骤，了解相应的操作原理。

- **训练方法**

在实训设备上按照下述内容及步骤进行操作练习。

(一)开车前的准备工作

1.了解各种过滤器的基本原理。

2.熟悉板框压滤机和离心分离机实训装置及主要设备。

3.检查公用工程(水、电)是否处于正常供应状态。

4.检查流程中各阀门是否处于正常开车状态。

5.滤浆配制:将$CaCO_3$或$BaSO_4$粉体(质量分数3%~5%)投入配料桶后启动搅拌装置,使之混合均匀。

6.设备上电,动设备试车。

(二)板框压滤机实训操作

1.系统接上电源,打开搅拌器电源开关,启动电动搅拌器。将滤浆槽内浆液搅拌均匀。

2.板框过滤机板、框排列顺序为:固定头—非洗涤板—框—洗涤板—框—非洗涤板—可动头。用压紧装置压紧后待用。过滤板与框之间的密封垫应注意放正,过滤板与框的滤液进出口对齐。用摇柄把过滤设备压紧,以免漏液。

3.使阀门VA101和VA102处于全开。启动气动隔膜泵,调节阀门VA101,使压力表PI01达到规定值;若长时间无法达到规定值,则调节气动隔膜泵的压缩空气进口压力。

4.待压力表PI01稳定后,打开过滤出口阀VA103开始过滤。当计量桶内见到第一滴液体时按表计时。记录滤液每增加高度10mm时所用的时间。当计量桶读数为200~300mm时停止计时,并立即关闭入口阀VA102。

5.打开阀门VA101,使压力表PI01指示值下降。开启压紧装置,卸下过滤框内的滤饼并放回滤浆槽内,将滤布清洗干净。放出计量桶内的滤液并倒回槽内,以保证滤浆浓度恒定。

6.改变压力,从步骤2开始重复上述实验。

7.每组实验结束后应用洗水管路对滤饼进行洗涤,测定洗涤时间和洗水量。

五、数据记录

表2-8 实训数据记录

序号	时间(s)	液位(mm)	体积(m^3)	压力(MPa)
1				
2				
3				
4				
5				
6				
7				
8				
9				
10				
11				

项目 4
传热装置操作实训

传热,即热量传递,是自然界和工程技术领域中极普遍的一种传递过程。热力学第二定律指出,凡是有温度差存在的地方,就必然有热量传递,故几乎所有工业部门,如化工、能源、冶金、机械、建筑等都会涉及很多传热问题。

化工生产中很多过程和单元操作,都需要进行加热或冷却,例如,化学反应通常都是在一定温度下进行的,为此就需要向反应器输入或移出热量以使其达到并保持一定的温度;化工设备的保温,生产过程中热能的合理应用以及废热的回收等都涉及传热问题。所以,化工生产中对传热过程的要求主要有以下 2 种情况:一是强化过程传热,如各种换热设备中的传热;二是削弱传热过程,如对设备和管道的保温,以减少损失。

一、实训目的

1. 认识传热设备结构。
2. 认识传热装置流程及仪表。
3. 掌握传热装置的运行操作技能。
4. 学会常见异常现象的判别及处理方法。

二、实训原理

(一)传热的基本方式

根据传热机理的不同,热量传递有 3 种基本方式:热传导、对流传热和辐射传热,但根据具体情况,热量传递可以以其中一种方式进行,也可以以 2 种或 3 种方式同时进行。在无外功输入时,静的热流方向总是由高温处向低温处流动。

1. 热传导

热量不依靠宏观混合运动而从物体中的高温区向低温区移动的过程叫"热传导",又称"导热"。热传导在固体、液体和气体中都可以发生。

2. 对流传热

对流传热是由流体内部各部分质点发生宏观运动而引起的热量传递过程,因而对流传热只能发生在有流体流动的场合,在化工生产中经常遇到的对流传热有热能由流体传到固体壁面或由固体壁面传入周围流体 2 种。对流传热可以由强制对流引起,亦可以由自然对流引起,前者是将外力(泵或搅拌器)施加于流体上,从而使流体微团发生运动,而后者则是由于流体内部存在温度差,并形成了流体的密度差,从而使微团在固体壁面与其附近流体之间产生上下方向的循环流动。

3.辐射传热

因热而产生的电磁波在空间的传递称为“热辐射”。热辐射与热传导和对流传热的最大的区别就在于它可以在完全真空的地方传递而无需任何介质。

工业上经常遇到的是两流体间的换热问题。换热器是化工生产传热过程中最常用的设备之一,图 2-16 所示为简单套管式换热器,它是由直径不同的两根管子同心套在一起组成的,冷热流体分别流经内管和环隙,而进行热的传递。在管壳式换热器中,一种流体在管内流动(管程流体),而另一种流体在壳与管束之间从管外表面流过(壳程流体)。为了保证壳程流体能够横向流过管束,以形成较高的传热速率,在外壳上装有许多挡板。视换热器端部结构的不同,可采用一个或多个管程。若管程流体在管束内只流过一次,则称为“单程管壳式换热器”。

一般是通过热传导和热对流等方式来实现的,传热的快慢用传热速率来表示。传热速率 Q 是指单位时间内通过传热面的热量,其单位为 W。热通量则是指单位面积的传热速率,其单位为 W/m^2。由于换热器的传热面积可以用圆管的内表面积、外表面积或平均表面积表示,因此相应的热通量的数值各不相同,计算时应标明选择的基准面积。

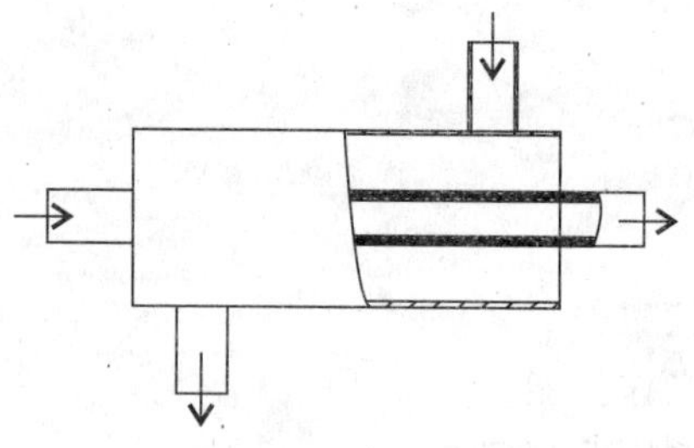

图 2-16 套管式换热器

(二)实验原理

1.对流传热速率方程

根据传递过程普遍关系,壁面与流体间的对流传热速率应该等于推动力和阻力之比,即

对流传热速率 = 对流传热推动力 / 对流传热阻力 = 系数 × 推动力

若以流体和壁面间的对流传热为例,对流传热速率方程可以表示为

$$dQ = \frac{t - t_W}{\frac{1}{\alpha dS}}\alpha = (t - t_w)dS$$

式中,dQ——局部对流传热速率,单位:W。

dS——微分传热面积,单位:m^2。

t——换热器的任一截面上热流体的平均温度,单位:℃。

t_w——换热器的任一截面上与热流体相接触一侧的壁面温度,单位:℃。

α——比例系数，又称局部对流传热系数，单位：W/(m^2℃)。

2. 对流传热系数 α_i 的测定

对流传热系数 α_i 可以根据牛顿冷却定律，用实验来测定

$$\alpha_i = \frac{Q_i}{\Delta t_{mi} \times S_i}$$

式中：α_i ——管内流体对流传热系数，单位：W/(m^2℃)。

Q_i ——管内对流传热速率，单位：W。

S_i ——管内换热面积，单位：m^2。

Δt_{mi} ——平均温差，单位：℃。

平均温差由下式确定

$$\Delta t_{mi} = t_W - \left(\frac{t_{t_1} + t_{t_2}}{2}\right)$$

式中：t_{i_1}，t_{i_2} ——冷流体的入口、出口温度，单位：℃。

t_w ——壁面平均温度，单位：℃。

管内换热面积可由下式计算

$$S_i = \pi \cdot d_i \cdot L_i$$

式中：d_i ——传热管管内径，单位：m。

L_i ——传热管测量段的实际长度，单位：m。

由热量衡算式

$$Q_i = q_{m,i} c_{pi} (t_{i_1} - t_{i_1})$$

其中质量流量由下式求得

$$q_{m,i} = q_{v,i} \times \rho_i$$

式中：$q_{v,i}$ ——冷流体在套管内的平均体积流量，单位：m^3/ h。

$q_{m,i}$ ——冷流体在套管内的平均质量流量，单位：kg / h。

c_{pi} ——冷流体的定压比热容，单位：kJ / (kg · ℃)。

ρ_i ——冷流体的密度，单位：kg /m^3。

c_{pi} 和 ρ_i 可根据定性温度 t_m 查得($t_m = \frac{t_{i1} + t_{i2}}{2}$ 为冷流体进出口平均温度)。

3. 对流传热系数准数关联式的实验确定

流体在管内作强制湍流时，处于被加热状态，准数关联式的形式为

$$N\mu_i = ARe_i^m Pr_i^n$$

$$N\mu_i = \frac{\alpha_i d_i}{\lambda_i}$$

其中

$$Re_i = \frac{\mu_i d_i p_i}{\mu_i}$$

$$PR_i = \frac{c_{pi}\mu_i}{\lambda_i}$$

物性数据 λ_i、c_{pi}、ρ_i、μ_i 可根据定性温度 t_m 查得。对于管内被加热的空气，则关联式的形式简化为

$$N\mu_i = ARe_i^m Pr_i^{0.4}$$

这样通过实验确定不同流量下的 Re_i 与 $N\mu_i$，然后用线性回归方法确定 A 和 m 的值。

三、装置认识

·认识目标

熟悉装置流程、主体设备及其名称、各类测量仪表的作用及名称。

·认识方法

现场认知、老师指导。

1.装置流程

传热操作实训装置如图 2-17 所示。

2.主体设备

根据对装置的认识，在表 2-9 中填写相关内容。

表 2-9　换热设备的结构认识

位号	名称	用途	类型
	蒸汽分配器		
	换热器		
	漩涡气泵		

3.测量仪表

根据对流程的认识，在表 2-10 填写相关内容。

表 2-10　测量仪表认识

<table>
<tr><td>介质</td><td colspan="8">仪 表</td></tr>
<tr><td rowspan="4">空气</td><td rowspan="2"></td><td colspan="5">温度测量</td><td rowspan="2">压力测量</td><td rowspan="2">流量测量</td></tr>
<tr><td>A 进口</td><td>A 出口</td><td>B 进口</td><td>B 出口</td><td>总管</td></tr>
<tr><td>位号</td><td></td><td></td><td></td><td></td><td></td><td></td><td></td></tr>
<tr><td>单位</td><td></td><td></td><td></td><td></td><td></td><td></td><td></td></tr>
<tr><td rowspan="3">水蒸气</td><td></td><td colspan="5">温度测量</td><td>压力测量</td><td>流量测量</td></tr>
<tr><td>位号</td><td colspan="5"></td><td></td><td></td></tr>
<tr><td>单位</td><td colspan="5"></td><td></td><td></td></tr>
</table>

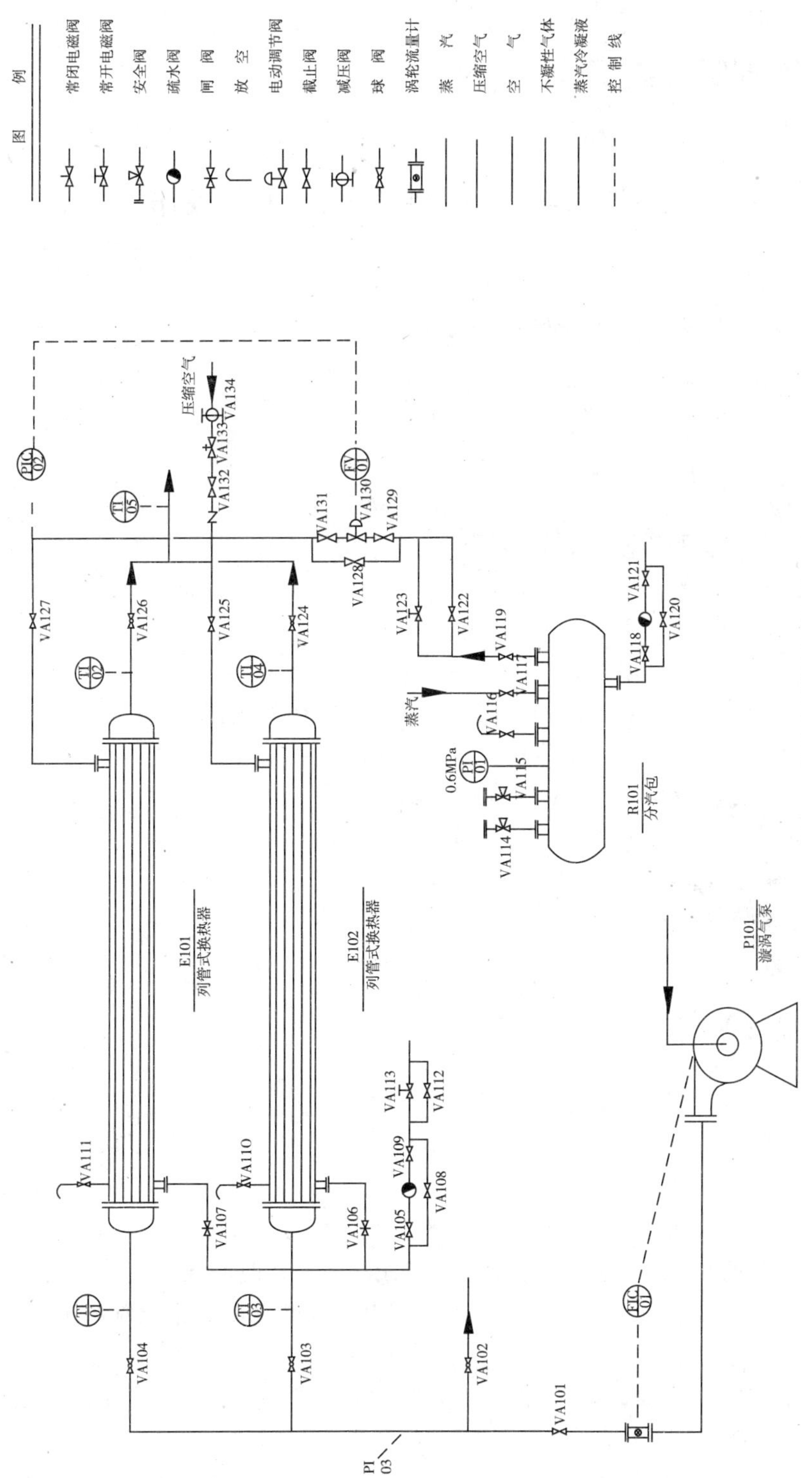

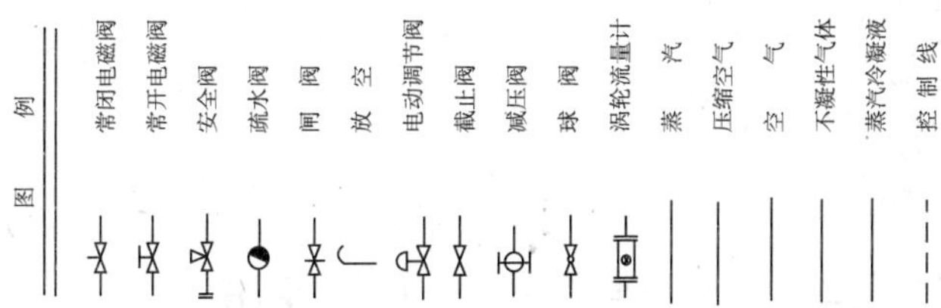

图2-17　传热实训装置流程图

四、技能训练步骤

技能训练1 传热装置的开车操作

·训练目标

掌握正确的开车操作步骤，了解相应的操作原理。

·训练方法

在实训设备上按照下述内容及步骤进行操作练习。

(一)开车前的准备工作

1.了解列管式换热器传热的基本原理。

2.熟悉空气—水蒸气传热实训工艺流程、实训装置及主要设备。

3.检查公用工程(水蒸气、电)是否处于正常供应状态。

4.检查流程中各阀门是否处于正常开车状态：关闭阀门——VA103、VA104、VA108、VA110、VA111、VA112、VA115、VA116、VA117、VA119、VA120、VA124、VA125、VA126、VA127、VA128；全开阀门—— VA101、VA102、VA105、VA106、VA107、VA109、VA118、VA121、VA122、VA129、VA131、VA132。

5.设备上电，检查各仪表状态是否正常，动设备试车。

6.了解本实训所用蒸汽、空气和压缩空气的来源。

7.按照要求制定操作方案。

发现异常情况，必须及时报告指导教师进行处理。

(二)正常开车

1.空气：本实训所用空气由旋涡气泵P101提供

(1)启动仪表柜总电源。将空气流量显示与控制仪表(FIC03)设定在50～90m³/h之间的某一数值，空气流量通过涡轮流量计测量，空气流量显示与控制仪表输出控制值传给旋涡气泵电源变频器，使其输出适宜的电源频率来调节旋涡气泵的转速，从而控制空气流量。

(2)启动旋涡气泵P101，空气由旋涡气泵吹出(如果长时间无法达到设定值，可适当减小阀门VA102的开度)，空气压力由压力表PI03显示，空气由支路控制阀进入列管式换热器E101A或E101B。

① 换热器E101A：打开阀门VA104和VA126，空气通过入口阀门VA104进入列管式换热器E101A的管程，与壳程蒸汽呈逆流流动，通过出口阀门VA126排出。空气入口温度由温度显示仪TI01显示，出口温度由温度显示仪TI02显示。通过换热，空气温度升高。

②换热器E101B：打开阀门V1A03和VA124，空气通过入口阀门VA103进入列管式换热器E101B的管程，与壳程蒸汽呈逆流流动，通过出口阀门VA124排出。空气入口温度由温度显示仪TI03显示，出口温度由温度显示仪TI04显示。通过换热，空气温度升高。

2. 蒸汽:本实训所用蒸汽由外部蒸汽管网供给,蒸汽压力为 0.4MPa

(1)缓慢打开蒸汽分配器上的蒸汽总管进汽阀门 VA117,使水蒸气进入蒸汽分配器 R101。注意观察压力表 PI01,当其稳定在指定值(表压 0.2MPa)后,标志着蒸汽可用于实训。

(2)蒸汽通过支路控制阀进入列管式换热器 E101A 或 E101B。蒸汽流量由 FV01 控制,蒸汽压力由 PIC02 显示与控制(50～100kPa)。

① 换热器 E101A:依次打开阀门 VA119、VA127、VA111,蒸汽通过入口阀门 VA127 进入列管式换热器 E101A 的壳程,与管程空气呈逆流流动。通入蒸汽 2min 后,关闭阀门 VA111。通过换热,蒸汽变为冷凝水,从换热器的另一端通过出口阀门 VA107、VA105、VA109、VA113 和疏水器排出。

②换热器 E101B:依次打开阀门 VA119、VA125、VA110,蒸汽通过入口阀门 VA125 进入列管式换热器 E101B 的壳程,与管程空气呈逆流流动。通入蒸汽 2min 后,关闭阀门 VA110。通过换热,蒸汽变为冷凝水,从换热器的另一端通过出口阀门 VA106、VA105、VA109、VA113 和疏水器排出。

注意:正常操作中,只能有一个换热器处于工作状态。开车过程发生异常现象时,必须及时报告指导教师进行处理。

考考你:

A. 如何判断不凝气已排放干净?什么时候可以关闭不凝气放空阀?

B. 是否可以先送入水蒸气,再送入空气?为什么?

C. 根据理论知识判断:在开车时,有可能造成热膨胀的错误操作是什么?热膨胀会产生哪些危害?

技能训练 2 正常操作

• **训练目标**

熟悉换热器在正常工作状态下的常规检查内容,掌握换热器正常运行时的工艺指标及相互影响关系,掌握调节工艺参数和控制换热过程稳定的方法。

• **训练方法**

根据传热过程中的各项工艺指标,判断操作过程是否运行正常;改变某项工艺指标,观察其他参数的变化情况,并分析变化的原因。

(一)操作要求

1. 经常检查空气的流量是否在正常范围内。

2. 经常检查水蒸气和空气的压力变化,尤其是水蒸气的压力变化,避免出现因压力变化而造成的温度变化,还应避免水蒸气压力过高造成的危险。出现异常现象要及时查明原因,排除故障。

3. 经常检查或定期测定水蒸气和空气进出口温度的变化,每 5min 记录一次数据。

4. 在操作过程中,应定时排除不凝性气体和冷凝液。

5.定时检查换热器有无渗漏,有无振动现象,注意及时排除异常现象。

6.当换热过程稳定20min后,准备停车。

技能训练3 停车操作

• **训练目标**

掌握正确的停车步骤,了解每一步的操作原理及操作要求。

• **训练方法**

按照下述操作步骤进行操作练习。

(一)操作要求

1.关闭蒸汽分配器上的蒸汽总管进汽阀门VA117。

2.待蒸汽分配器R101的放空口VA116没有蒸汽逸出后,关闭换热器蒸汽入口阀门VA119、VA127或VA125。

3.等空气出口温度降至40℃后,关旋涡气泵电源。

4.关闭换热器空气入口阀门VA103或VA104。

5.关闭换热器空气出口阀门VA124或VA126。

6.关闭总电源。

7.检查停车后各设备、阀门、蒸汽分配器的状态。

(二)操作数据记录

表2-11 换热器正常操作记录

(Ⅰ)日期: 年 月 日(星期) 时 分至 时 分							
(Ⅱ)操作人员名单:							
(Ⅲ)实训任务:换热器正常运行操作							
(Ⅳ)设备代号:( )换热器; 设备编号:第( )套							
介质 / 时间	蒸汽		空气				
	压力 kPa (PI01)	压力 kPa (PIC02)	压力 kPa (PI03)	流量 m^3/h (FIC01)	进口温度 ℃ (TI01)	出口温度 ℃ (TI02)	出口总管温度 ℃ (TI05)

(三)数据处理

当操作稳定后,任取两组数据进行如下处理。

表 2-12 数据处理

时间	空气					水蒸气		
	$t_{定}$ ℃	ρ kg/m³	Cp kJ/(kg·℃)	t_2-t_1 ℃	Qc KW	T_C ℃	r kJ/kg	qmh kg/s

注:换热器内管子的尺寸为 ϕ20mm×1mm,管子长度为 1.2m,换热器内有 7 根管子。

技能训练4 异常现象及处理方法

• **训练目标**

了解运行过程中常见的异常现象及处理方法。

• **训练方法**

针对运行过程中出现的不正常现象,如流量、压力或温度不稳等,进行讨论,提出解决的方法,并通过实际操作排除这些现象。

(一)换热设备的常见异常现象及处理方法

1.空气出口温度突然升高

造成空气出口温度突然升高的原因主要有空气流量下降、换热器蒸汽压力升高、空气入口温度升高和加热蒸汽漏入空气。

首先,检查空气流量、空气入口温度和换热器蒸汽压力的示值。

(1)如空气入口温度、蒸汽压力和空气流量的示值正常,则进行换热器的切换,并通知维修工进行换热器的检修。

(2)如蒸汽压力和空气流量的示值正常而空气入口温度升高,则将蒸汽压力下调,观测空气出口温度,至回到正常值停止调节。

(3)如蒸汽压力和空气入口温度的示值正常而空气流量下降,则将空气流量调回原值,观测空气出口温度是否回到正常值。

(4)如空气流量和空气入口温度的示值正常而蒸汽压力上升,则可能是蒸汽分配器至换热器管路上的电动调节阀发生故障无法关小,或蒸汽分配器压力过大而导致电动调节阀调节不过来造成的。首先要检查蒸汽分配器的蒸汽压力,如压力过大则关小蒸汽入口阀门 VA117,看换热器蒸汽压力是否回到正常值,如蒸汽分配器压力正常而换热器蒸汽压力无法回到正常值,则减小蒸汽分配器至换热器管路上的阀门 VA119 开度,使蒸汽压力调回至正常值,同时向指导教师报告电动调节阀故障。

待操作稳定后，记录实训数据；继续进行其他实训。

2. 空气出口温度变低

造成空气出口温度变低的原因主要有空气流量升高、换热器蒸汽压力下降、空气入口温度下降、换热器中冷凝液未及时排除、换热器中存在不凝气和换热器传热性能的下降（如污垢热阻增加）。

首先检查空气流量、空气入口温度和换热器蒸汽压力的示值。

(1)如空气入口温度、蒸汽压力和空气流量的示值正常，则：①打开换热器上的不凝气排空阀 VA110 或 VA1112～3min；排除不凝气后，观测空气出口温度是否回到正常值；②如空气出口温度依然偏低，检查冷凝水排除管路上的阀门的状态是否正确，如正确可初步判断为电磁阀损坏，可以打开与其并联的阀 VA112，将冷凝水排除，观察疏水器是否有冷凝水排除，如无冷凝水排除，可打开与疏水器并联的阀 VA108 少许，观测是否有冷凝水排除，观测冷凝水排除后，观测空气出口温度是否回到正常值；③如上述操作还无法使空气出口温度正常，则进行换热器的切换，并通知维修工进行换热器的检修。

(2)如蒸汽压力和空气流量的示值正常而空气入口温度下降，则将蒸汽压力上调，观测空气出口温度，至回到正常值时停止调节。

(3)如蒸汽压力和空气入口温度的示值正常而空气流量升高，则将空气流量调回原值，观测空气出口温度是否回到正常值。

(4)如空气流量和空气入口温度的示值正常而蒸汽压力下降，则可能是蒸汽分配器至换热器管路上的阀门或电磁阀发生故障，导致阻力太大，使蒸汽无法通过或蒸汽分配器压力过低造成的。首先要检查蒸汽分配器的蒸汽压力，如压力过低则开大蒸汽入口阀门 VA117，看换热器蒸汽压力是否回到正常值，如蒸汽分配器压力正常而换热器蒸汽压力无法回到正常值，此时可以将与电磁阀并联的阀门 VA122 打开，观察蒸汽压力是否能自动调回原值，观测空气出口温度是否回到正常值。能回到正常，进行操作并向指导教师汇报电磁阀故障；如蒸汽分配器的蒸汽压力 PI01 过小不能使换热器蒸汽压力 PI02 回到正常值，则应及时向指导教师报告并给出减量操作的空气流量值。

待操作稳定后，记录实训数据；继续进行其他实训。

技能训练 5　换热器的切换

· 训练目标

掌握备用换热器的使用。

· 训练方法

在实训设备上进行切换练习。

在工业生产过程中，当运行的换热器的传热性能发生无法调节的变化时，应进行换热器的切换，将备用的换热器投入生产，退出无法调节的换热器。换热器的切换过程中要保证两个稳定：物料流量的稳定；物料出口温度的稳定。本实训装置中通过自动控制仪表来保证空气流量的稳定，而空气出口温度的恒定要通过切换过程中，两个换热器中空气流量随时间的变化而调整。

(一)操作要求

1. 将备用换热器 B 启动至正常状态。蒸汽压力设定为 50kPa。空气的流量为 $100m^3/h$,对应变频设定为 42Hz,空气压力为 0.8kPa。

2. 打开换热器 B 空气进口阀 VA103,打开不凝气放空阀 VA110,缓慢打开蒸汽进口阀 VA125,先预热再加热,当放空阀中有蒸汽排出时,关闭放空阀。当空气出口温度达到指定值时,缓慢打开空气出口阀。

3. 同时缓慢关闭换热器 A 空气进口阀 VA104 和蒸汽进出口阀 VA127。

4. 切换操作过程中,要平衡过渡,不能引起空气出口温度明显波动,要使 TI05 所显示的温度与 TI02 所显示的温度基本一致。

5. 整个切换过程中每 5min 记录一次参数。

(二)操作数据记录

表 2-13 换热器 A→B 切换操作记录表

<table>
<tr><td colspan="9">(Ⅰ)日期:　　年　　月　　日(星期　　)　　时　　分至　　时　　分</td></tr>
<tr><td colspan="9">(Ⅱ)操作人员名单:</td></tr>
<tr><td colspan="9">(Ⅲ)实训任务:换热器切换操作</td></tr>
<tr><td colspan="9">(Ⅳ)设备代号:(　　　　)换热器;　　设备编号:第(　　)套</td></tr>
<tr><td rowspan="2">编号</td><td rowspan="2">时间</td><td rowspan="2">蒸汽压力
(kPa)</td><td rowspan="2">空气流量
(m^3/h)</td><td colspan="2">换热器 A</td><td colspan="2">换热器 B</td><td rowspan="2">空气出口
总管温度 TI05
(℃)</td></tr>
<tr><td>t_{A_1}℃</td><td>t_{A_2}℃</td><td>t_{B_1}℃</td><td>t_{B_2}℃</td></tr>
<tr><td>1</td><td></td><td></td><td></td><td></td><td></td><td></td><td></td><td></td></tr>
<tr><td>2</td><td></td><td></td><td></td><td></td><td></td><td></td><td></td><td></td></tr>
<tr><td>3</td><td></td><td></td><td></td><td></td><td></td><td></td><td></td><td></td></tr>
<tr><td>4</td><td></td><td></td><td></td><td></td><td></td><td></td><td></td><td></td></tr>
<tr><td>5</td><td></td><td></td><td></td><td></td><td></td><td></td><td></td><td></td></tr>
<tr><td>6</td><td></td><td></td><td></td><td></td><td></td><td></td><td></td><td></td></tr>
<tr><td>7</td><td></td><td></td><td></td><td></td><td></td><td></td><td></td><td></td></tr>
<tr><td>8</td><td></td><td></td><td></td><td></td><td></td><td></td><td></td><td></td></tr>
<tr><td>9</td><td></td><td></td><td></td><td></td><td></td><td></td><td></td><td></td></tr>
</table>

技能训练6 换热器的维护与检修

·训练目标

掌握换热器的维护与检修。

·训练方法

在实训设备上进行维护与检修练习。

1.换热器日常维护

(1)设备检查:查泄漏;查腐蚀;查松动。

(2)日常保养:由操作人员负责,每天进行。要求:巡回检查设备运行状态及完好状态;保持设备清洁、稳固。

(3)注意防垢。

2.换热器的检修

操作人员要配合做好下列工作:

(1)全面检查壳程、壳壁的腐蚀程度。

(2)修理换热管。

(3)修补壳体。

(4)清除污垢。

(5)更新部分螺栓、螺母、法兰垫片、密封圈及填料。

(6)检查修理换热器附件。

项目 5
蒸发操作实训

一、实训目的

1. 观察在加热状态下，汽液两相流通过垂直管向上流动的各种流型以及形成过程。
2. 测定并比较弹状流与环状流的沸腾传热系数。
3. 通过热平衡计算，求出开始形成弹状流及环状流的表观汽速。

二、生产工艺过程

含不挥发性溶质（如盐类）的溶液在沸腾条件下受热，使部分溶剂汽化为蒸汽的操作称为蒸发。

（一）化工生产中蒸发的目的

1. 获得浓缩的溶液，直接作为化工产品或半成品。
2. 借蒸发以脱除溶剂，将溶液增浓至饱和状态，随后加以冷却，析出固体产物，即采用蒸发、结晶的联合操作以获得固体溶质。
3. 脱除杂质，制取纯净的溶剂。

（二）蒸发操作的特点

尽管蒸发操作的目的是物质分离，但其过程的实质是热量传递而不是物质传递，溶剂汽化的速率取决于传热速率。因此，蒸发操作应属于传热过程，但它具有某些不同于一般传热过程的特殊性。

1. 溶液在沸腾汽化过程中常在加热表面上析出溶质而形成垢层，使传热过程恶化。例如，水溶液中往往或多或少地溶有某些盐类，如 $CaSO_4$、$CaCO_3$、$Mg(OH)_2$ 等，溶液在加热表面汽化使这些盐类的局部浓度达到过饱和状态，从而在加热面上析出、形成垢层。尤其是 $CaSO_4$ 等，其溶解度随温度升高而下降，更易在加热面上结垢。

2. 溶液的物性对蒸发器的设计和操作有重要影响。许多生物制品和有机溶液、饮料等都是热敏性的，蒸发器的结构应使物料器内受热时间尽量缩短，以免物料变质。蒸发时溶液的发泡性使汽一液两相的分离更为困难。溶液增浓后黏度大为增加，使器内液体的流动和传热条件恶化。

3. 溶剂汽化需吸收大量汽化热。蒸发操作是大量耗热的过程，节能是蒸发操作应予以考虑的重要问题。

（三）蒸发基本原理

蒸发区别于蒸馏是在于蒸馏产生的蒸汽不是单组分的，要进一步进行分离。而蒸发产生的蒸汽基本上是单一物质（大多数情况下是水），不用继续分离，当是水时更不用回收。

蒸发区别于干燥是在于蒸发后的剩余物质是液相的，整个传热过程是对液体进行加热（有时是对固液悬浮液）。而干燥则以对固相加热为主，其最终产品为固相。

蒸发与结晶两种过程很难截然区分。饱和溶液的蒸发必然伴有结晶过程。但结晶过程的目的往往是为了获得纯净、颗粒均匀的固体，而蒸发过程的目的则侧重于溶液的浓缩。

蒸发设备属于换热设备，在大部分情况下，用水蒸气作为加热介质（通常称之为加热蒸汽或生蒸汽），通过金属壁间接传热给溶液，溶液受热后使溶剂沸腾汽化，产生的蒸汽（大多数情况下也是水蒸气），叫作二次蒸汽。

单效蒸发是最基本的蒸发流程，原料液在蒸发器内被加热汽化，产生的二次蒸汽由蒸发器引出后排空或冷凝，不再次利用。

多效蒸发是把前效产生的二次蒸汽用作后效的加热蒸汽，使热量多次利用，可以比单效蒸发节省能量。

1. 溶液的沸点升高

在相同压力下溶液的沸点要比纯溶剂的沸点高，两种沸点的差别叫作溶液的沸点升高。一般来说，稀溶液或有机胶体溶液的沸点升高数值较小；而无机盐溶液的沸点升高值较大，有时可高达 30～40℃。对于同一种溶液，沸点升高的数值随溶液的浓度和沸腾溶液所受的压力而变。浓度越高，所受的压力越低，沸点升高数值越大。在确定蒸发后二次蒸汽的压力后，可先利用饱和水蒸气表确定纯水的沸点 t，加上沸点升高值 t'，就可以得到在该条件下溶液的沸点温度 t_1：$t_1 = t + t'$。

2. 连续蒸发

连续操作的特点是在整个操作周期中，各项操作参数维持不变。图 2-18 所示是一台中央循环管蒸发器。其下半部是立式管壳换热器，加热蒸汽在管外冷凝，使管内液体受热沸腾，产生的气泡在管内与液体混合后从管上端排出。管束中央有一个大口径的下降循环管，与加热管中的上升液流组成循环回路。所产生的蒸汽在蒸发器上部的蒸发室与液体分离后，从顶部引出。

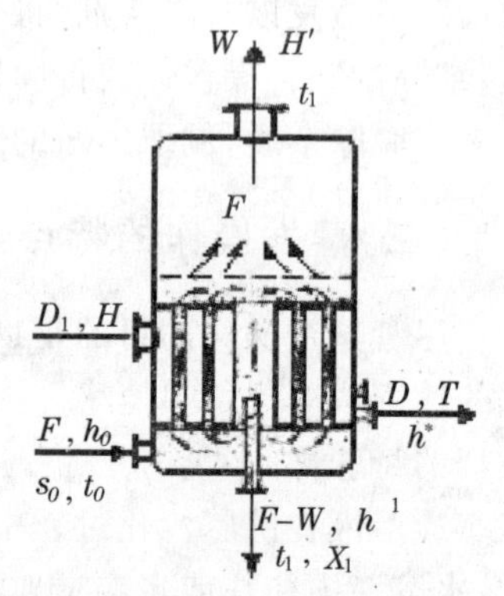

图 2-18　单效连续蒸发的计算图

现以连续操作的单效蒸发为例。流量为 Fkg/h、浓度为 x_0 的稀料液，稳定地进入蒸发器。与此同时，以 $(F - W)$kg/h 的流量稳定地排出浓度为 x_1 的浓缩料液，同时还排出量为 Wkg/h 的二次蒸汽。在加热室的壳程，有量为 Dkg/h 的加热蒸汽冷凝，并有等量的冷凝液连续排出。在整个蒸发过程中，蒸发器内的溶液浓度应与排出的浓缩浓度一致，始终保持为 x_1。

料液流量与浓度之间的关系可由物料平衡方程式给出

$$W = F(1 - x_0/x_1)$$

所需加热蒸汽流量由热量平衡方程式给出：

$$D=\frac{W(H'-h_0)+F(h_1-h_0)+Q_1}{H-h^*}$$

式中：H、H' ——分别为加热蒸汽、二次蒸汽的焓，单位：kJ/kg。

h_0、h_1、h^* ——分别为料液、浓缩液、加热蒸汽凝液的焓，单位：kJ/kg。

Q_1 ——蒸发器的热损失，单位：kJ/h。

从上式可见，加热蒸汽给出的热量，既为了汽化溶剂，也为了加热溶液达到沸点。所以单效蒸发时，为了蒸发 1 kg 水，要消耗多于 1 kg 的蒸汽，即 D/W>1。

(四)蒸发器的选型

蒸发设备的选型是蒸发装置设计中的首要问题。为了使装置更紧凑些，在选型时首先要考虑选用传热系数高的形式，但料液的物理、化学性质常常限制它们的使用。有时几种型式蒸发器对相同的料液都能得到相同的效果。因此在选型时，要综合技术要求、现场条件、投资状况甚至传统习惯等统一考虑。

选型考虑的因素：

(1)物料性质　包括成分组成、黏度变化范围、热稳定性、发泡性、腐蚀性，是否易结垢、结晶，是否带有固体悬浮物等。

(2)生产要求　包括处理量、蒸发量、料液进出口浓度、温度、安装场地的大小和厂房高矮、设备投资限额、要求连续生产还是间歇生产等。

(3)公用工程条件　包括可以利用的热源和冷阱情况、供电情况、供应蒸汽的压力与量，以及能利用的冷却水的水量、水质和温度等。

有关选型的说明：

(1)料液的黏度　料液在蒸发过程中黏度的变化范围是选型的管件因素之一，要加以关注。

(2)物料的热敏性　对热敏性的物料(即在较高温度或在较长时间受热条件下，物料容易发生分解、缩聚或异构等)，一般应选用储液量少、停留时间短的一次性通过的蒸发器，还要在真空下操作，以降低其受热温度。

(3)物料的发泡性　黏度大表面张力低、含有高分散度固体颗粒的溶液以及胶状液容易起泡。发泡严重时能使泡沫充满汽液分离空间，形成二次蒸汽的大量挟带。升膜式和强制循环式形成较高的汽速，与防冲板撞击时可以有消泡作用。降膜式的汽液蒸发界面很大(接近于加热管的内表面积)，也不易起泡。

(4)有结晶析出的料液　饱和溶液蒸发时，由于溶剂汽化形成过饱和，使结晶沉淀在加热表面，阻碍传热。一般要采用管外沸腾型蒸发器，如强制循环式、长管带专设沸腾区和多级闪蒸等形式。一方面在加热区抑制沸腾的发生，另一方面加大循环流速以冲刷已沉积的盐垢。一般认为升膜式不能用于饱和溶液的蒸发。但在有一定循环量时，降膜蒸发器也可以成功地用于有结晶析出的料液，这是因为下降的液膜很薄，面积很大，汽化只发生在汽液界面上，金属加热表面不形成气泡。

(5)结垢问题　蒸发器经长期使用后，传热面总是有不同程度的结垢。垢层导热性差，明显地影响了蒸发效果。按结垢成因来分，主要的有过饱和溶质的晶析、悬浮颗粒的沉积，也有局部过热引起的焦化。沉没燃烧式与刮膜式是防止结垢的 2 种典型形式。选用便于清洗的结构则是另外一种解决问题的途径。

(五)主要物料的平衡及流向

原料液由原料泵从原料罐送入原料预热器,原料预热之后进入蒸发塔,在电加热器和蒸汽盘管的共同作用下将部分溶剂汽化,汽液混合物一起进入汽液分离器。液体从分离器下方直接进入产出液储罐,二次蒸汽从分离器上方进入蒸汽冷凝器,冷凝之后进入冷凝液储罐。循环泵可将产出液和冷凝液再输送回原料液储罐,以便循环使用。

(六)带有控制点的工艺及设备流程图

如图 2-20 所示。

三、生产控制技术

在化工生产中,对各工艺变量有一定的控制要求。有些工艺变量对产品的数量和质量起着决定性的作用。例如,蒸发塔的温度必须保持一定,才能得到合格的产品。有些工艺变量虽不直接影响产品的数量和质量,然而保持其平稳却是使生产获得良好控制的前提。例如,用蒸汽加热的再沸器,在蒸汽压力波动剧烈的情况下,要把塔釜温度控制好极为困难。

为了实现控制要求,可以有 2 种方式,一是人工控制,二是自动控制。自动控制是在人工控制的基础上发展起来的,使用了自动化仪表等控制装置来代替人的观察、判断、决策和操作。

先进控制策略在化工生产过程的推广应用,能够有效提高生产过程的平稳性和产品质量的合格率,对于降低生产成本、节能减排降耗、提高企业的经济效益具有重要意义。

(一)各项工艺操作指标

(1)温度控制:进料温度≤80℃

蒸发器温度 100℃

(2)加热电压:140～200V

(3)流量控制:进料流量 3.0～8.0 L/h

冷却水流量 300～400 L/h

(二)主要控制点的控制方法、仪表控制、装置和设备的报警连锁

进料温度控制如图 2-19 所示。

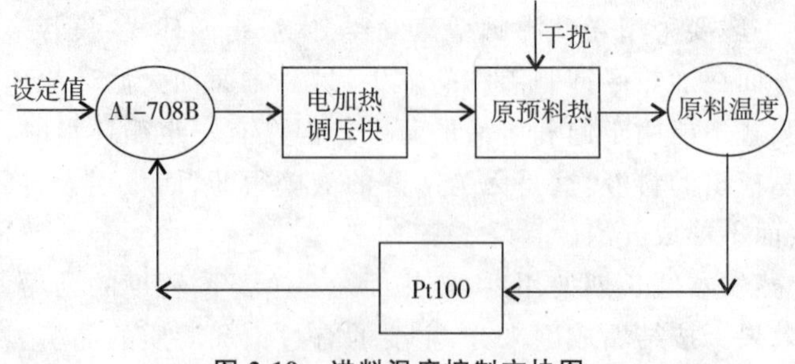

图 2-19　进料温度控制方块图

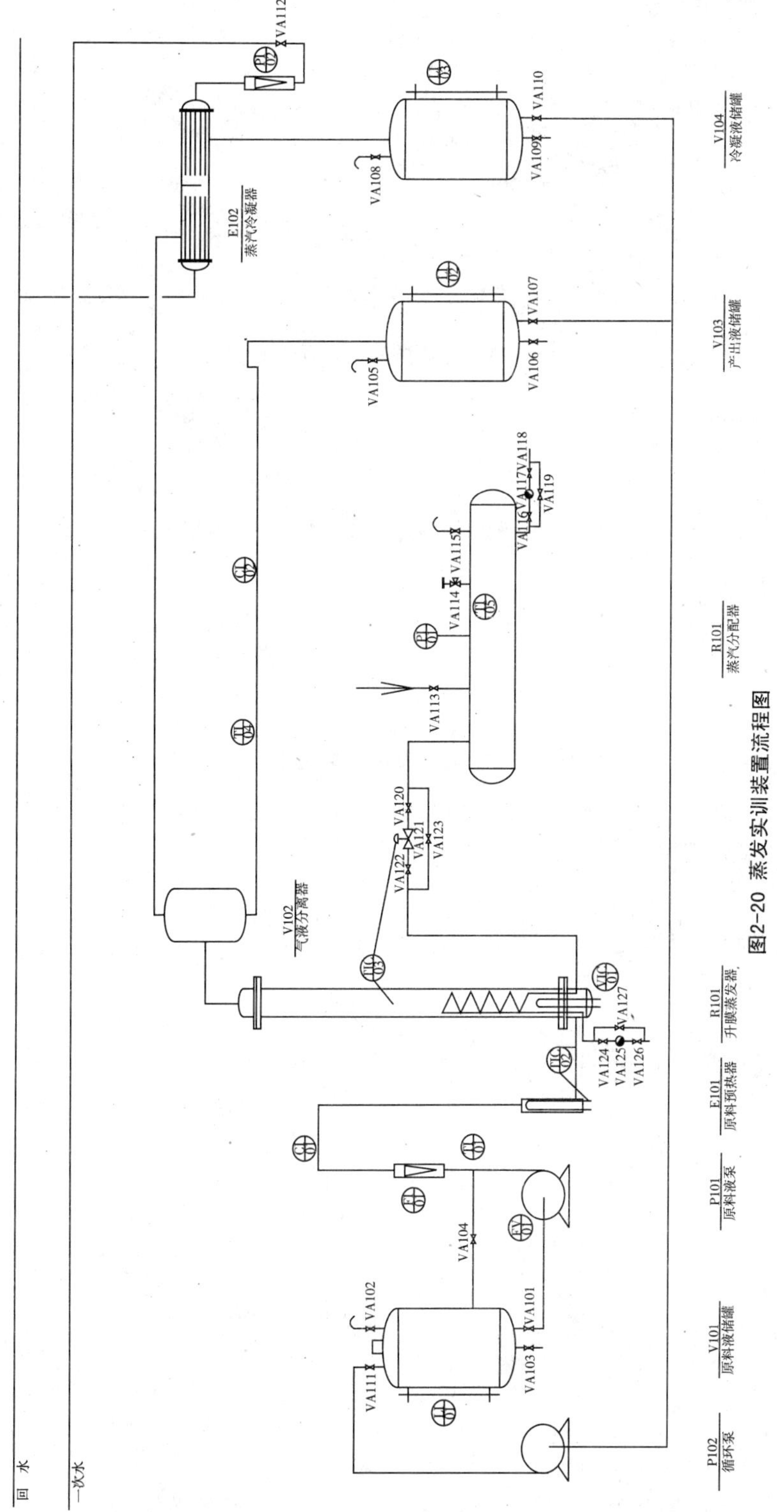

图2-20 蒸发实训装置流程图

塔釜加热电压控制如图 2-21 所示。

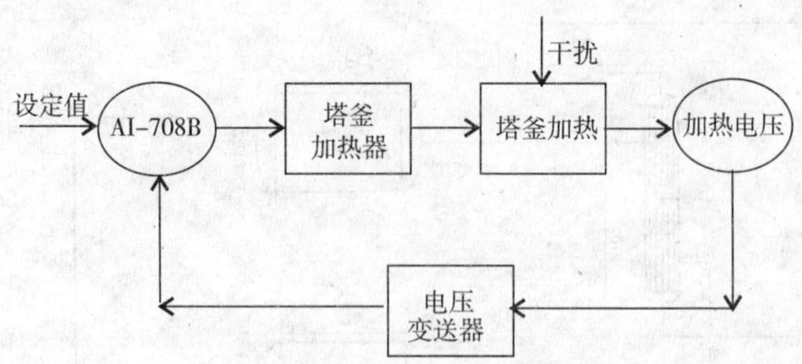

图 2-21 加热电压控制方块图

塔顶温度控制如图 2-22 所示。

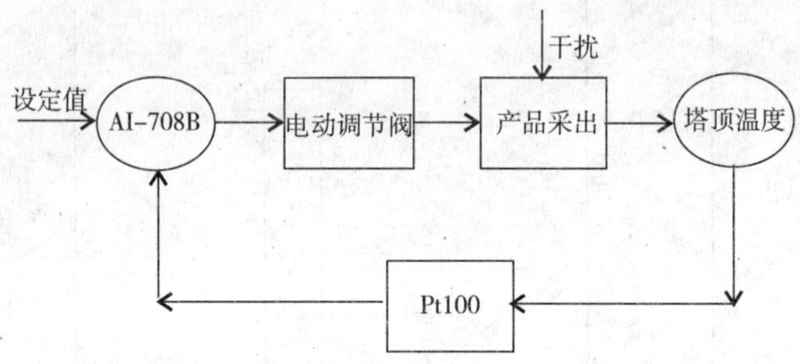

图 2-22 塔顶温度控制方块图

四、物耗能耗指标

原辅材料:原料液(氯化钾或氯化钠水溶液)、冷却水

能源动力:电能

表 2-14 物耗、能耗一览表

名称	耗量	名称	耗量	名称	额定功率
原料液	3～8 L/h	冷却水	300～400 L/h	进料泵	250W
				循环泵	120W
				塔釜加热器	2.5KW
				原料预热器	1.2KW
总计	3～8 L/h		300～400 L/h		4.1KW

注:电能实际消耗与产量相关。

五、工业卫生和劳动保护

按规定穿戴劳防用品:进入化工操作技能实训中心必须穿戴劳防用品,在指定区域正确戴上安全帽,穿上安全鞋,在进入任何作业过程中佩戴安全防护眼镜,在任何作业过程中佩戴合适的防护手套。无关人员未经允许不得进入实训基地。

(一)动设备操作安全注意事项

1. 检查柱塞计量泵润滑油油位是否正常。

2. 检查冷却水系统是否正常。

3. 确认工艺管线、工艺条件是否正常。

4. 启动电机前先盘车,正常才能通电。通电时立即查看电机是否启动;若启动异常,应立即断电,避免电机烧毁。

5. 启动电机后观察其工艺参数是否正常。

6. 观察有无过大噪声、振动及松动的螺栓。

7. 观察有无泄露。

8. 电机运转时不允许接触转动件。

(二)静设备操作安全注意事项

1. 操作及取样过程中注意防止静电产生。

2. 装置内的塔、罐、储槽在需要清理或检修时应按安全作业规定进行。

3. 容器应严格按规定的装料系数装料。

(三)安全技术

进行实训之前必须了解室内总电源开关与分电源开关的位置,以便在出现用电事故时及时切断电源;在启动仪表柜电源前,必须清楚每个开关的作用。

设备配有温度、液位等测量仪表,对相关设备的工作进行集中监视,出现异常时应及时处理。

由于本实训装置产生蒸汽,蒸汽通过的地方温度较高,应规范操作,避免烫伤。

不能使用有缺陷的梯子,登梯前必须确保梯子支撑稳固,面向梯子上下并双手扶梯,一人登梯时要有同伴护稳梯子。

(四)职业卫生

1.噪声对人体的危害

噪声对人体的危害是多方面的,噪声可以使人耳聋,引起高血压、心脏病、神经官能症等疾病。噪声还污染环境,影响人们的正常生活降低劳动生产率。

2.工业企业噪声的卫生标准

工业企业生产车间和作业场所的工作点的噪声标准为85dB。现有工业企业经努力暂时达不到标准时,可适当放宽,但不能超过90dB。

3.噪声的防护

噪声的防护方法很多,主要有3个方面,即控制声源、控制噪声传播、加强个人防护。当然,降低噪声的根本途径是对声源采取隔声、减震和消除噪声的措施。

六、技能训练步骤

(一)开车前准备

1. 熟悉各取样点及温度和压力测量与控制点的位置。

2. 检查公用工程(水、电)是否处于正常供应状态。

3. 设备上电,检查流程中各设备、仪表是否处于正常开车状态,动设备试车。

4. 检查产品罐,是否有足够空间贮存实训产生的产品;如空间不够,打开阀门 VA105、VA107、VA108、VA110 和 VA111,启动循环泵 P102,将产品倒到原料罐。

5. 检查原料罐,是否有足够原料供实训使用,检测原料浓度是否符合操作要求(原料质量百分含量 10%~20%),如有问题进行补料或调整浓度的操作。

6. 检查流程中各阀门是否处于正常开车状态:关闭阀门 VA101、VA103、VA104、VA106、VA107、VA109、VA110、VA111、VA112、VA113、VA115、VA119、VA123、VA127;全开阀门——VA102、VA105、VA108、VA116、VA118、VA120、VA122、VA124、VA126。

7. 按照要求制定操作方案。

(二)正常开车

1. 启动蒸汽发生器,并打开蒸汽分配器进口阀门 VA113,准备蒸汽待用。

2. 启动原料液泵 P101,向蒸发器内迅速进料。

3. 待原料开始从汽液分离器流出时,将进料量控制在 3~8L/h 之间的某一数值上。

4. 启动预热器开关,将预热温度设定在 70℃。

5. 启动蒸发器电加热开关,将加热电压设定在 200V。

6. 打开冷却水开关,将流量调节至 300L/h。

7. 将塔顶温度设定到 100 ℃。

8. 观察蒸发器进出口电导率变化。

(三)正常操作

1. 待温度稳定后,开始计时,并计量相关产品的产量。

2. 观测蒸发器的温度变化以及各储罐的液位变化;在此过程中,可根据情况小幅增大加热电压值(5~10 V)以及冷却水流量。

(四)正常停车

1. 关闭进料泵。

2. 停止原料预热器和塔釜电加热。

3. 关闭冷凝器 E102 的冷却水。

4. 将各阀门恢复到初始状态。

5. 关仪表电源和总电源。

6. 清理装置,打扫卫生。

七、设备一览表

表 2-15　蒸发设备的结构认识

序号	位号	名称	用途	规格
1	R101	升膜蒸发器	完成蒸发任务	ϕ108mm×1500mm，电加热功率 2.5kW
2	V101	原料储罐	贮存原料液	ϕ300mm×500mm
3	V102	汽液分离器	分离液体产品和二次蒸汽	ϕ180mm×300mm
4	V103	产出液储罐	贮存浓缩液	ϕ300mm×500mm
5	V104	冷凝液储罐	贮存二次蒸汽凝液	ϕ300mm×500mm
6	E101	预热器	加热原料液	ϕ76mm×200mm，加热功率 800W
7	E102	蒸汽冷凝器	冷却二次蒸汽	ϕ108 mm×400mm，换热面积 $0.15m^2$
8	P101	原料液泵	为蒸发提供连续定量的进料	WB50/025
9	P102	循环泵	原料循环使用	增压泵，10 L/min

八、仪表计量一览表及主要仪表规格型号

表 2-16　仪表及测量传感器

序号	位号	仪表用途	仪表位置	规格		执行器
				传感器	显示仪	
1	PI01	蒸汽压力	集中	400kPa 压力传感器	AI－501D	
2	TI01	进料温度	集中	K－型热电偶	AI－501D	
3	TIC02	预热温度控制	集中		AI－708B	加热器
4	TIC03	蒸发温度控制	集中		AI－708B	电动调节阀
5	TI04	浓缩液温度	集中		AI－501D	
6	TI05	加热蒸汽温度	集中		AI－501D	
7	VIC01	蒸发器加热电压控制	集中	250V 电压变送器	AI－708B	
8	CI01	原料液电导率	集中	电导探头	AI－702MB	
9	CI02	浓缩液电导率	集中			
10	LI01	原料罐液位	集中	0～420mm UHC 荧光柱式磁翻转液位计，精度 10cm	AI－501B	
11	LI02	浓缩液罐液位	集中			
12	LI03	蒸汽凝液罐液位	集中			

九、变频器的使用及仪表的使用

1. 见附录 1。
2. 见附录 2。

项目 6
喷雾干燥操作实训

喷雾干燥是采用雾化器将原料液分散为雾状液滴，并在热的干燥介质中干燥而获得产品的过程。原料液可以是溶液、乳浊液或悬浮液，也可以是熔融液或膏糊液。根据干燥产品的要求，可以制成粉状、颗粒状、空心球或团粒状。

一、实训目的

1. 掌握喷雾干燥实训原理和流程，认识设备。
2. 熟悉喷雾干燥的特点及应用范围。
3. 了解喷雾干燥的关键部件——雾化器的基本形式及选择原则。
4. 掌握根据物料的特性选择合适喷雾干燥工艺条件，获得合格产品的方法。

二、实训原理

喷雾干燥是传热、传质和流体流动同时进行的过程，其过程可分为 4 个阶段：料液雾化为雾滴；雾滴与空气接触；雾滴干燥（水分蒸发）；干燥产品与空气分离。

（一）料液雾化

料液雾化的目的在于将料液分散为微细的雾滴，雾滴的平均直径一般为 20～60μm，因此具有很大的表面积，当其与热空气接触时，雾滴中的水分迅速汽化而干燥为粉末或颗粒状产品。雾滴大小和均匀程度对于产品质量和技术经济指标影响很大，特别是热敏性物料的干燥尤为重要。如果喷出的雾滴大小很不均匀，就会出现大颗粒还未达到干燥要求，而小颗粒却已干燥过度甚至变质。因此，使物料雾化所用的雾化器是喷雾干燥的关键部件。

（二）雾滴—空气接触（混合和流动）

在干燥室内，雾滴和空气并流接触。雾化器的干燥空气是从干燥室顶部进入，料液在干燥室顶部雾化，并向下流动。雾滴和空气的接触方式不同，对于干燥室内的温度分布、液滴和颗粒的运动轨迹、物料在干燥室中的停留时间以及产品质量都有很大影响。在并流系统中，最热的干燥空气和水分含量最大的雾滴接触，因而水分迅速蒸发，雾滴表面温度接近于空气的湿球温度，同时空气温度也显著降低，因此从雾滴到干燥成品的整个历程中，物料的温度不高，这对于热敏性物料的干燥是特别有利的。这时，由于水分的迅速蒸发，液滴膨胀甚至破裂，因此并流操作时所得干燥产品常为非球形的多孔颗粒，具有较低的松密度。

(三)雾滴干燥(水分蒸发)

喷雾干燥时，物料也经历着恒速干燥和降速干燥两个阶段，这与物料在常规干燥设备中所经历的历程完全相同。

雾滴与热空气接触时，热量由空气经过雾滴表面的饱和蒸汽膜传递给雾滴，使雾滴中的水分汽化，只要雾滴内部的水分扩散到表面的量足以补充表面的水分损失，蒸发就以恒速进行，这时雾滴表面温度相当于热空气的湿球温度，这就是恒速干燥阶段。当雾滴内部水分向表面的扩散不足以保持表面的润湿状态时，也就是达到临界点以后，雾滴表面逐渐形成干壳，干壳随时间的增加而增厚，水分从液滴内部通过干壳向外扩散的速度也随之大为降低，亦即蒸发速率逐渐降低，这时物料表面温度将高于热空气的湿球温度，这一阶段就是降速干燥阶段。此外，雾滴离开雾化器的速度要比周围空气的速度大得多，因此，其间还有二者之间的动量传递。

(四)干燥产品与空气分离

干燥的粉末或颗粒产品落到干燥室的锥体壁上并滑行至锥底，通过星形阀等的排料装置排出，少量细粉随空气进入旋风分离器中进一步分离。然后，将这两部分成品输送到另一处混合，然后贮入成品库中或直接送去包装成袋。

三、装置认识

喷雾干燥器系统由三部分组成：

①由空气过滤器、加热器和风机所组成的干燥介质(空气)的加热和输送系统；②由喷雾器和干燥室组成的喷雾干燥器；③由旋风分离器和布袋除尘器组成的气固分离系统。

喷雾干燥流程如图 2-27 所示。压缩机提供的压缩空气经可调稳压阀进入雾化器。料液由蠕动泵出口进入雾化器，雾化器在压缩空气的作用下将料液雾化抛入干燥器。空气经过滤后，在加热器加热至预定温度后，进入干燥器，与物料并流向下运动时，发生干燥，将物粒中湿分去掉，湿分跑入热空气中。干燥后的产品被空气流带入旋风分离器进行气—固分离。排出的气流再进入袋滤器，进一步分离气流中的细小颗粒。加热器空气出口温度可通过调节加热电功率来控制。雾化压力由可调稳压阀控制。

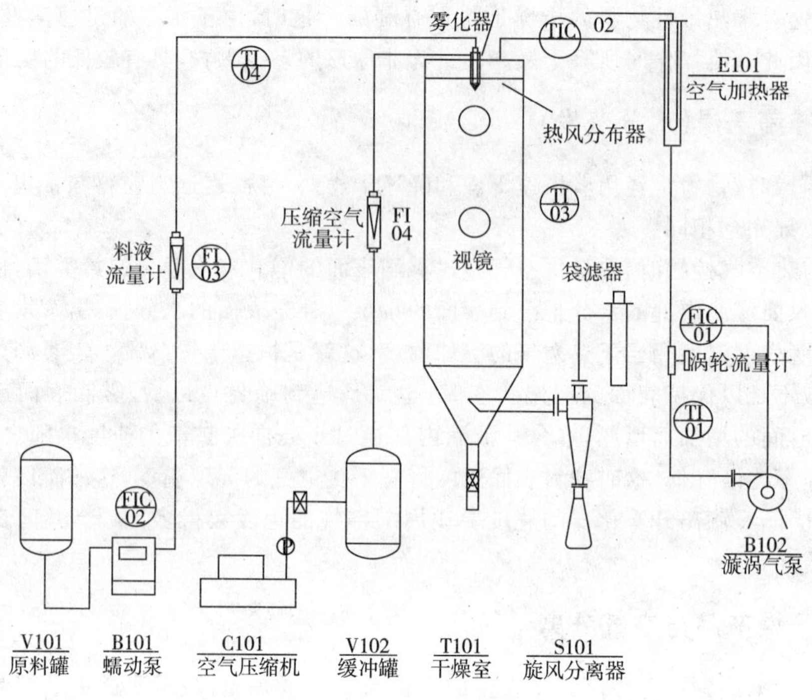

图 2-27 喷雾干燥流程

四、技能训练步骤

技能训练 1 料液的准备

1.料液的配置

用台式天平称取一定量的干粉状固体物 m kg，用量筒量取 l L 清水，将固体物倒入清水中，配制成一定浓度的料液。

2.实验数据的读取

温度由加热器出口温度显示仪读取，雾化压力由压力显示仪读取。

3.产品含水量的测定

将收集到的产品称重得 W kg 后，放入恒温干燥箱，在 95℃左右温度下干燥 2～3h 后，得绝干产品量 W_c，产品含水量为

$$\omega = \frac{W - W_c}{W} \times 100\%$$

4.产品粒度分布的测定

将总质量为 W 的产品进行筛分分析，采用泰勒标准筛系，此标准筛系每英寸边长上的孔数称为筛号或目数。每一筛号的金属丝粗细和筛孔的净宽都有规定，通常相邻两号的筛孔尺寸之比为$\sqrt{2}$，但不同规格标准筛的系列尺寸一般不相同，可参见有关书籍。操作时，将一套标准筛按筛孔尺寸大小顺序从上到下叠置起来，最下放置一个无孔的底盘。将总量为

W 的产品放在最上一号筛子上。然后，均衡地摇动整套筛子，颗粒因粒度不同而分别被截留在各号筛子上面。称取各号筛面上的颗粒质量即筛余量，可得筛分分析的基本结果，并常用以下 2 种方法表示。

(1)分布函数曲线

若第 i 号筛其筛孔尺寸为 dpi，筛过量为 Wi(即筛号 i 以下各筛的颗粒质量之和)，占产品总质量的分率 $Fi=Wi/W$，不同筛号的 Fi 与其筛号尺寸 dpi 可标绘成如图 2-28 所示的曲线。显然，对应于某一尺寸 dpi 的 Fi 值表示直径小于 dpi 的颗粒占全部试样的质量分数。

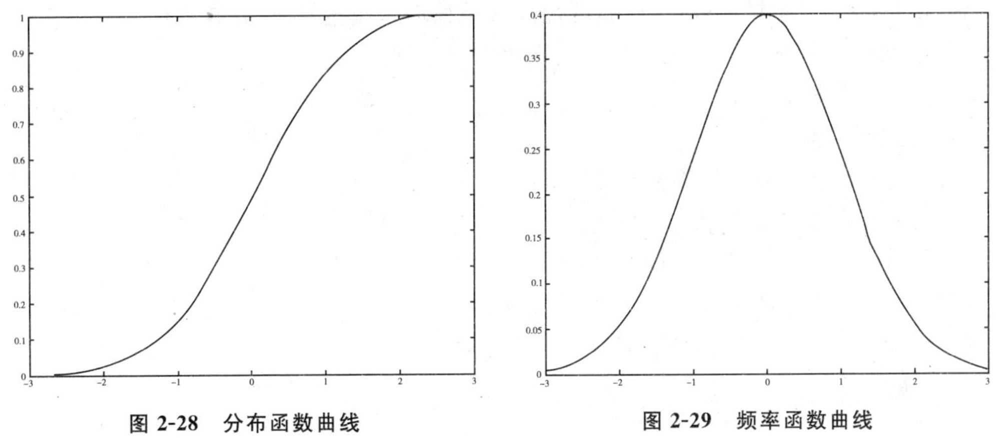

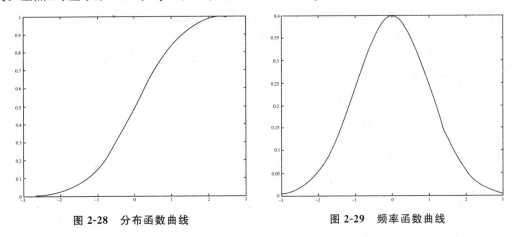

图 2-28　分布函数曲线　　图 2-29　频率函数曲线

(2)频率函数曲线

若第 i 号筛面上截留的颗粒质量即筛余量为 $W-Wi$，占总产品的质量分数为 ai，则这部分颗粒的直径介于相邻两号筛孔直径 $d(i-1)$和 di 之间。以颗粒的直径 dp 为横坐标，各号筛上的平均分布密度 fi 为纵坐标，得到图 2-29 所示的以($di-d(i-1)$)为底的小矩形组合图。若 di-1 和 di 相差不大，取 fi 表示粒径在 $d(i-1)\sim di$ 范围内的颗粒平均密度。当以 dp 为平均粒径时，即在每个小矩形的底边上取中点，连接各中点得到的曲线即为频率函数曲线。

技能训练 2　开机操作

1.开机前的准备

(1)检查各管道及旋风分离器连接是否完好，装好收粉瓶。

(2)检查电器有无漏电及断路和仪表工作是否正常，电机转向是否正确。

(3)检查压缩空气源的稳压阀和缓冲罐是否与雾化器连接好。将蠕动泵与管路连接好，固定好胶管。将压缩空气装置连接好。

(4)备好物料。

2.开机的顺序

(1)闭合总电源，待仪表工作正常后，开启旋涡气泵，并开启调压加热器开关，将热风温度设置到 200～300℃，进行预热。

(2)当出口温度达到130～150℃时,开启空气压缩机,打开气阀,将空气压力调至0.2MPa。

(3)当雾化器运转正常后,打开蠕动泵开关,调节原料液转子流量计,使料液慢慢流入雾化器内。此时,注意观察出口温度的变化情况,使其不得低于80℃。

(4)各种物料的进、出口温度应根据其工艺特性决定,也与物料的浓度、黏度、相对密度等有关。如以水为介质,此时要求进风温度为240～280℃,出口温度为100～105℃。

(5)进口温度用控温仪表来控制,输入指定温度即可。

(6)出口温度用进料量来控制,温度过高就稍稍加大流量,反之就减少流量。

(7)干燥时的情况可以从观察窗及收集瓶中观察到。

3.停机的过程

(1)先关闭蠕动泵。

(2)关掉空气压缩机,再将减压阀关闭。

(3)关闭空气加热器开关,停止加热。

(4)待进、出口温度下降至150℃以下时,关掉旋涡气泵。

(5)最后清扫塔内剩余干粉,回收至收集瓶内。

(6)以上工作完成后,将塔内、管道及雾化器冲洗干净。

4.注意事项

(1)正常工作时,切勿打开手孔。

(2)如遇突然停电,立即关闭电源开关。

(3)本机电加热器与旋涡气泵连锁。

五、实训记录

喷雾干燥实训记录:时间

料液名称:__________;质量浓度:__________kg/L;黏度:__________10^{-3}Pa·s;

加料速率:__________L/h;雾化压力:__________MPa;

进风温度:__________℃;加热电流:__________A;加热电压:__________V;

产品总量:__________kg;产品含水率:__________

筛号									
筛余量(kg)									

项目 7
流化床干燥操作实训

一、实训目的

干燥,即利用加热的方法使湿物料中的湿分汽化并除去的方法。按照热能供给湿物料的方式,干燥可分为传导干燥、对流干燥、介电加热干燥以及由上述 2 种或多种方式组合成的联合干燥。干燥介质可以是不饱和热空气、惰性气体及烟道气,需要除去的湿分为水分或其他化学溶剂。

1. 认识干燥设备结构。
2. 认识干燥装置流程及仪表。
3. 掌握干燥装置的运行操作技能。
4. 学会常见异常现象的判别及处理方法。

二、实训原理

当湿物料与干燥介质相接触时,物料表面的水分开始汽化,并向周围介质传递。根据干燥过程中不同期间的特点,干燥过程可分为 2 个阶段。

第一个阶段为恒速干燥阶段。在此阶段,由于整个物料中的含水量较大,其内部的水分能迅速地达到物料表面。因此,干燥速率由物料表面上水分的汽化速率所控制,故此阶段亦称为表面汽化控制阶段。在此阶段,干燥介质传给物料的热量全部用于水分的汽化,物料表面的温度维持恒定(等于空气的湿球温度),物料表面处的水蒸气分压也维持恒定,故干燥速率恒定不变。

第二个阶段为降速干燥阶段,当物料被干燥达到临界湿含量后,便进入降速干燥阶段。此时,物料中所含水分较少,水分自物料内部向表面传递的速率低于物料表面水分的汽化速率,干燥速率由水分在物料内部的传递速率所控制。故此阶段亦称为内部迁移控制阶段。随着物料湿含量逐渐减少,物料内部水分的迁移速率也逐渐减少,故干燥速率不断下降。

恒速段的干燥速率和临界含水量的影响因素主要有:固体物料的种类和性质;固体物料层的厚度或颗粒大小;空气的温度、湿度和流速;空气与固体物料间的相对运动方式等。

恒速段的干燥速率和临界含水量是干燥过程研究和干燥器设计的重要数据。本实训装置在恒定干燥条件下对湿硅胶物料进行干燥。

1.干燥速率的测定

干燥速率 U 是指单位时间内在单位干燥面积上汽化的水分量。

$$U=\frac{\mathrm{d}m_w}{\mathrm{d}\tau}\approx\frac{\Delta m_w}{\Delta\tau}$$

式中:U——干燥速率,单位:kg/s。

$\Delta\tau$——时间间隔,单位:s。

Δm_w——$\Delta\tau$ 时间间隔内干燥汽化的水分量,单位:kg。

2.物料干基含水量

$$X=\frac{\text{湿物料中水分的质量}}{\text{湿物料中干物料的质量}}=\frac{m_{G'}-m_{G_0}}{m_{G_0}}$$

式中:X——物料干基含水量,单位:kg 水/ kg 绝干物料。

$m_{G'}$——固体湿物料的量,单位:kg。

m_{G_0}——绝干物料量,单位:kg。

3.恒速干燥阶段,物料表面与空气之间对流传热系数的测定

$$U_C=\frac{\mathrm{d}m_w}{\mathrm{d}\tau}=\frac{\mathrm{d}Q'}{r'\mathrm{d}\tau}=\frac{\alpha(t-t_w)}{r'}$$

式中:α——恒速干燥阶段物料表面与空气之间的对流传热系数,单位:W/℃。

U_C——恒速干燥阶段的干燥速率,单位:kg/s。

t_w——干燥器内空气的湿球温度,单位:℃。

t——干燥器内空气的干球温度,单位:℃。

r'——t_w℃下水的汽化热,单位:J/ kg。

Q'——空气传给物料的热量,单位:J。

4.干燥器内空气实际体积流量的计算

由理想气体的状态方程式可推导出

$$q_{V,t}=q_{V,t_0}\times\frac{273+t}{273+t_0}$$

式中:$q_{V,t}$——干燥器内空气实际流量,单位:m^3/ s。

t_0——流量计处空气的温度,单位:℃。

q_{V,t_0}——常压下 t_0℃时空气的流量,单位:m^3/ s;

t——干燥器内空气的温度,单位:℃。

三、装置认识

- **认识目标**

熟悉装置流程、主体设备及其名称、各类测量仪表的作用及名称。

- **认识方法**

现场认知、老师指导。

1.装置流程

干燥操作实训装置如图 2-30 所示。

2.主体设备

根据对装置的认识，在表2-17中填写相关内容。

表2-17 干燥设备的结构认识

位号	名称	用途	类型
	干燥器		
	换热器		
	进料器		
	分离器		
	除尘器		
	热油炉		
	热油泵		
	旋涡气泵		
	事故罐		

3.测量仪表

根据对流程的认识，在表2-18中填写相关内容。

表2-18 测量仪表认识

	仪表	位号	单位
温度	导热油		℃
	湿物料		
	干燥器出口空气		
	干燥物料出口		
	换热器出口空气		
	换热器入口空气		
	干燥器内空气		
压降	流化床		
流量	空气		

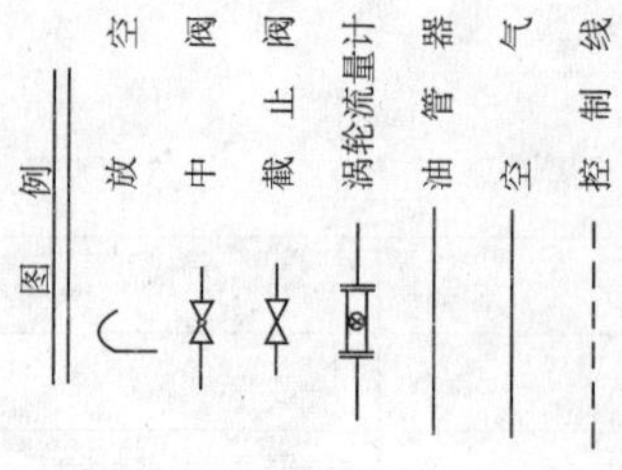

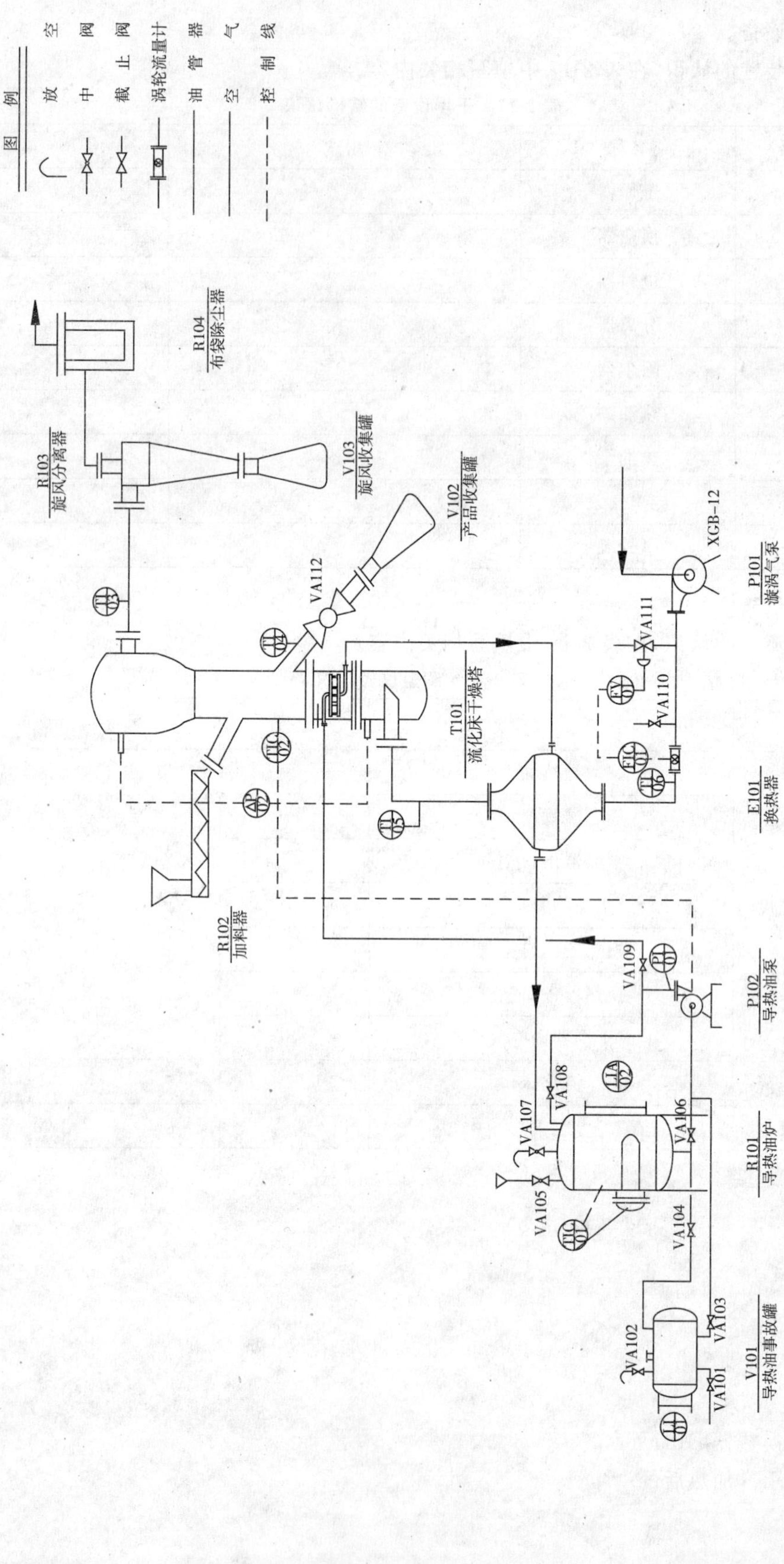

图2-30 流化床干燥实训装置流程图

四、技能训练步骤

技能训练1 干燥装置的开车操作

• **训练目标**

掌握正确的开车操作步骤，了解相应的操作原理。

• **训练方法**

在实训设备上按照下述内容及步骤进行操作练习。

(一)开车前的准备工作

1. 了解流化床干燥基本原理。
2. 熟悉流化床干燥实验工艺流程、实训装置及主要设备。
3. 检查流程中各阀门是否处于正常开车状态：阀门VA101、VA103、VA104、VA105、VA106、VA108、VA109、VA110关闭，阀门VA102、VA107全开。
4. 检查公用工程(电)是否处于正常供应状态。
5. 装置上电，检查流程中各设备、仪表是否处于正常开车状态，动设备试车。
6. 了解本实验所用物料(湿物料、导热油和空气)的来源及制备。
7. 检查导热油炉R101液位LI02，是否有足够导热油供实验使用，如不够，则关闭阀门VA104，打开阀门VA103、VA105启动导热油泵加入适量的导热油后关闭阀门。
8. 在加料器R102的料槽中加入待干燥的物料——湿硅胶(粉红色)。
9. 按照要求制定操作方案。

发现异常情况，必须及时报告指导教师进行处理。

(二)正常开车

1. 开导热油变频器开关，再开导热油炉R101开关，设定导热油温度(80～90℃)，开始加热。

2. 启动导热油泵P102，打开导热油炉循环管线上的阀门VA105，导热油循环进入导热油炉，使导热油炉内油温均匀。

3. 当导热油炉内的温度指示TIC01达到规定值(80～90℃)时，加热好的导热油可以投入使用。适当调整导热油炉R101的加热温度，使导热油温度控制在规定值。

4. 启动旋涡气泵P101，空气由气泵吹出。空气流量由涡轮流量计(FIC01)测量，通过电动调节阀VA108自动调整，使空气流量达到设定值(40～80m^3/h)(如空气流量长时间无法达到设定值，可适当减小阀门VA107的开度)。

5. 打开阀门VA106，关闭阀门VA105。这时，导热油泵P102将导热油输送到流化床干燥塔，经过与塔内气体换热后，进入换热器E101加热空气，然后返回导热油炉。

6. 进入换热器E101的空气温度由空气温度仪表显示，离开换热器E101的空气温度由空气入塔显示。加热后的空气从流化床干燥塔的底部进入干燥塔，塔内的温度由温度显示与控制仪 TIC06 显示，设定塔内空气温度，通过调整导热油的循环量来控制塔内空气的温度 TIC06(40～60℃)。

7. 打开加料器 R102 的控制器，调节进料调速器，使湿物料通过加料器 R102 缓慢加入干燥器，观察器内物料干燥过程。

8. 通过调整空气的流量，保证塔内的物料能被充分流化。

9. 通过调整加料速度或加热空气的温度，保证干燥器内加入的湿物料能干燥完全。

技能训练 2 正常操作

• 训练目标

熟悉干燥器在正常工作状态下的常规检查内容，掌握干燥器正常运行时的工艺指标及相互影响关系，掌握调节工艺参数和控制干燥过程稳定的方法。

• 训练方法

根据干燥过程中的各项工艺指标，判断操作过程是否运行正常；改变某项工艺指标，观察其他参数的变化情况，并分析变化的原因。

(一)操作要求

当流化床干燥器内空气温度恒定和床层膨胀到接近出料口后，干燥过程进入正常操作状态。

1. 调节加料器 R102 的进料调速器，设定加料电机驱动电压为 2V。

2. 开始有干燥的物料从干燥器出料口出料后，稳定操作 20min，打开阀门 VA110，将产品收集罐 V102 中的物料排净。

3. 关闭阀门 VA110 的同时，开始记录时间。

4. 一段时间(20～40min)后，打开阀门 VA110 收集干燥物料。

5. 取等体积的湿物料，分别进行称重，并分别记录下干物料和湿物料的质量 m_P 和 m_S。

6. 将两份物料放入烘箱中干燥 12h 后，再分别进行称重，并记录下其质量 m_P' 和 m_S'。

7. 根据指导教师要求改变工艺参数，操作稳定后记录实验数据。

(二)本实验可以改变的工艺条件

1. 流化床内干燥温度。

2. 热空气流量。

3. 湿物料加入量和湿度。

技能训练 3 停车操作

• 训练目标

掌握正确的停车步骤，了解每一步的操作原理和操作要求。

• 训练方法

按照下述操作步骤进行操作练习。

(一)操作要求

1. 停止向干燥塔加入湿物料,进行正常操作 10min。

2. 关闭导热油炉 R101 的电加热开关。

3. 关闭导热油泵 P102 电源。

4. 待干燥器温度控制低于 40℃,将干燥器上部分离段封头的出料口的盖子打开,将出料器的出口管线与旋涡气泵入口相通,将出料器的吸料管插入干燥器中,将物料吸出,从出料器的旋风分离器的收集罐获得吸出的物料。

5. 将物料全部吸出后,取出吸料管,断开出料器与风机的连接,拧紧出料口的盖子。

6. 关闭总电源。

(二)操作数据记录

表 2-19 干燥装置正常操作记录

(Ⅰ)日期: 年 月 日(星期) 时 分至 时 分									
(Ⅱ)操作人员名单:									
(Ⅲ)实训任务:干燥装置正常运行操作									
(Ⅳ)设备代号:( )干燥器; 设备编号:第( )套									
序号	时间	温度 ℃						流化床压降 kPa (ΔPI02)	空气流量 m^3/h (FIC01)
		导热油 (TI01)	干燥物料出口(TI02)	干燥器出口空气(TI03)	换热器入口空气(TI04)	换热器出口空气(TI05)	干燥器内空气(TI06)		
1									
2									
3									
4									
5									
6									
7									
8									
9									
10									
11									
12									
13									
14									
15									
16									
17									
18									

(三)数据处理

表 2-20 数据处理

序号	取样时间(min)	干基含水量(kg 水/kg 绝干物料)				产品平均流量(kg/s)	空气流量(m^3/h)	水分蒸发量(kg/s)
		m_S	$m_{S'}$	m_P	$m_{P'}$			
1								
2								
3								
4								
5								
6								
7								
8								

用湿物料的含水量减去干燥产品的含水量即为水分蒸发量。

技能训练 4 异常现象及处理方法

• **训练目标**

了解运行过程中常见的异常现象及处理方法。

• **训练方法**

针对运行过程中出现的不正常现象，如尾气含粉量过多等，进行讨论，提出解决的方法，并通过实际操作排除这些现象。

(一)干燥设备的常见异常现象及处理方法

1.干燥器床层膨胀高度发生较大变化

造成床层膨胀高度发生较大变化的主要原因是加入物料的变化和空气流量的变化。由于在实验操作过程中，一般进料不会产生变化，因此，空气流量的变化是床层膨胀高度变化的主要原因。床层膨胀高度随进入干燥器空气流量的增加而增加。如果床层膨胀高度大幅增加，应减小空气流量，将阀门 VA107 开大；反之，增加空气流量，将阀门 VA107 关小。待操作稳定后，记录实验数据；继续进行其他实验。

2.干燥器内空气温度发生较大变化

造成干燥器内空气温度发生较大变化的原因主要有导热油循环量加大和导热油温度升高。能够比较快的将空气温度调整到正常值的方法是改变导热油的循环量，空气温度过高时，减小导热油的循环量；反之，增大导热油的循环量。

待操作稳定后，记录实验数据；继续进行其他实验。

3.干燥后产品湿含量不合格

干燥空气流量过小、干燥器内空气温度偏低、加料速度过快和物料的湿含量增大是造成干燥后产品湿含量不合格的主要原因。处理该异常现象的顺序是:①如床层流化正常,先提高干燥器内空气的温度;②如流化不好,先加大空气的流量,再提高空气的温度;③在保证正常流化的前提下,先调整空气温度至操作上限后,再调整加热空气的流量;④空气流量和温度都已达到操作上限后,则减小加料量;⑤调整工艺,使进料的湿含量下降。待操作稳定后,记录实验数据;继续进行其他实验。

技能训练5 干燥设备的维护与检修

• **训练目标**

掌握干燥设备的维护与检修方法。

• **训练方法**

在实训设备上进行维护与检修练习。

1. 干燥设备日常维护

(1)设备检查:查泄漏;查腐蚀;查松动。

(2)保持保温层完好。

(3)经常检查并保持分离器畅通。

2. 干燥设备的检修

操作人员要配合做好下列工作:

(1)修理干燥器。

(2)清除污垢。

(3)更新布袋除尘器等。

(4)检查修理干燥器附件。

(5)保温层有破裂时应及时修好。

表2-21 设备运行正常后给扰动后的故障现象及解决办法

扰动点	故障现象	解决办法
1. 增大干燥器干燥风量		
2. 增大导热油加热功率		
3. 增大导热油输出量		
说明	解决办法不能局限于针对扰动的方法进行反向消除,应考虑多种有效的解决办法,并简要分析各种方法的优劣。	

3. 常压下(101.3kPa)湿空气中水蒸气的相对湿度(%)与干、湿球温度的关系

见附录4。

项目 8
精馏装置操作实训

精馏是分离均相液体混合物最常用的一种操作，在化工、炼油等工业中应用很广。例如将原油精馏可得到汽油、煤油、柴油及重油等；将混合芳烃精馏可得到苯、甲苯及二甲苯等。

精馏分离具有如下特点：

1. 通过精馏分离可以直接获得所需要的产品。

2. 精馏分离的适用范围广，它不仅可以分离液体混合物，而且可分离气态或固态混合物。

3. 精馏过程适用于各种组成混合物的分离。

4. 精馏操作是通过对混合液加热建立汽液两相体系进行的，所得到的汽相还需要再冷凝化。因此，精馏操作耗能较大。

一、实训目的

1. 认识精馏设备结构。

2. 认识精馏装置流程及仪表。

3. 掌握精馏装置的运行操作技能。

二、实训原理

精馏分离是根据溶液中各组分挥发度（或沸点）的差异，使各组分得以分离。其中较易挥发的称为易挥发组分（或轻组分），较难挥发的称为难挥发组分（或重组分）。它通过汽液两相的直接接触，使易挥发组分由液体向汽体传递，难挥发组分由汽体向液体传递，是汽液两相之间的传递过程。

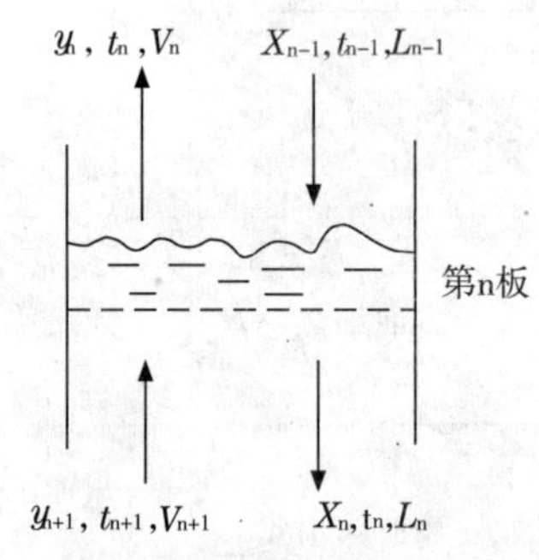

图 2-31　第 n 板的质量和热量衡算图

现取第 n 板（见图 2-31）为例来分析精馏过程和原理。

塔板的形式有多种，最简单的一种是板上有许多小孔（称筛板塔），每层板上都装有降液管，来自下一层（n+1 层）的蒸汽通过板上的小孔上升，而来自上一层（n－1 层）的液体通过降液管流到第 n 板上，在第 n 板上汽液两相密切接触，进行热量和质量的交换。进出第 n 板的物流有 4 种：

1. 由第 n－1 板溢流下来的液体量为 L_{n-1}，其组成为 x_{n-1}，温度为 t_{n-1}。

2. 由第 n 板上升的蒸汽量为 V_n，组成为 y_n，温度为 t_n。

3. 从第 n 板溢流下去的液体量为 L_n，组成为 x_n，温度为 t_n。

4. 由第 n+1 板上升的蒸汽量为 V_{n+1}，组成为 y_{n+1}，温度为 t_{n+1}。

因此，当组成为 x_{n-1} 的液体及组成为 y_{n+1} 的蒸汽同时进入第 n 板时，由于存在温度差和浓度差，汽液两相在第 n 板上密切接触进行传质和传热的结果会使离开第 n 板的汽液两相平衡（如果为理论板，则离开第 n 板的汽液两相成平衡），若汽液两相在板上的接触时间长，接触比较充分，那么离开该板的汽液两相相互平衡，通常称这种板为理论板（y_n，x_n 成平衡）。精馏塔中每层板上都进行着与上述相似的过程，其结果是上升蒸汽中易挥发组分浓度逐渐增高，而下降的液体中难挥发组分越来越浓，只要塔内有足够多的塔板数，就可使混合物达到所要求的分离纯度（共沸情况除外）。

加料板把精馏塔分为二段，加料板以上的塔，即塔上半部完成了上升蒸汽的精制，即除去其中的难挥发组分，因而称为精馏段。加料板以下（包括加料板）的塔，即塔的下半部完成了下降液体中难挥发组分的提浓，除去了易挥发组分，因而称为提馏段。一个完整的精馏塔应包括精馏段和提馏段。

精馏段操作方程为

$$y_{n+1}=\frac{R}{R+1}x_n+\frac{x_D}{R+1}$$

提馏段操作方程为

$$y_{n+1}=\frac{L+qF}{L+qF-W}x_n-\frac{W}{L+qF-W}x_w$$

其中，R 为操作回流比；F 为进料摩尔流量；W 为釜液摩尔流量；L 为提馏段下降液体的摩尔流量；q 为进料的热状态参数，其意义为每进料 1kmol/h 时，提馏段中的液体流量较精馏段中增大的流量值（kmol/h）部分回流时，进料热状况参数的计算式为

$$q=\frac{C_{pm}(t_{BP}-t_F)+r_m}{r_m}$$

式中：t_F ——进料温度，单位：℃。

t_{BP} ——进料的泡点温度，单位：℃。

C_{pm} ——进料液体在平均温度 $(t_F+t_{BP})/2$ 下的比热，单位：J/(mol ℃)。

r_m ——进料液体在其组成和泡点温度下的汽化热，单位：J/mol。

$$C_{pm}=C_{p1}M_1x_1+C_{p2}M_2x_2$$

$$r_m=r_1M_1x_1+r_2M_2x_2$$

式中：C_{p1}，C_{p2} ——分别为纯组份 1 和组份 2 在平均温度下的比热容，单位：kJ/(kg・℃)。

r_1，r_2 ——分别为纯组份 1 和组份 2 在泡点温度下的汽化热，单位：kJ/kg。

M_1，M_2 ——分别为纯组份 1 和组份 2 的摩尔质量，单位：kg/kmol。

x_1，x_2 ——分别为纯组份 1 和组份 2 在进料中的摩尔分率。

对于二元物系，如已知其汽液平衡数据，则根据精馏塔的原料液组成、进料热状况、操

作回流比及塔顶馏出液组成、塔底釜液组成可由图解法或逐板计算法求出该塔的理论板数 NT。

三、装置认识

·认识目标

熟悉装置流程、主体设备及其名称、各类测量仪表的作用及名称。

·认识方法

现场认知、老师指导。

1.装置流程

精馏操作实训装置如图 2-32 所示。

本装置所用介质为水和酒精。

2.主体设备

根据对装置的认识，在表 2-22 中填写相关内容。

表 2-22 精馏设备的结构认识

序号	位号	名称	用途
1		精馏塔	
2		原料罐	
3		塔顶产品罐	
4		塔釜产品罐	
5		塔顶凝液罐	
6		再沸器	
7		塔釜冷却器	
8		塔顶冷凝器	
9		再冷器	
10		原料预热器	
11		进料泵	
12		回流液泵	
13		塔顶采出泵	

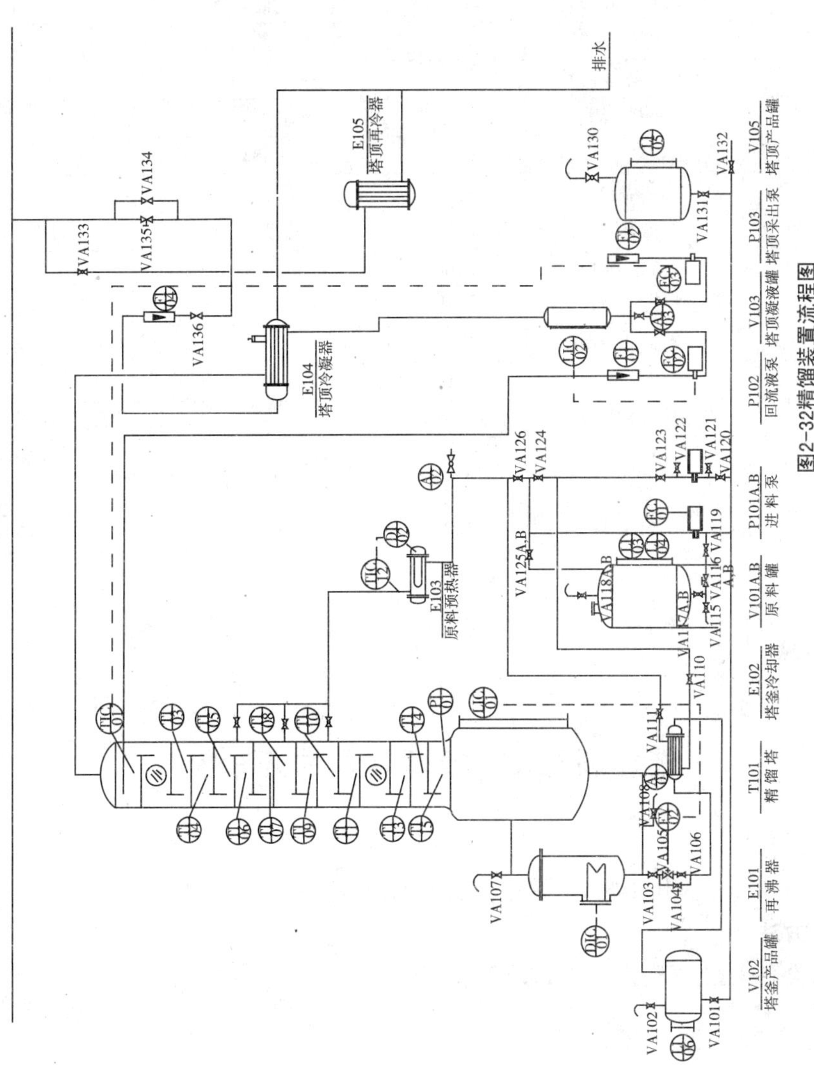

图2-32精馏装置流程图

3.测量仪表

根据对流程的认识,在表 2-23 中填写相关内容。

表 2-23 测量仪表的认识

序号	位号	仪表用途	仪表位置	规格	执行器
2		塔釜压力	集中	-100～60kPa,0.5 级	无
4		进料温度	集中	热电偶,1 级	加热电压
5		塔釜温度	集中	热电偶,1 级	无
6		第十块塔板温度	集中	热电偶,1 级	无
7		第八块塔板温度	集中	热电偶,1 级	无
8		第七块塔板温度	集中	热电偶,1 级	无
9		第六块塔板温度	集中	热电偶,1 级	无
10		第五块塔板温度	集中	热电偶,1 级	无
11		第四块塔板温度	集中	热电偶,1 级	无
11		第三块塔板温度	集中	热电偶,1 级	无
12		塔顶温度	集中	热电偶,1 级	回流泵、出料泵
13		塔釜液位	就地	精度 1cm	塔底出料阀
14		冷凝液液位	就地	精度 1cm	回流泵、出料泵
15		原料罐 A 液位	就地		无
16		原料罐 B 液位	就地		无
17		塔顶产品罐液位	就地		无
18		塔釜产品罐液位	就地		无
19		进料流量	集中		变频器
20		回流流量	集中		变频器
21		出料流量	集中		变频器

四、技能训练步骤

技能训练 1 精馏装置的开车操作

• 训练目标

掌握正确的开车操作步骤,了解相应的操作原理。

• 训练方法

在实训设备上按照下述内容及步骤进行操作练习。

(一)开车前的准备工作

1. 了解精馏操作基本原理。
2. 了解板式塔的基本构造、精馏设备流程及各部分的作用。
3. 熟悉板式精馏塔工艺流程和主要设备。
4. 熟悉各取样点及温度和压力测量与控制点的位置。

5. 检查公用工程(水、电)是否处于正常供应状态。

6. 设备上电,检查流程中各设备、仪表是否处于正常开车状态,动设备试车。

7. 了解本实验所用分离物系。

8. 检查塔顶产品罐是否有足够空间贮存实验产生的塔顶产品;如空间不够,关闭阀门VA123、VA125、VA126,打开阀门VA112、VA127,启动塔顶采出泵P103,将塔顶产品倒到原料罐A或B。

9. 检查塔釜产品罐是否有足够空间贮存实验产生的塔底产品;如空间不够,关闭阀门VA114、VA107、VA109、VA110,打开阀门VA101、VA115、VA117、VA120,启动进料泵P101,将塔釜产品倒到原料罐A或B。

10. 检查原料罐,是否有足够原料供实验使用,检测原料浓度是否符合操作要求(原料体积百分浓度15%),如有问题进行补料或调整浓度的操作。

11. 检查流程中各阀门是否处于正常开车状态:

水冷精馏装置——关闭阀门VA101、VA102、VA103、VA107、VA108、VA109、VA110、VA111A/B、VA112 A/B、VA115、VA116、VA117 A/B、VA118、VA119、VA120、VA121、VA122、VA123、VA125、VA126、VA127、VA128、VA130、VA132、VA133;

全开阀门——VA105、VA106、VA113、VA114A/B、VA129、VA131。

12. 按照要求制定操作方案。

发现异常情况,必须及时报告指导教师进行处理。

(二)正常开车

1. 从原料取样点AI02取样分析原料组成。

2. 该精馏塔有3个进料位置,根据实验要求,选择进料板位置,关闭其他2个进料管线上的相关阀门。

3. 接通仪表柜总电源。设定进料温度控制TIC10值为60℃,设定塔顶冷凝罐V103的液位控制LIC02值150mm。

4. 启动进料泵P101B。

5. 打开原料预热器E103的电加热开关,预热原料。

6. 当塔釜液位显示仪LIC01达到300mm左右时,关闭进料泵和原料预热器,同时关闭VA106阀门。

注意:塔釜液位指示计LIC01严禁低于200mm、高于400mm。

7. 打开再沸器E101的电加热开关,加热电压调节至150~200V,加热塔内液体。

8. 通过塔釜上方和塔顶的观测段,观察液体加热情况。当液体开始沸腾时,注意观察塔内气液接触状况,同时加热电压控制值设定为150~180V。

9. 当塔顶观测段出现蒸汽时,打开冷却水使塔顶蒸汽冷凝为液体,流入塔顶冷凝液罐V103。

10. 当塔顶冷凝液罐V103的液位LIC02达到100mm时,打开阀门VA121,启动回流液泵P102进行全回流操作。

11. 随时观测塔内各点温度、压力、流量和液位的变化情况,每5min记录一次数据。

12. 当塔顶温TIC01保持恒定一段时间(15min)后,在塔釜和塔顶的取样点AI01、AI03

位置分别取样分析。

开车过程发生异常现象时，必须及时报告指导教师进行处理。

考考你：

A. 在精馏实训装置有3个进料位置，应该如何选择进料位置？

B. 如果要考虑塔顶冷凝器所用冷却水的循环利用，你有什么好的设计方案？

技能训练2 正常操作

• 训练目标

掌握物料平衡的控制方法，了解塔压的稳定方法以及塔温、塔釜液面、回流比等参数相互间的制约关系，掌握这些参数的调节方法，并且能够控制精馏过程平稳运行。

• 训练方法

在实训设备中按照指导老师给定的指标进行控制练习，并针对精馏过程中可能出现的参数变化情况，参照操作要求组织和安排参数调节训练。

(一)操作要求

1. 待全回流稳定后，切换至部分回流，将原料罐—进料泵A—进料口管线的阀全部打开，使进料管路通畅。

2. 开启进料泵A，变频器调为20Hz(对应的进料量约为4 L/h)，打开进料预热器(温度设为60℃，也可不开)以及塔顶出料泵P103开关。开始部分回流。

3. 观测塔顶回流液位变化以及回流和出料的玻璃段。在此过程中可根据情况小幅增大加热电压值(5～10V)以及冷凝水流量。如果操作状态稳定，操作参数也可不变。

4. 待塔顶温度稳定后，取样测量浓度，部分回流结束(一般来说部分回流的浓度会介于全回流的浓度区间之间)。

5. 关闭进料预热，关闭进料泵，关闭塔釜加热，关闭塔顶采出泵、回流泵，关闭总电源，半小时后关闭冷凝水。

技能训练3 停车操作

• 训练目标

掌握正确的停车步骤，了解每一步的操作原理及操作要求。

• 训练方法

按照操作要求进行操作练习。

(一)操作要求

1. 关闭再沸器E101加热电源。

2. 待没有蒸汽上升后，关闭回流液泵P102、塔顶冷凝器E104和冷却水。

3.关闭总电源。

4.清理装置,打扫卫生。

(二)操作数据记录

见表2-24。

技能训练4 异常现象及处理方法

• **训练目标**

了解运行过程中常见的异常现象及处理方法。

• **训练方法**

针对运行过程中出现的不正常现象,进行讨论,提出解决的方法,并通过实际操作消除这些不正常现象。

1.塔顶温度的变化

本装置造成塔顶温度变化的原因主要有进料浓度的变化,进料量的变化,回流量与温度的变化,再沸器加热量的变化,塔顶压力的变化。

稳定操作过程中,塔顶温度上升的处理措施有:

(1)检查回流量是否正常,如是回流泵的故障,及时报告指导教师进行处理。如回流量变小,要检查塔顶冷凝器是否正常,对于风冷装置,发现风冷冷凝器工作不正常,及时报告指导教师进行处理;对于水冷装置,发现冷凝器工作不正常,一般是冷凝水供水管线上的阀门故障,此时可以打开与电磁阀并联的备用阀门。如是一次水管网供水中断,及时报告指导教师进行处理。

(2)检查进料罐V101AB罐底进料电磁阀的状态,如发现进料发生了变化,及时报告指导教师,同时检测进料浓度,根据浓度的变化调整进料板的位置和再沸器的加热量。

(3)当进料量减小很多,如再沸器的加热量不变,经过一段时间后,塔顶温度会上升,此时可以将进料量调整回原值或减小再沸器的加热量。

(4)当塔顶压力升高后,在同样操作条件下,会使塔顶温度升高,应降低塔顶压力为正常操作值。

待操作稳定后,记录实训数据;继续进行其他实训。

稳定操作过程中,塔顶温度下降的处理措施有:

(1)检查回流量是否正常,适当减小回流量加大采出量。检查塔顶冷凝液的温度是否过低,适当提高回流液的温度。

(2)检查进料罐V101AB罐底进料电磁阀的状态,如发现进料发生了变化,及时报告指导教师,同时检测进料浓度,根据浓度的变化调整进料板的位置和再沸器的加热量。

(3)当进料量增加很多,如再沸器的加热量不变,经过一段时间后,塔顶温度会下降,此时可以将进料量调整回原值或加大再沸器的加热量。

(4)当塔顶压力减低后,在同样操作条件下,会使塔顶温度下降,应提高塔顶压力为正常操作值。

待操作稳定后,记录实训数据;继续进行其他实训。

表 2-24　精馏实训操作记录

(Ⅰ)日期　年　月　日(星期　)　时　分至　时　分											
(Ⅱ)实训任务:精馏正常运行操作											
(Ⅲ)设备代号:						设备编号:					
工艺参数	温度(℃)			压力(kPa)		液位(mm)			取样分析		
时间	塔顶温度TIC01	塔釜温度TI09	进料温度TIC10	塔釜压力PI02	塔顶压力PIC03	塔釜液位LIC01	原料罐液位LI03	塔顶冷凝罐液位LIC02	进料组成AI02	塔顶组成AI03	塔釜组成AI01

班级:

操作人员:

2. 液泛或漏液

当塔底再沸器加热量过大、进料轻组分过多可能导致液泛。处理措施为：

(1)减小再沸器的加热电压，如产品不合格停止出料和进料。

(2)检测进料浓度，调整进料位置和再沸器的加热量。

待操作稳定后，记录实训数据；继续进行其他实训。

当塔底再沸器加热量过小、进料轻组分过少或温度过低可能导致漏液。处理措施为：

(1)加大再沸器的加热电压，如产品不合格停止出料和进料。

(2)检测进料浓度和温度，调整进料位置和温度，增加再沸器的加热量。

待操作稳定后，记录实训数据；继续进行其他实训。

3. 数据处理

对于二元物系，如已知其汽液平衡数据，则根据精馏塔的原料液组成、进料热状况、操作回流比及塔顶馏出液组成、塔底釜液组成，可以利用作图法求出该塔的理论板数 N_T。按照式(2-34)可以得到总板效率 E_T，其中 N_P 为实际塔板数，本装置实际塔板为 10 块。

$$E_T = \frac{N_T - 1}{N_P} \times 100\% \tag{2-34}$$

当操作稳定后，取两组数据进行如下处理。

表 2-25　数据处理

时间	x_F	x_D	x_W	N_T	E_T

4. 乙醇—水溶液体系的平衡数据

见附录 4。

项目 9
吸收—解吸操作实训

气体吸收是典型的化工单元操作过程，其原理是根据气体混合物中各组分在选定液体吸收剂中物理溶解度或化学反应活性的不同而实现气体组分分离的传质单元操作。前者称物理吸收，后者称化学吸收。吸收操作所用的液体溶剂称为吸收剂，以 S 表示；混合气体中，能够显著溶解于吸收剂的组分称为吸收物质或溶质，以 A 表示；而几乎不被溶解的组分统称为惰性组分或载体，以 B 表示。吸收操作所得的溶液称为吸收液或溶液，它是溶质 A 在溶剂 S 中的溶液；被吸收后排除出的气体称为吸收尾气，其主要成分为惰性气体 B 和残留的少量未被吸收的溶质 A。吸收操作在石油化工、天然气化工以及环境工程中有极其广泛的应用，按工程目的可归纳为：

1. 净化精制气体。
2. 制备某种气体的溶液。
3. 回收混合气体中有用组分。
4. 废气治理、保护环境。

与吸收相反的过程，即溶质从液相中分离出来而转移到气相的过程（用惰性气体吹扫溶液或将溶液加热或将其送入减压容器中使溶质放出），称为解吸或提馏。吸收与解吸的区别仅仅是操作过程中物质传递的方向相反，它们所依据的原理一样。

一、实训目的

1. 认识吸收—解吸设备结构。
2. 认识吸收—解吸装置流程及仪表。
3. 掌握吸收—解吸装置的运行操作技能。
4. 学会常见异常现象的判别及处理方法。

二、实训原理

1. 气体在液体中的溶解度，即气—液平衡关系

在一定条件（系统的温度和总压力）下，混合气中某溶质组分的分压若一定，则与之密切接触而达到平衡的溶液中，该溶质的浓度也为一定，反之亦然。对气相中的溶质来说，液相中的浓度是它的溶解度；对液相中的溶质来说，气相分压是它的平衡蒸汽压。气—液平衡是气液两相密切接触后所达到的终极状态。在判断过程进行的方向(吸收还是解吸)、吸收剂用量或是解吸吹扫气体用量以及设备的尺寸时,气液平衡数据都是不可缺少的。

吸收用的气液平衡关系可用亨利定律表示:在一定的温度下,当总压不高(<500kPa)时,稀溶液上方气体溶质的平衡分压与溶质在液相中的平衡浓度成正比,即

$$p^* = EX$$

$$Y^* = mX$$

式中:p^*——溶质在气相中的平衡分压,kPa。

Y^*——溶质在气相中的摩尔分数。

X——溶质在液相中的摩尔分数。

E 和 m 为以不同单位表示的亨利系数,m 又称为相平衡常数。这些常数的数值越小,表明可溶组分的溶解度越大,或者说溶剂的溶解能力越大。E 与 m 的关系为

$$m = \frac{E}{p}$$

式中:p——总压,kPa。

亨利系数随温度而变,压力不大(约 5MPa 以下)时,随压力而变得很小,可以忽略不计。不同温度下,二氧化碳的亨利系数如表 2-26。

表 2-26 不同温度下 CO_2 溶于水的亨利系数

温度(℃)	0	5	10	15	20	25	30	35	40	45	50
E(MPa)	73.7	88.7	105	124	144	166	188	212	236	260	287

2.流体力学性能

压降是塔设计中的重要参数,气体通过填料层压强降的大小决定了塔的动力消耗。压降与塔内气、液相流量有关。

3.传质性能

吸收系数是决定吸收过程速率高低的重要参数,而实验测定是获取吸收系数的根本途径。对于相同的物系及一定的设备(填料类型与尺寸),吸收系数将随着操作条件及气液接触状况的不同而变化。

虽然本实验所用气体混合物中二氧化碳的组成较高,所得吸收液的浓度却不高。可认为气液平衡关系服从亨利定律,可用方程式 $Y^* = mX$ 表示。又因是常压操作,相平衡常数 m 值仅是温度的函数。

(1) N_{OG}、H_{OG}、K_{Ya}、φ_A 可依下列公式进行计算。

$$N_{OG} = \frac{Y_1 - Y_2}{\Delta Y_m}$$

$$\Delta Y_m = \frac{\Delta Y_1 - \Delta Y_2}{\ln \frac{\Delta Y_1}{\Delta Y_2}}$$

$$H_{OG} = \frac{Z}{N_{OG}}$$

$$K_Y a = \frac{q_{n,V}}{H_{OG} \cdot \Omega} \qquad \varphi_A = \frac{Y_1 - Y_2}{Y_1}$$

式中：Z——填料层的高度，单位：m。

H_{OG}——气相总传质单元高度，单位：m。

N_{OG}——气相总传质单元数，量纲为一。

Y_1、Y_2——进、出口气体中溶质组分(A与B)的摩尔比，量纲为一。

ΔY_m——所测填料层两端面上气相推动力的平均值。

ΔY_2、ΔY_1——分别为填料层上、下两端面上气相推动力。

$$\Delta Y_1 = Y_1 - mX_1$$

$$\Delta Y_2 = Y_2 - mX_2$$

式中：X_2、X_1——进、出口液体中溶质组分(A与S)的摩尔比，量纲为一。

m——相平衡常数，量纲为一。

$K_Y a$——气相总体积吸收系数，单位：kmol /(m^3 · h)。

$q_{n,V}$——空气(B)的摩尔流量，单位：kmol/ h。

$$\Omega = \frac{\pi}{4}D^2$$

式中：Ω——填料塔截面积，单位：m^2。

φ_A——混合气中二氧化碳被吸收的百分率(吸收率)，量纲为一。

(2)操作条件下液体喷淋密度的计算。

$$\text{喷淋密度}\ U = \frac{\text{液体流量}}{\text{塔截面积}}$$

最小喷淋密度经验值U_{min}为0.2 m^3/(m^2 · h)。

三、装置认识

· 认识目标

熟悉装置流程、主体设备及其名称、各类测量仪表的作用及名称。

· 认识方法

现场认知、老师指导。

1. 装置流程

吸收—解吸操作实训装置如图2-33所示。

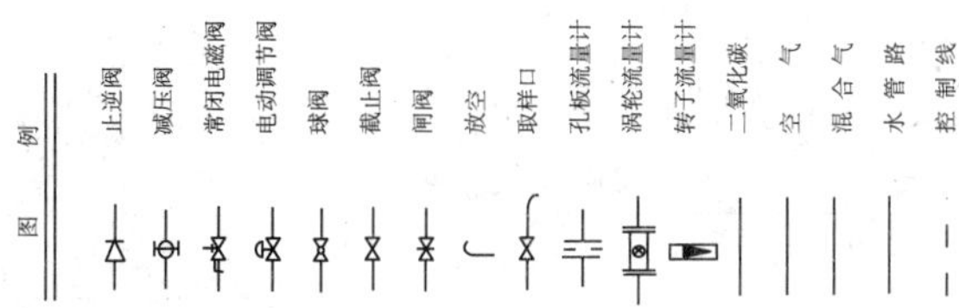

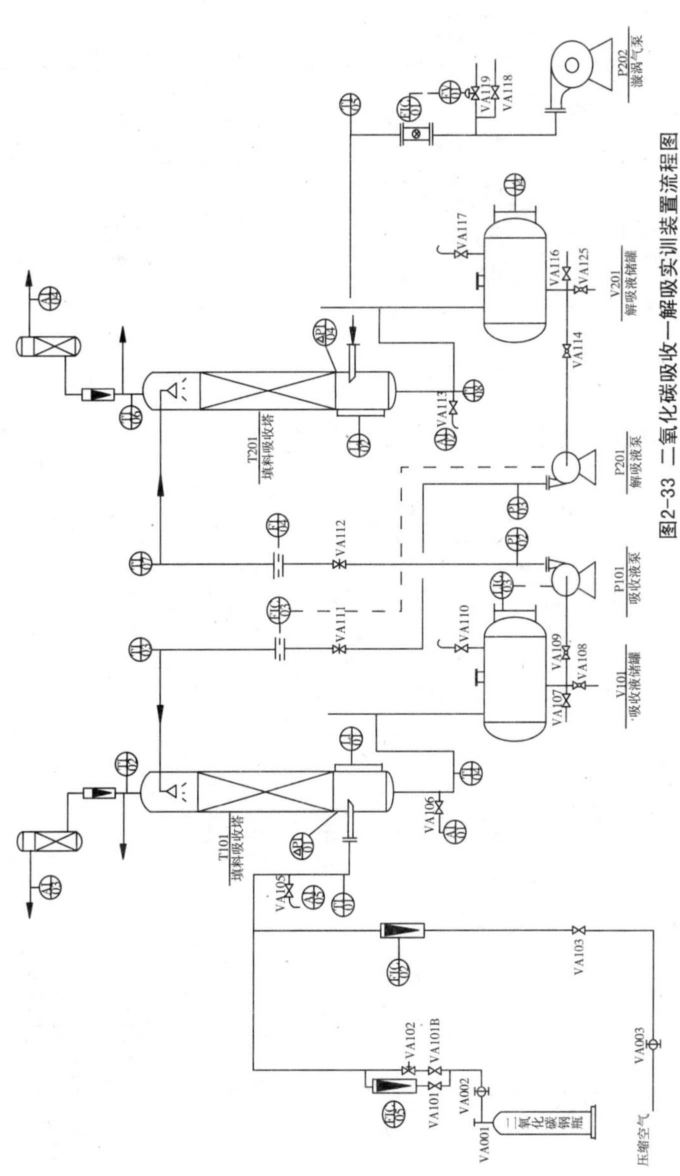

图2-33 二氧化碳吸收—解吸实训装置流程图

2.主体设备

根据对装置的认识,在表 2-27 中填写相关内容。

表 2-27 吸收一解吸装置的结构认识

位号	名称	用途
	吸收塔	
	解吸塔	
	吸收液泵	
	解吸液泵	
	吸收塔气泵	
	解吸塔气泵	
	吸收液储槽	
	解吸液储槽	
	填料	

3.测量仪表

根据对流程的认识,在表 2-28 中填写相关内容。

表 2-28 测量仪表认识

仪表		吸收塔		解吸塔	
		液体	气体	液体	气体
介质					
流量	位号				
	单位				
压降	位号				
	单位				
进口温度	位号				
	单位				
出口温度	位号				
	单位				

四、技能训练步骤

技能训练 1 吸收一解吸装置的开车操作

• **训练目标**

掌握正确的开车操作步骤,了解相应的操作原理。

• **训练方法**

在实训设备上按照下述内容及步骤进行操作练习。

(一)开车前的准备工作

1. 了解吸收和解吸传质过程的基本原理。

2. 了解填料塔的基本构造,熟悉工艺流程和主要设备。

3. 熟悉各取样点及温度和压力测量与控制点的位置。

4. 熟悉用转子流量计、孔板流量计和涡轮流量计测量液体流量。

5. 检查公用工程(水、电)是否处于正常供应状态。

6. 设备上电,检查流程中各设备、仪表是否处于正常开车状态,动设备试车。

7. 了解本实训所用物系。

8. 检查吸收液储槽是否有足够空间储存实训过程的吸收液。

9. 检查解吸液储槽是否有足够解吸液供实训使用。

10. 检查二氧化碳钢瓶储量是否有足够二氧化碳供实训使用。

11. 检查流程中各阀门是否处于正常开车状态:阀门 VA101、VA105、VA106、VA107、VA108、A111、VA112、VA113、VA115、VA116 关闭,阀门 VA101B、VA103、VA104、VA109、VA110、VA114、VA117、VA118 全开。

12. 按照要求制定操作方案

发现异常情况,必须及时报告指导教师进行处理。

(二)正常开车

1. 确认阀门 VA111 处于关闭状态,启动解吸液泵 P201,打开阀门 VA111,吸收剂(解吸液)通过孔板流量计 FIC03 从顶部进入吸收塔。

2. 将吸收剂流量设定为规定值(10～50L/h),观测孔板流量计 FIC03 显示和解吸液入口温度 TI03 显示。

3. 当吸收塔底的液位 LI01 达到规定值时,启动空气压缩机,将空气流量设定为规定值(10～15m^3/h),通过自动调节变频器使空气流量达到此规定值。

4. 观测吸收液储槽的液位 LIC03,待其大于规定液位高度(200～300mm)后,启动旋涡气泵 P202,将空气流量设定为规定值(10～15m^3/h),自动调节空气流量 FIC01 到此规定值(若长时间无法达到规定值,可适当减小阀门 VA118 的开度)(注意:新装置首次开车时,解吸塔要先通入液体润湿填料,再通入惰性气体。)

5. 确认阀门 VA112 处于关闭状态,启动吸收液泵 P101,观测泵出口压力 PI02(如 PI02 没有示值,关泵,必须及时报告指导教师进行处理),打开阀门 VA112,解吸液通过孔板流量计 FI04 从顶部进入解吸塔,解吸液流量自动根据液位 LIC03 的大小进行调整,观测孔板流量计 FI04 显示和解吸液入口温度 TI06 显示。

6. 观察空气由底部进入解吸塔和解吸塔内气液接触情况,空气入口温度由 TI05 显示。

7. 将阀门 VA118 逐渐关小至半开,观察空气流量 FIC01 的示值。气液两相被引入吸收塔后,开始正常操作。

考考你:

A. 为什么不允许一次即调节到旋涡气泵的额定负荷?

B. 旋涡气泵的流量调节方法有哪些?

C. 旋涡气泵开车时为什么要先开其旁通阀?

D. 填料塔内所装填料采用不规则排列时,为什么要先向填料塔内灌满水后再装填料?

技能训练 2 正常操作

• **训练目标**

熟悉吸收塔在正常工作状态下的常规检查内容,掌握吸收塔正常运行时的工艺指标及相互影响关系,掌握调节工艺参数和控制吸收过程稳定的方法。

• **训练方法**

根据吸收过程中的各项工艺指标,判断操作过程是否运行正常;改变某项工艺指标,观察其他参数的变化情况,并分析变化的原因。

(一)操作要求

1. 打开二氧化碳钢瓶阀门,调节二氧化碳流量到规定值,打开二氧化碳减压阀保温电源。

2. 二氧化碳和空气混合后制成实训用混合气从塔底引入吸收塔。

3. 采用滴定法或气相色谱来测定吸收前混合气中二氧化碳的含量。

4. 注意观察二氧化碳流量变化情况,及时调整到规定值。

5. 操作稳定 20min 后,分析吸收塔顶放空气体(AI03)、解吸塔顶放空气体(AI05)。

6. 气体在线分析方法:二氧化碳传感器检测吸收塔顶放空气体(AI03)、解吸塔顶放空气体(AI04)中的二氧化碳体积浓度,传感器将采集到的信号传输到显示仪表中,在显示仪表 AI03 和 AI04 上读取数据。

(二)本实训可以改变的工艺条件

1. 吸收塔混合气流量和组成。

2. 解吸液流量和组成。

3. 解吸塔空气流量。

4. 吸收液流量和组成。

在操作过程中,可以改变一个操作条件,也可以同时改变几个操作条件。需要注意的是,每次改变操作条件必须及时记录实训数据,操作稳定后及时取样分析和记录。操作过程中发现异常情况,必须及时报告指导教师进行处理。

考考你：

A. 如何调节吸收塔的液位？哪些因素会引起吸收塔液位的波动？

B. 影响吸收塔的主要因素有哪些？

C. 填料吸收塔在正常操作中，应控制好哪些工艺条件？如何控制？

技能训练3　停车操作

• **训练目标**

掌握正确的停车步骤，了解每一步的操作原理和操作要求。

• **训练方法**

按照下述操作步骤进行操作练习。

(一)操作要求

1. 关闭二氧化碳钢瓶总阀门，关闭二氧化碳减压阀保温电源。
2. 5min后，关闭解吸液泵P201，关闭空气压缩机电源。
3. 吸收液流量变为零后，关闭吸收液泵P101。
4. 5min后，关闭旋涡气泵P202。
5. 关闭总电源。

(二)操作数据记录

表2-29　吸收—解吸装置正常操作记录(一)

<table>
<tr><td colspan="11">(Ⅰ)日期：　　年　　月　　日(星期　　)　　时　　分至　　时　　分</td></tr>
<tr><td colspan="11">(Ⅱ)操作人员名单：</td></tr>
<tr><td colspan="11">(Ⅲ)实训任务：吸收—解吸装置正常运行操作</td></tr>
<tr><td colspan="11">(Ⅳ)设备代号：(　　　　)吸收—解吸装置；　　设备编号：第(　　)套</td></tr>
<tr><td rowspan="3">时间</td><td colspan="10">吸收塔</td></tr>
<tr><td>CO_2</td><td colspan="2">空气</td><td colspan="2">吸收剂(解吸液)</td><td colspan="2">吸收液</td><td rowspan="2">塔压降，kPa (PI01)</td><td rowspan="2">塔顶气体组成 (AI03)</td><td rowspan="2">吸收液储槽液位，mm (LIC03)</td></tr>
<tr><td>流量 m^3/h</td><td>流量，m^3/h (FIC02)</td><td>温度，℃ (TI01)</td><td>流量，m^3/h (FIC03)</td><td>温度，℃ (TI03)</td><td>温度，℃ (TI04)</td><td>泵出口压力，kPa (PI02)</td></tr>
<tr><td></td><td></td><td></td><td></td><td></td><td></td><td></td><td></td><td></td><td></td><td></td></tr>
<tr><td></td><td></td><td></td><td></td><td></td><td></td><td></td><td></td><td></td><td></td><td></td></tr>
<tr><td></td><td></td><td></td><td></td><td></td><td></td><td></td><td></td><td></td><td></td><td></td></tr>
<tr><td></td><td></td><td></td><td></td><td></td><td></td><td></td><td></td><td></td><td></td><td></td></tr>
<tr><td></td><td></td><td></td><td></td><td></td><td></td><td></td><td></td><td></td><td></td><td></td></tr>
</table>

表 2-30 吸收一解吸装置正常操作记录(二)

Ⅰ)日期： 年 月 日(星期) 时 分至 时 分								
Ⅱ)操作人员名单：								
Ⅲ)实训任务：吸收一解吸装置正常运行操作								
Ⅳ)设备代号：( )吸收一解吸装置； 设备编号：第( )套								
时间	解吸塔							
	空气		解吸液进口		解吸液出口	塔压降，kPa (PI04)	塔顶气体组成 (AI04)	解吸液储槽液位，mm(LI04)
	流量，m^3/h (FIC01)	温度，℃ (TI05)	流量，m^3/h (FI04)	温度，℃ (TI07)	温度，℃ (TI08)			

(三)数据处理

溶液中二氧化碳含量的测定方法：用移液管吸取0.1M的$Ba(OH)_2$溶液10mL，放入三角瓶中，并从塔底取样口处用移液管接收塔底溶液20mL，用胶塞塞好，并振荡。用滤纸除去瓶中碳酸钡白色沉淀，清液中加入2～3滴甲基橙指示剂，最后用0.1M的盐酸滴定到终点(出现橙红色的瞬时)，按下式计算得出溶液中二氧化碳的浓度：

$$C_{CO_2}=\frac{2C_{Ba(OH)_2}V_{Ba(OH)_2}-C_{HCl}V_{HCl}}{2V_{溶液}}\quad mol\cdot L^{-1}$$

技能训练4　异常现象及处理方法

• **训练目标**

了解运行过程中常见的异常现象及处理方法。

• **训练方法**

针对运行过程中出现的不正常现象，如出口气体CO_2流量的升高等，进行讨论，提出解决的方法，并通过实际操作排除这些现象。

(一)吸收一解吸设备的常见异常现象及处理方法

1.吸收塔出口气体二氧化碳含量升高

造成吸收塔出口气体二氧化碳含量升高的原因主要有入口混合气中二氧化碳含量的增加、混合气流量增大、吸收剂流量减小、吸收贫液中二氧化碳含量增加和塔性能的变化(填料堵塞、气液分布不均等)。

处理的措施依次有：

(1)检查二氧化碳的流量，如发生变化，调回原值。

(2)检查入吸收塔的空气流量FIC02，如发生变化，调回原值。

(3)检查入吸收塔的吸收剂流量FIC03，如发生变化，调回原值。

(4)打开阀门V113，取样分析吸收贫液中二氧化碳含量，如二氧化碳含量升高，增加解吸塔空气流量FIC01。

(5)如上述过程未发现异常，在不发生液泛的前提下，加大吸收剂流量FIC03，增加解吸塔空气流量FIC01，使吸收塔出口气体中二氧化碳含量回到原值，同时向指导教师报告，观测吸收塔内的气液流动情况，查找塔性能恶化的原因。

待操作稳定后，记录实验数据；继续进行其他实验。

2.解吸塔出口吸收贫液中二氧化碳含量升高

造成吸收贫液中二氧化碳含量升高的原因主要有解吸空气流量不够、塔性能的变化(填料堵塞、气液分布不均等)。处理的措施有：

(1)检查入解吸塔的空气流量FIC01，如发生变化，调回原值。

(2)检查解吸塔塔底的液封，如液封被破坏要恢复或增加液封高度，防止解吸空气泄露。

(3)如上述过程未发现异常，在不发生液泛的前提下，加大解吸空气流量FIC01，使吸收贫液中二氧化碳含量回到原值，同时向指导教师报告，观察塔内气液两相的流动状况，查找塔性能的恶化的原因。

待操作稳定后，记录实验数据；继续进行其他实验。

技能训练5 吸收—解吸装置的维护与检修

• **训练目标**

掌握吸收—解吸装置的维护与检修。

• **训练方法**

在实训设备上进行维护与检修练习。

1.吸收—解吸装置日常维护

(1)设备检查：查泄漏；查腐蚀；查松动。

(2)日常保养：由操作人员负责，每天进行。要求：巡回检查设备运行状态及完好状态；保持设备清洁、稳固。

2.吸收—解吸装置的检修

操作人员要配合做好下列工作：

(1)全面检查塔体的腐蚀程度。

(2)检查液体分布器是否损坏。

(3)检查填料是否损坏。

(4)清洗填料。

(5)更新部分螺栓、螺母、法兰垫片及密封圈。

(6)检查修理吸收—解吸装置附件。

表2-31 设备运行正常后给扰动后的故障现象及解决办法

扰动点	故障现象	解决办法
1.增大吸收塔二氧化碳流量		
2.增大吸收塔空气流量		
3.增大解吸塔空气流量		
4.增大吸收塔吸收剂流量		
说　明	解决办法不能局限于针对扰动的方法进行反向消除，应考虑多种有效的解决办法，并简要分析各种方法的优劣。	

项目 10
萃取培训装置操作

一、实训目的

对于液体混合物的分离，除可采用蒸馏的方法外，还可采用萃取的方法，即在液体混合物(原料液)中加入一个与其基本不相混溶的液体作为溶剂，形成第二相，利用原料液中各组分在两个液相中的溶解度不同而使原料混合物得以分离。

1. 认识萃取设备的结构。
2. 认识萃取装置的流程及仪表。
3. 掌握萃取装置的运行操作技能。
4. 学会常见异常现象的判别及处理方法。

二、生产工艺过程

液—液萃取，亦称溶剂萃取，简称萃取或抽提。选用的溶剂称为萃取剂，以 S 表示；原料液中易溶于 S 的组分称为溶质，以 A 表示；难溶于 S 的组分称为原溶剂(或稀释剂)，以 B 表示。

如果在萃取过程中，萃取剂与原料液中的有关组分不发生化学反应，则称之为物理萃取，反之则称之为化学萃取。

(一)萃取基本原理

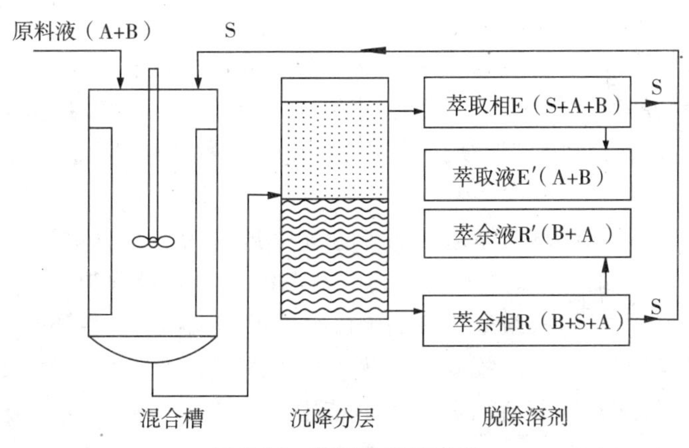

图 2-34　萃取操作示意图

萃取操作的基本过程如图 2-34 所示。将一定量萃取剂加入原料液中，然后加以搅拌使原料液与萃取剂充分混合，溶质通过相界面由原料液向萃取剂中扩散，所以萃取操作与精馏、吸收等过程一样，也属于两相间的传质过程。搅拌停止后，两液相因密度不同而分层：一层以溶剂 S 为主，并溶有较多的溶质，称为萃取相，以 E 表示；另一层以原溶剂（稀释剂）B 为主，且含有未被萃取完的溶质，称为萃余相，以 R 表示。若溶剂 S 和 B 为部分互溶，则萃取相中还含有少量的 B，萃余相中亦含有少量的 S。

由上可知，萃取操作并没有得到纯净的组分，而是新的混合液：萃取相 E 和萃余相 R。为了得到产品 A，要回收溶剂以供循环使用，并对这两相分别进行分离。通常采用蒸馏或蒸发的方法，有时也可采用结晶等其他方法。脱除溶剂后的萃取相和萃余相分别称为萃取液和萃余液，以 E′和 R′表示。对于一种液体混合物，究竟是采用蒸馏还是萃取加以分离，主要取决于技术上的可行性和经济上的合理性。

1. 适合采用萃取方法的情况

（1）原料液中各组分间的沸点非常接近，即组分间的相对挥发度接近于 1，采用蒸馏方法很不经济。

（2）料液在蒸馏时形成恒沸物，用普通蒸馏方法不能达到所需的纯度。

（3）原料液中需分离的组分含量很低且为难挥发组分，若采用蒸馏方法须将大量稀释剂汽化，能耗较大。

（4）原料液中需分离的组分是热敏性物质，蒸馏时易于分解、聚合或发生其他变化。

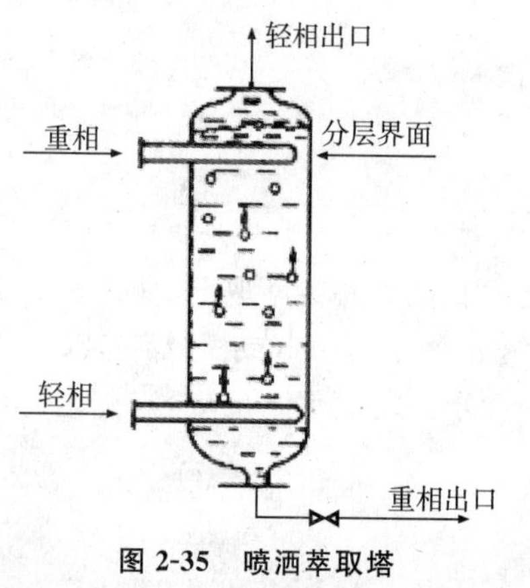

图 2-35 喷洒萃取塔

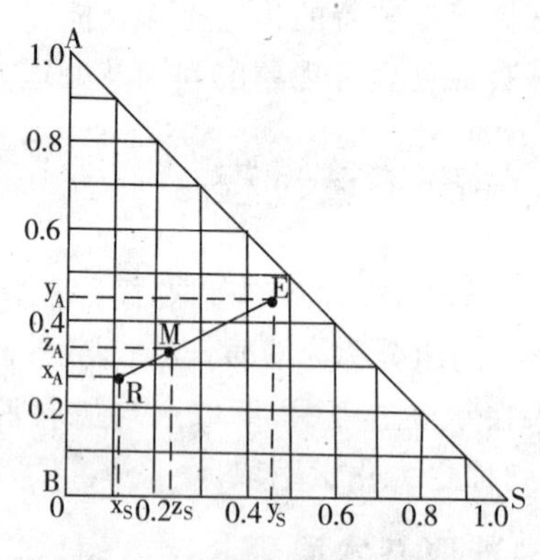

图 2-36 溶液组成的表示法

图 2-35 所示的喷洒式萃取塔是一种典型的微分接触式萃取设备。料液与溶剂中的较重者自塔顶加入，较轻者自塔底加入。两相中有一相经分布器分散成液滴，另一相保持连续。液滴在浮生或沉降过程中与连续相呈逆流接触进行物质传递，最后轻重两相分别从塔顶与塔底排出。

在双组分溶液的萃取分离中，萃取相及萃余相一般均为三组分溶液。各组分均以质量分数表示，为确定某溶液的组分，必须规定其中两个组分的质量分数，而第三组分的质量分数可由归一条件决定。这样，三组分溶液的组成须用平面坐标上的一点（如图 2-36 的 R 点）表示，点的纵坐标为溶质 A 的质量分数 x_A，横坐标为溶剂 S 的质量分数 x_S。因三个组分的质量分数之和为 1，故在图 2-36 所示的三角形范围内可表示任何三元溶液的组成。三角形的三个顶点分别表示三个纯组分，而三条边上的任何一点则表示相应的双组分溶液。

2. 物料衡算与杠杆定律

设有组成为 x_A、x_B、x_S（R 点）的溶液 R kg 及组成为 y_A、y_B、y_S（E 点）的溶液 E kg，若将两溶液混合，混合物总量为 M kg，组成为 z_A、z_B、z_S，此组成可用图 2-36 中的 M 点表示。则可列总物料衡算式及组分 A、组分 S 的物料衡算式：

$$M = R + S$$

$$Mz_A = Rx_A + Ey_A$$

$$Mz_s = Rx_S + Ey_S \tag{2-35}$$

由此可以导出：

$$\frac{E}{R} = \frac{z_A - x_A}{y_A - z_A} = \frac{z_S - x_S}{y_S - z_S} \tag{2-36}$$

式(2-36)表明，表示混合液组成的 M 点的位置必在 R 点与 E 点的连线上，且线段 $\overline{RM}$ 与 $\overline{ME}$ 之比与混合前两溶液的质量成反比，即：

$$\frac{E}{R} = \frac{\overline{RM}}{\overline{EM}} \tag{2-37}$$

式(2-37) 为物料衡算的简洁图示方法，称为杠杆定律。根据杠杆定律，可较方便地在图上定出 M 点的位置，从而确定混合液的组成。须指出，即使两溶液不互溶，M 点（z_A、z_B、z_S）仍可代表该两相混合物的总组成。

3. 平衡连接线

利用溶解度曲线，可以方便地确定溶质 A 在互成平衡的两液相中的组成关系。现取组分 B 与溶剂 S 的双组分溶液，其组成以图 2-37 中的 M_1 点表示，该溶液必分为两层，其组成分别为 E_1 和 R_1。

在此混合液中滴加少量溶质 A，混合液的组成将沿连线 $\overline{AM_1}$ 移至点 M_2。充分摇动，使溶质 A 在两相中的组成达到平衡。静置分层后，取两相试样进行分析，其组成分别在 E_2、R_2。互成平衡的两相称为共轭相，E_2、R_2 的连线称为平衡连接线，M_2 点必在此平衡连接线上。

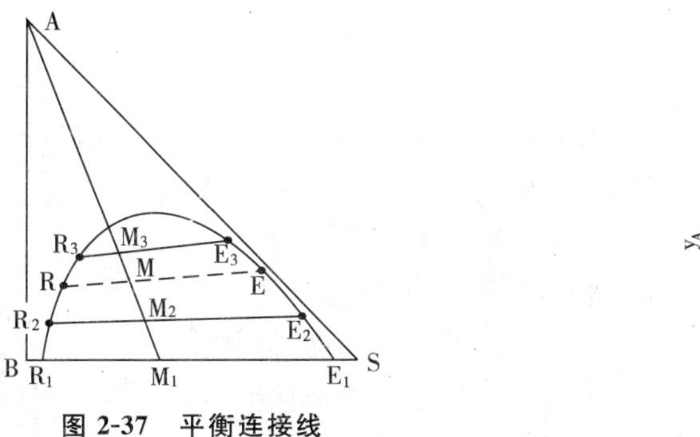

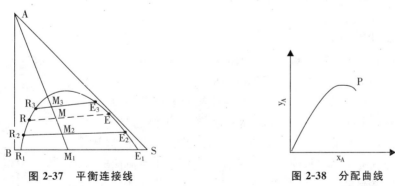

图 2-37　平衡连接线

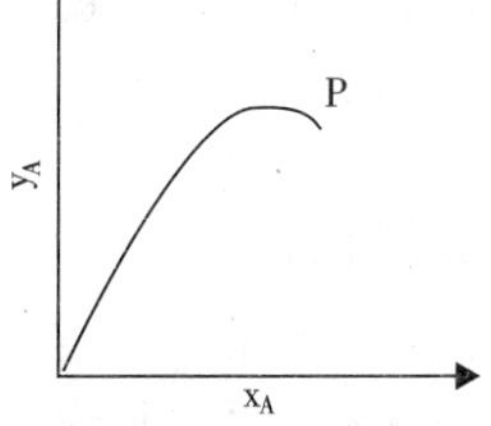

图 2-38　分配曲线

图 2-37 中溶解度曲线将三角形分成两个区。该曲线与底边 R_1E_1 所围的区域为分层区或两相区，曲线以外是均相区。若某三组分物系的组成位于两相区内的 M 点，则该混合液可分为互成平衡的共轭相 R 及 E，故溶解度曲线以内是萃取过程的可操作范围。

4. 分配曲线

平衡连接线的两个端点表示液液平衡两相之间的组成关系。

组分 A 在两相中的平衡组成也可用下式表示：

$$K_A = \frac{\text{萃取相中组分}A\text{的质量分数}}{\text{萃余相中组分}A\text{的质量分数}} = \frac{y_A}{x_A} \qquad (2\text{-}38)$$

K_A 称为组分 A 的分配系数。同样，对组分 B 也可写出类似的表达式：

$$K_B = \frac{y_B}{x_B}$$

K_B 称为组分 B 的分配系数。分配系数一般不是常数，其值随组分和温度而异。

类似于气(汽)液相平衡，可将组分 A 在液液平衡两相中的组成 y_A、x_A 之间的关系在直角坐标中表示，如图 2-38 所示，该曲线称为分配曲线。图示的分配曲线可用某种函数形式表示，即

$$y_A = f(x_A) \qquad (2\text{-}39)$$

此即组分 A 的相平衡方程。由于实验的困难，直接获得平衡两相的组成值的实验点数目有限，分配曲线是离散的。在使用时，可采用各种内插方法以求得指定 y_A 的平衡组成 x_A 。也可将离散的实验点处理成光滑的分配曲线或数据拟合成式(2-39)，以供计算时内插的需要。

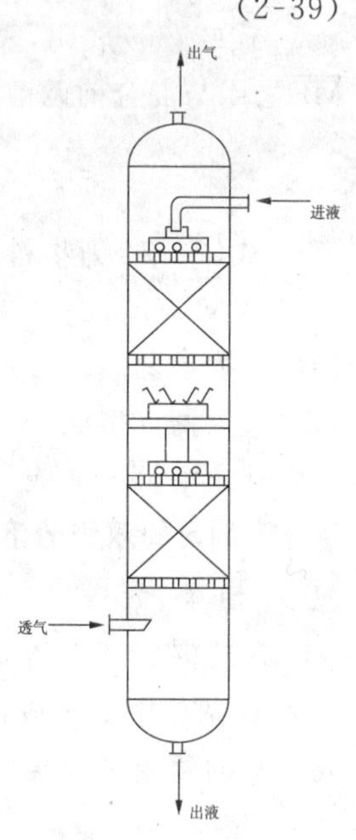

图 2-39 脉冲填料塔

5. 脉冲填料塔

在普通填料塔内，液体流动靠密度差维持，相对速度小，界面湍动程度低，两相传质速率亦低。为改善两相接触状况，强化传质过程，可在填料塔内提供外加机械能以造成脉动。这种填料塔称为脉冲填料塔。脉动的产生，可用压缩空气来实现，如图 2-39 所示。

脉动的加入，使塔内物料处于周期性的变速运动之中，重液惯性大、加速困难，轻液惯性小、加速容易，从而使两相液体获得较大的相对速度。两相的相对速度大，可使液滴尺寸减小，湍动加剧，两相传质速率提高。但是，在填料塔内加入脉动，乱堆填料将定向重排导致沟流，故一般不予推荐。

6. 振动筛板塔

振动筛板塔的基本结构特点是塔内的无溢流筛板不与塔体相连，而固定于一根中心轴上。中心轴由塔外的曲柄连杆结构驱动，以一定的频率和振幅往复运动，如图 2-40 所示。当筛板向上运动时，筛板上侧的液体经筛孔向下喷射；当筛板向下运动时，筛板下侧的液体向上喷射。振动筛板塔可大幅度增加相际接触表面及其湍动程度，但其作用原理与脉冲筛板塔不同。脉冲筛板塔是利用轻重液体的惯性差异，而振动筛板基本上起机械搅拌作用。为防止液体沿筛板与塔壁间的缝隙短路流过，可每隔几块筛板放置一块环形挡板。

振动筛板塔操作方便，结构可靠，传质效率高，是一种性能较好的液液传质设备，在化工生产上的应用日益广泛。由于机械方面的原因，这种塔的直径受到一定限制，目前还不能适应大型生产的需要。

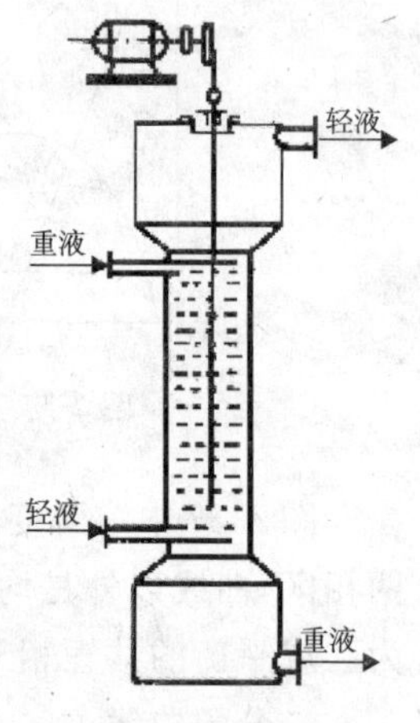

图 2-40 振动筛板塔

(二)萃取过程计算

萃取塔的分离效率可以用传质单元高度 H_{OE} 或理论级当量高度

h_e 表示。影响填料萃取塔分离效率的因素主要有填料的种类、轻重两相的流量及脉冲强度等。对一定的实验设备(几何尺寸一定,填料一定),在两相流量固定条件下,脉冲强度增加,传质单元高度降低,塔的分离能力增加。

本实训以水为萃取剂,从煤油中萃取苯甲酸,苯甲酸在煤油中的浓度约为 2%(质量分数)。水相为萃取相(用字母 E 表示,在本实训中又称连续相、重相),煤油相为萃余相(用字母 R 表示,在本实验中又称分散相)。在萃取过程中苯甲酸部分从萃余相转移至萃取相。萃取相及萃余相的进出口浓度由容量分析法测定。考虑水与煤油是完全不互溶的,且苯甲酸在两相中的浓度都很低,可认为在萃取过程中两相液体的体积流量不发生变化。

1. 按萃取相计算的传质单元数 N_{OE}

计算公式为

$$N_{OE}=\int_{Y_{Et}}^{Y_{Eb}}\frac{dY_E}{(Y_E^*-Y_E)}$$

式中:Y_{Et} ——苯甲酸在进入塔顶的萃取相中的质量比组成,单位:kg 苯甲酸/kg 水;本实验中 $Y_{Et}=0$。

Y_{Eb} ——苯甲酸在离开塔底萃取相中的质量比组成,单位:kg 苯甲酸/kg 水。

Y_E ——苯甲酸在塔内某一高度处萃取相中的质量比组成,单位:kg 苯甲酸/kg 水。

Y_{E*} ——与苯甲酸在塔内某一高度处萃余相组成 XR 成平衡的萃取相中的质量比组成,单位:kg 苯甲酸/kg 水。

用 Y_E—X_R 图上的分配曲线(平衡曲线)与操作线可求得$\frac{1}{(Y_E^*-Y_E)}-Y_E$ 关系。再进行图解积分或用辛普森积分可求得 N_{OE}。

2. 按萃取相计算的传质单元高度 H_{OE}

$$H_{OE}=\frac{H}{N_{OE}}$$

式中:H ——萃取塔的有效高度,单位:m。

H_{OE} ——按萃取相计算的传质单元高度,单位:m。

按萃取相计算的体积总传质系数

$$K_{YE}a=\frac{q_{m,s}}{H_{OE}\cdot\Omega}$$

式中:$q_{m,s}$ ——萃取相中纯溶剂的流量,kg 水/ h。

Ω——萃取塔截面积,m^2。(萃取塔内径 100mm)

$K_{YE}a$—— 按萃取相计算的体积总传质系数,单位:$\frac{kg\ 苯甲酸}{\left(m^3\cdot h\cdot\frac{kg\ 苯甲酸}{kg\ 水}\right)}$。

同理,本实验也可以按萃余相计算 N_{OR}、H_{OR} 及 $K_{XR}a$。

(三)主要物料的平衡及流向

轻相(煤油相):原料储存在轻相储槽(V103)中,经轻相泵(P102)做功,由萃取塔(T101)底部进入萃取塔。轻相与重相在萃取塔内逆流接触,在塔顶溢流进入萃余分相罐(V105)分离出其中的油污,然后溢流入萃余相储槽(V104)。

重相(纯水相):储存在重相储槽(V101)中,经重相泵(P101)做功,由萃取塔(T101)顶部进入萃取塔。轻相与重相在萃取塔内逆流接触,在塔底由常闭电磁阀控制排液进入萃取相储槽(V102)。

(四)带有控制点的工艺及设备流程图

如图 2-41 所示。

三、生产控制技术

在化工生产中,对各工艺变量有一定的控制要求。有些工艺变量对产品的数量和质量起着决定性的作用。例如,萃取塔的进料量必须保持一定,才能得到合格的产品。有些工艺变量虽不直接影响产品的数量和质量,然而保持其平稳却是使生产获得良好控制的前提。例如,用压缩空气脉冲强化传质,在压缩空气波动剧烈的情况下,要把萃取过程控制好极为困难。

为了实现控制要求,可以有 2 种方式,一是人工控制,二是自动控制。自动控制是在人工控制的基础上发展起来的,使用了自动化仪表等控制装置来代替人的观察、判断、决策和操作。

先进控制策略在化工生产过程中的推广应用,能够有效提高生产过程的平稳性和产品质量的合格率,对于降低生产成本、节能减排降耗、提升企业的经济效益具有重要意义。

(一)各项工艺操作指标

进料流量控制:10～100L/h

塔定界面液位控制:200～400mm

空气脉冲频率控制:0.1～20Hz

(二)主要控制点的控制方法、仪表控制、装置和设备的报警连锁

1.进料流量控制

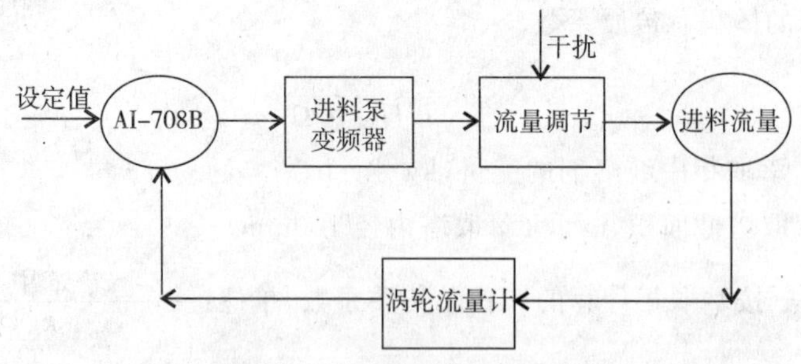

图 2-42 进料流量控制方块图

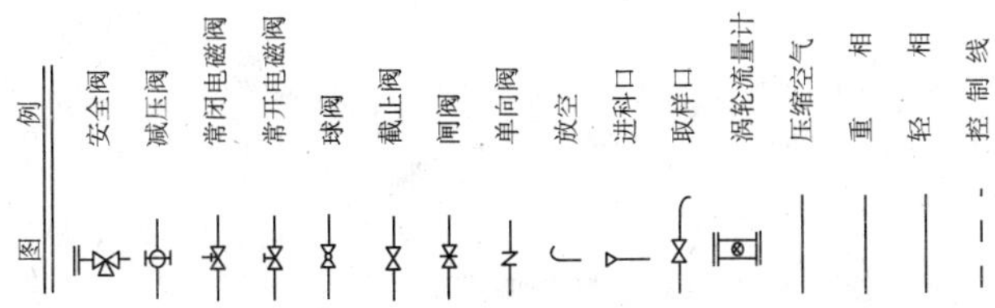

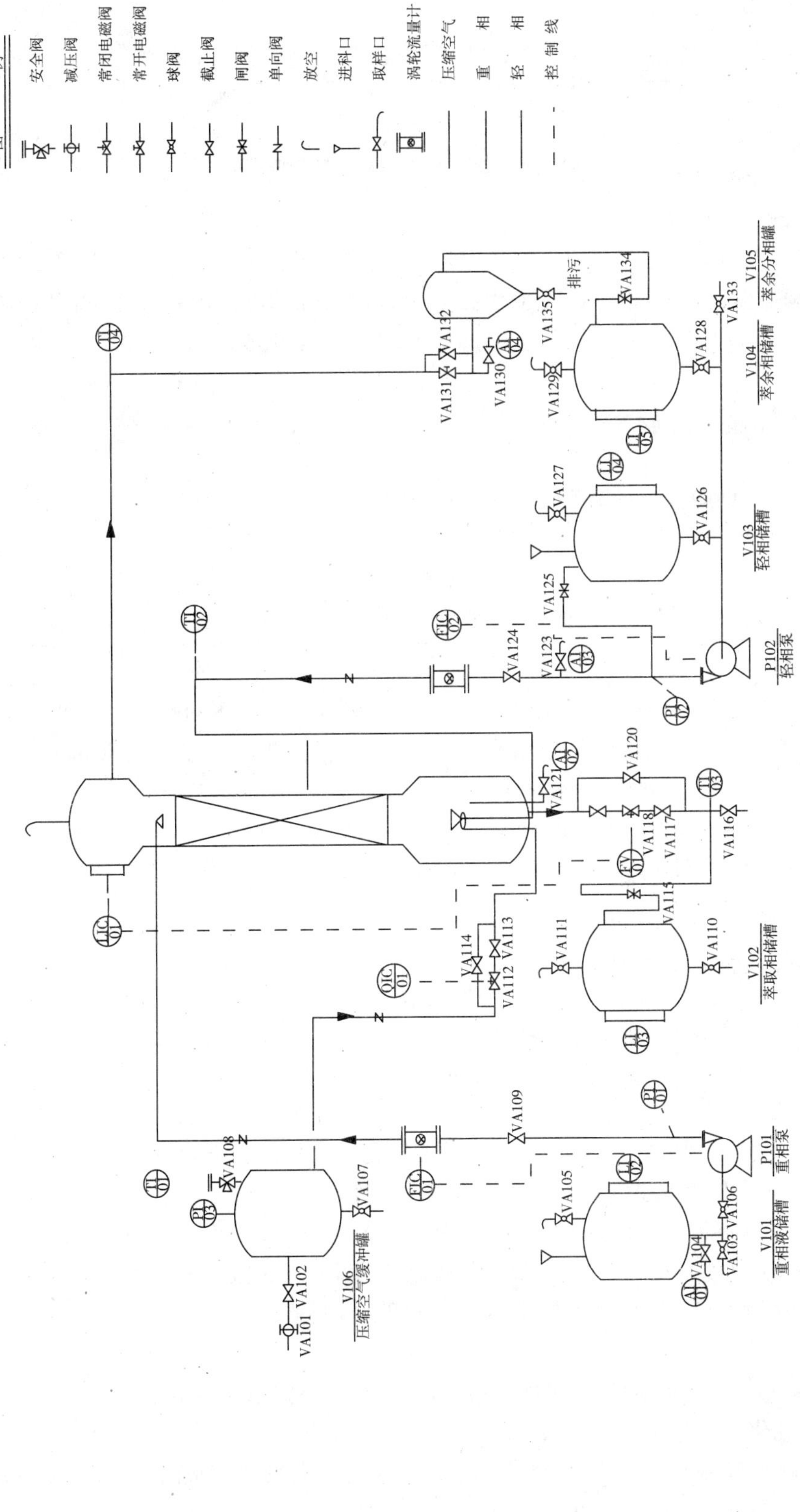

图2-41　萃取过程培训装置流程图

2. 空气脉冲频率控制

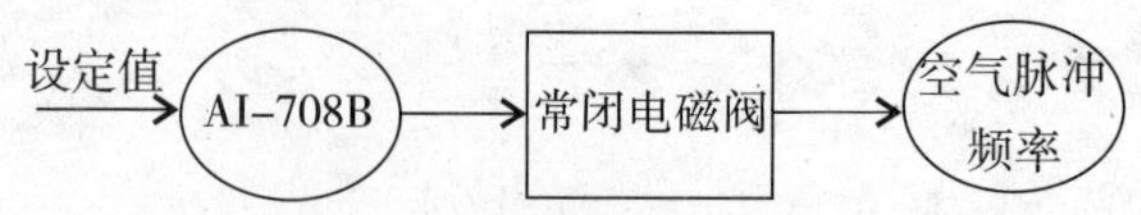

图 2-43 空气脉冲频率控制方块图

3. 报警连锁

萃取塔塔顶界面液位设置有上限报警功能，当塔顶界面液位超出上限报警值(280 mm)时，仪表对塔釜常闭电磁阀 VA118 输出报警信号，电磁阀开启，塔釜排液；当塔釜液位降至上限报警值时，仪表停止输出信号，电磁阀关闭，塔釜停止排液。

四、物耗能耗指标

原辅材料：原料液(溶有苯甲酸的煤油)、纯净水。

能源动力：电能。

表 2-32 物耗、能耗一览表

名称	耗量	名称	耗量	名称	额定功率
原料液	100 L/h	水	100 L/h	轻相泵	360W
				重相泵	360W
总计	100 L/h(可循环使用)		100 L/h		1.0kW

注：水、电的实际消耗与产量相关。

五、安全生产技术

(一)生产事故及处理预案

萃取设备的常见异常现象及处理方法：

1. 轻相出口中苯甲酸含量升高

在普通填料萃取塔内，发生轻相出口中苯甲酸含量升高的主要原因有：重相流量的下降、轻相流量的增加、脉冲空气的减少和塔性能恶化。处理的措施为：

(1)观察塔内是否发生乳化，如发生，可减小脉冲空气的加入量。

(2)观察重相流量 FIC01，如流量下降，将增加流量调回正常值。

(3)观察轻相流量 FIC02，如流量增加，将减小流量调回正常值。

(4)观察压缩空气缓冲罐压力 PI03，如发现下降，调整阀门 VA102，使压力恢复到正常值，或适当增大频率。

(5)如果上述调整均不见效，可能是塔性能恶化，及时向指导教师报告。

2. 物料乳化

在萃取塔内气体的通入量或往复频率过大，都会造成煤油和水的乳化，降低分离能力，处理的措施是降低气体的通入量或往复频率。

(二)工业卫生和劳动保护

按规定穿戴劳防用品:进入化工操作技能实训中心必须穿戴劳防用品,在指定区域正确戴上安全帽,穿上安全鞋,在进入任何作业过程中佩戴安全防护眼镜,在任何作业过程中佩戴合适的防护手套。无关人员未得允许不得进入实训基地。

1.动设备操作安全注意事项

(1)检查柱塞计量泵润滑油油位是否正常。

(2)检查冷却水系统是否正常。

(3)确认工艺管线、工艺条件是否正常。

(4)启动电机前先盘车,正常才能通电。通电时立即查看电机是否启动;若启动异常,应立即断电,避免电机烧毁。

(5)启动电机后观察其工艺参数是否正常。

(6)观察有无过大噪声、振动及松动的螺栓。

(7)观察有无泄露。

(8)电机运转时不允许接触转动件。

2.静设备操作安全注意事项

(1)操作及取样过程中注意防止静电产生。

(2)装置内的塔、罐、储槽在需清理或检修时应按安全作业规定进行。

(3)容器应严格按规定的装料系数装料。

3.安全技术

进行实训之前必须了解室内总电源开关与分电源开关的位置,以便在出现用电事故时及时切断电源;在启动仪表柜电源前,必须清楚每个开关的作用。设备配有温度、液位等测量仪表,对相关设备的工作进行集中监视,出现异常时应及时处理。不能使用有缺陷的梯子,登梯前必须确保梯子支撑稳固,面向梯子上下并双手扶梯,一人登梯时要有同伴护稳梯子。

4.防火措施

煤油属于易燃易爆品,操作过程中严禁烟火。

5.职业卫生

(1)噪声对人体的危害:噪声对人体的危害是多方面的,噪声可以使人耳聋,引起高血压、心脏病、神经官能症等疾病。噪声还污染环境,影响人们的正常生活降低劳动生产率。

(2)工业企业噪声的卫生标准:工业企业生产车间和作业场所的工作点噪声标准为85dB。现有工业企业经努力暂时达不到标准时,可适当放宽,但不能超过90dB。

(3)噪声的防扩:噪声的防扩方法很多,主要有3个方面,即控制声源、控制噪声传播、加强个人防护。当然,降低噪声的根本途径是对声源采取隔声、减震和消除噪声的措施。

6.行为规范

(1)不准吸烟。

(2)保持实训环境的整洁。

(3)不准从高处乱扔杂物。

(4)不准随意坐在灭火器箱、地板和教室外的凳子上。

(5)非紧急情况下不得随意使用消防器材(训练除外)。

(6)不得倚靠在实训装置上。

(7)在实训基地、教室里不得打骂和嬉闹。

(8)将使用好的用具清洗干净,按规定放置整齐。

六、技能训练步骤

(一)开车准备

1.了解萃取操作基本原理。

2.了解萃取塔的基本构造,熟悉工艺流程和主要设备。

3.熟悉各取样点及温度和压力测量与控制点的位置,熟悉用涡轮流量计计量液体流量。

4.检查公用工程(电、压缩空气)是否处于正常供应状态。

5.设备上电,检查流程中各设备、仪表是否处于正常开车状态,动设备试车。

6.检查流程中各阀门是否处于正常开车状态:阀门 VA102、VA103、VA104、VA105、VA106、VA107、VA108、VA110、VA113、VA116、VA120、VA121、VA123、VA124、VA125、VA128、VA130、VA132、VA133、VA135 关闭;阀门 VA111、VA112、VA115、VA117、VA119、VA122、VA127、VA129、VA134 全开。

7.了解本实训所用分离物系(水—煤油—苯甲酸)。

8. 检查萃取相储槽和萃余相储槽,是否有足够空间贮存实验产生的产品;如萃取相储槽空间不够,打开阀门 VA110 将萃取相排出;如萃余相储槽空间不够,关闭阀门 VA124,打开阀门 VA125、VA129,启动轻相泵 P102,将煤油从萃余相储槽倒入轻相液储槽 V103。

9.检查重相液储槽和轻相液储槽,是否有足够原料供实验使用;如重相的量不够实验使用,打开阀门 VA102,将纯水引入重相液储槽至液位 LI02 的 3/4(注意:实验过程中要经常检查液位 LI02,当其低于 1/4 时,打开阀门 VA102,将水引入使液位 LI02 达到 3/4);如轻相的量不够实验使用,打开轻相储罐上盖,将煤油加入储槽 V103 至液位 LI04 的 3/4。

10.了解实验用压缩空气的来源及引入方法。

11.按照要求制定操作方案。

(二)正常开车

开车操作的目的是将重相液和轻相液按规定流量引入萃取塔进行质量传递。

1.启动重相泵 P101,打开阀门 VA103、VA108,重相液通过转子流量计 FIC01 从萃取塔顶部进入。将重相液流量设定为规定值(50L/h),由转子流量计 FIC01 显示,通过自动调整重相泵的供电频率来控制。

2.当萃取塔中重相(水)液位达到顶部玻璃罐 1/3 处时,启动轻相泵 P102,打开阀门 VA128、VA123,轻相液通过转子流量计 FIC02 从萃取塔底部进入。将轻相液流量设定为规定值(15~30L/h),由转子流量计 FIC02 显示,通过自动调整重相泵的供电频率来控制。

3.观察并记录重相液进入萃取塔前的温度 TI01 和压力 PI01。

4.观察并记录轻相液进入萃取塔前的温度 TI02 和压力 PI02。

5. 打开阀门 VA124，在轻相液取样点 AI03 取样分析轻相液组成。

6. 当萃取塔顶部分离段的油水界面达到设定值(280mm)后，界面即输出信号，自动调整电磁阀的通断，从塔底排出萃取相，维持截面恒定；萃余相从塔顶溢流口流出，进入萃余分相罐 V105。萃余相出口温度由 TI04 显示。

(三)正常操作

1. 在正常开车一定时间后，按照要求设定重相流量、轻相流量、往复频率，具体操作为通过调节控制表 FIC01 与 FIC02，将重相流量调至 16 L/h，将轻相流量调至 24 L/h。轻、重两相呈逆流流动，可以充分接触并进行质量传递。

2. 当萃取塔的液位稳定在规定值(280mm)，且塔顶和塔底的液相出料维持稳定时，萃取塔进入正常操作状态。

3. 塔顶萃余相进入萃余相分相罐静置一段时间后，轻相从顶部排出进入萃余相储罐，重相由底部排出。

4. 操作稳定 1h 后，打开阀门 VA116 取萃取相(水)100mL，打开阀门 VA124 取轻相 100mL，打开阀门 VA133 取萃余相 100mL，备分析浓度之用，取样应快速并尽可能同时。

5. 取样后，可以继续稳定一段时间再取样分析，也可改变条件进行另一操作条件下的实验。

6. 用容量分析法测定各样品的浓度。用移液管分别取煤油相 50mL、水相 50 mL 样品，以酚酞作指示剂，用 0.01mol/L NaOH 标准液滴定样品中的苯甲酸。在滴定煤油相时应在样品中加数滴(3 滴)非离子型表面活性剂醚磺化 AES(脂肪醇聚乙烯醚硫酸脂钠盐)，也可加入其他类型的非离子型表面活性剂，并滴定至终点。

7. 如进行空气脉冲强化萃取实验，除上述操作外，打开脉冲频率调节器的电源开关，设定脉冲频率为 0.1 左右；将压缩空气减压至 0.1MPa，打开阀门 VA102，开度要小，使缓冲罐 V106 升压速度不要太快。

(四)正常停车

完成规定的实训内容后，即可进行停车操作。停车过程发生异常现象，须及时报告指导教师进行处理。

1. 关闭轻相泵 P102 电源。

2. 关闭重相泵 P101 电源。

3. 关闭塔底萃取相产品出口阀门。

4. 关闭塔顶萃余相产品出口阀门。

5. 将萃余分相罐 V105 中的重相排出到排污槽。

6. 关闭总电源，打扫卫生，结束实验。

项目 11
膜分离操作实训

一、系统设计依据

（一）产水要求

产水指标：
流量：0.2m^3/hr；(25℃)。
系统脱盐率：＞97％(25℃)。

（二）原水情况

原水水源：当地自来水。
原水水质：要求电导率≤800μS/cm。

二、系统工艺介绍及安装说明

（一）项目流程

自来水→原水泵→多介质过滤器→超滤→高压泵→反渗透→纯水罐→供水

（二）项目说明

1. 原水泵：原水进入原水泵加压，主要为满足多介质过滤器及超滤的进水流量的要求。

2. 多介质过滤器：用于去除水中的悬浮物、颗粒物及胶体等，降低水的浊度、色度。

3. 超滤：超滤是为了进一步去除水中的悬浮物、颗粒物及胶体，是反渗透最好的预处理装置，可使水的SDI值显著降低，满足反渗透进水要求。

4. 高压泵：反渗透是用足够的压力使溶液中的溶剂通过反渗透膜分离出来，渗透压的大小取决于溶液的种类、浓度和温度。为了克服渗透压，需要对溶液进行加压，为此我们采用高压泵。

5. 反渗透装置：反渗透装置为溶解固型物的浓缩排放和淡水的利用过程。其心脏部分为反渗透膜组件，单根膜的脱盐率为99％。反渗透设计水温为25℃。反渗透装置能去除水中的无机物和分子量在200以上的有机物。

(三)系统安装说明

1.管路安装

设备共有 4 个管路安装连接处,详见图 2-44:

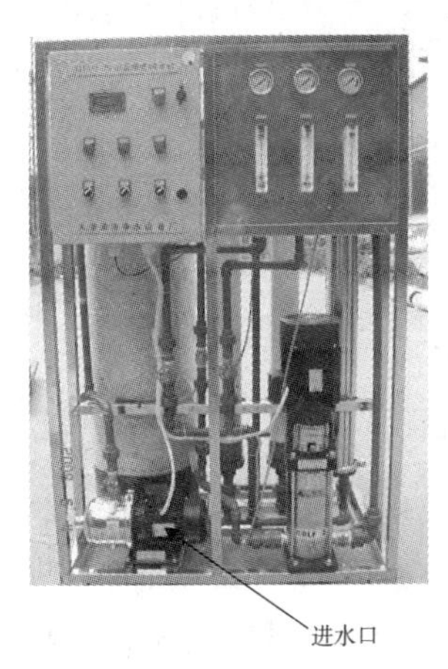

图 2-44　管路安装连接处

将进水口与自来水连接,纯水出水口与水箱或使用点连接,废水口和多路阀排水口接至排水沟。注意:纯水出水管路上请勿安装阀门。

2.电气安装

连接好设备电源(为 380V 电源,三项五线),该设备总功率为 2.1kW。接线端子 3、4 为水箱液位控制接线端,客户可根据需要进行连接,设备出厂时 3、4 短接。

三、系统操作说明

(一)阀门位置图

图 2-45　阀门位置图

(二)阀门一览表

阀门序号	阀门名称	阀门序号	阀门名称
1	增压泵出水阀	5	超滤B排水阀
2	超滤A进水阀	6	超滤出水阀
3	超滤B进水阀	7	回流调节阀
4	超滤A排水阀	8	浓水调节阀

(三)操作说明

1.手动操作

设备首次使用时,应该先对多介质过滤器和超滤膜及反渗透膜进行冲洗。

(1)多介质过滤器冲洗

调节多介质过滤器顶部的多路阀,使其处于“正洗”位置,开启增压泵,打开增压泵出水阀,等到多路阀排水口有水排出后,正洗3～5min;然后调节多介质过滤器的多路阀,使其处于“反洗”位置,反洗5min;再调节多介质过滤器的多路阀,使其处于“正洗”位置,正洗2～3min;最后将多路阀调节至“运行”位置,多介质过滤器冲洗完毕。

(2)超滤膜冲洗

首次使用的超滤膜和反渗透膜内含有膜保护液,多介质过滤器冲洗完毕后应该立即冲洗超滤膜。冲洗超滤膜的时候要开启增压泵,多介质过滤器的多路阀为“运行”位置。打开超滤A进水阀、超滤B进水阀、超滤A排水阀、超滤B排水阀,此时为顺流冲洗,冲洗时间为1min。顺流冲洗完毕后,打开超滤A进水阀、超滤B排水阀,关闭超滤B进水阀、超滤A排水阀,此时为超滤A产水反冲洗超滤B,冲洗时间为2min。冲洗完毕后,打开超滤B进水阀、超滤A排水阀,关闭超滤A进水阀、超滤B排水阀,此时为超滤B产水反冲洗超滤A,冲洗时间为2min。反冲洗完毕后,再次打开超滤A进水阀、超滤B进水阀、超滤A排水阀、超滤B排水阀,进行顺流冲洗,冲洗时间为1min。超滤膜冲洗完毕。

注意:超滤膜冲洗过程中超滤出水阀必须关闭,首次冲洗应该适当延长各冲洗时间,同时观察冲洗的排水,应至清澈无泡沫为止。

(3)反渗透膜冲洗

超滤膜冲洗完毕后应该立即冲洗反渗透膜,打开超滤出水阀,关闭超滤A排水阀、超滤B排水阀,开启高压泵,同时打开冲洗阀开关,冲洗至排水清澈无泡沫为止。

2.自动运行

对多介质过滤器和超滤膜及反渗透膜冲洗完毕后可转入自动运行,开启增压泵旋钮开关,观察超滤压力和泵前压力数值,等到泵前压力升高后再开启高压泵旋钮开关,并同时打开冲洗阀旋钮开关,开启冲洗电磁阀冲洗30s后可以关闭。待电磁阀关闭后,可适当调节回流调节阀和浓水调节阀,调节至浓水压力在0.7～1.0MPa左右,最大值不能超过1.3MPa,泵前压力大于0.05MPa,纯水流量在3～4LPM左右,浓水流量在14～18LPM左右,此时若流量和压力数值正常,即可进入自动运行。在调节过程中观察超滤压力的数值,该数值应始终小于 0.3MPa，否则应将增压泵出水阀调小。在整个调节过程中几个阀门应当相互配合进行调节，同时应缓慢调节，才能保证将设备调到最佳运行状态。

注意：该设备纯水产量及产水电导率和原水水质、水温、运行压力密切相关，随水温变化属正常现象。

3. 日常冲洗

设备自动运行后应当定期对多介质过滤器和超滤膜及反渗透膜进行冲洗。冲洗方法和时间同上，冲洗频率如下：

(1)多介质过滤器冲洗周期一般为每天 1～2 次，如原水浊度过高可缩短清洗周期。

(2)超滤膜冲洗周期为每天 2 次。

(3)反渗透膜冲洗周期为每天 2 次。

多介质过滤器和超滤膜冲洗时应关闭高压泵。

注意：冲洗必须严格安装上述时间进行，否则将导致超滤膜和反渗透膜甚至整个设备损坏。

四、系统维护说明

(一)设备停机保养

设备如停止运行，膜元件表面易发生细菌滋生等情况，如处理不善，令对膜元件造成不可修复的损坏。以下提供膜元件的保存方法供使用。

保存方法适用于停止运行 5 天以上的情况，此时膜元件仍安装在设备上。保存操作的具体步骤是：向超滤膜和反渗透膜原件内加入 1%～3%亚硫酸氢钠溶液作防腐处理，再次工作应将药液从系统中冲洗干净。

(二)设备使用注意事项

1. 水处理间应保持适宜的温度，冬季室温不应低于 10℃。

2. 设备开启以前应先检查各阀门是否处于准备工作状态。

3. 设备开启以前应检查电控柜内各空气开关是否处于工作位置。

4. 设备在运行时，操作人员应定期检查设备运行是否正常，并对设备运行数据进行详细认真的记录，设备运行时应每 2h 对设备运行数据记录一次。

5. 如原水浊度过高或连续工作时间过长，过滤器应增加清洗次数。

预处理设备反洗过程中，如进水压力上升出水量减少，应先将过滤器转为正洗 2～5min，再转为反洗状态，以保证过滤器的反洗效果。

6. 反渗透运行一段时间后在水温变化不大的情况下如发生运行压力升高、产水量下降的情况，应及时对反渗透装置进行化学清洗，否则将使反渗透膜元件的透水量、脱盐率等性能指标造成不可逆的损坏。

7. 系统内各水泵禁止无水运行，操作人员应注意水箱液位变化，如发现缺水情况，应立即停泵，否则泵将受到损坏。

8. 系统设备周围用水清理卫生时，应注意不要将水冲到电控柜、各泵的电机上液位指示等电器上，以防触电及电器设备的损坏。

五、设备运行常见故障及解决方法

故障现象	故障原因	解决方法
1.多介质过滤器反洗时排水量很小或没有。	滤料堵塞多介质过滤器内部的布水器。	先正洗 2～5min 后再进行反洗，让正洗、反洗多次交替进行。
2.超滤压力数值降低，流量下降。	截留物堵塞，滤层阻力增加，滤层板结失效。	缩短反洗周期，延长反洗时间，增加反洗次数。
3.泵前压力数值降低，接近于零。	此现象由超滤膜元件污堵或结垢造成。	增加超滤膜清洗次数，如不起作用，应对其进行化学清洗或更换超滤膜。
4.反渗透浓水压力数值升高，产水量下降。	在进水温度不变的情况下，此现象由反渗透膜元件污堵或结垢造成。	根据不同污染类型选用不同药剂对反渗透膜进行化学清洗，或更换反渗透膜。
5.反渗透装置产水电导率上升，进水压力降低。	反渗透膜元件连接头密封不严，反渗透系统内浓水窜至淡水侧。	将反渗透膜元件拆下，检查并更换连接头密封圈。

项目 12
釜式反应器操作规程

一、实训目的

1. 认识釜式反应器的结构。
2. 认识釜式反应器的流程及仪表。
3. 掌握釜式反应器的运行操作技能。

二、生产工艺过程

反应器是实现反应过程的设备，广泛应用于化工、炼油、冶金、轻工等工业部门。其应用始于古代，制造陶器的窑炉就是一种原始的反应器。近代工业中的反应器形式多样，例如冶金工业中的高炉和转炉，生物工程中的发酵罐以及各种燃烧器，都是不同形式的反应器。

(一)反应器的基本知识

1.釜式反应器

釜式反应器由长径比较小的圆筒形容器构成，常装有机械搅拌或气流搅拌装置，如图2-46所示，可用于液相单相反应过程和液液相、气液相、气液固相等多相反应过程。用于气液相反应过程的称为鼓泡搅拌釜；用于气液固相反应过程的称为搅拌釜式浆态反应器。

图 2-46 釜式反应器

2.反应器的操作方式

反应器的操作方式分间歇式、连续式和半连续式3种。间歇操作反应器是将原料按一定配比一次加入反应器,待反应达到一定要求后,一次卸出物料。连续操作反应器是连续加入原料,连续排出反应产物。当操作达到定态时,反应器内任何位置上物料的组成、温度等状态参数不随时间而变化。半连续操作反应器也称为半间歇操作反应器,介于上述两者之间,通常是将一种反应物一次加入,然后连续加入另一种反应物。反应达到一定要求后,停止操作并卸出物料。

间歇反应器的优点是设备简单,同一设备可用于生产多种产品,尤其适合于医药、染料等小批量、多品种的生产。另外,间歇反应器中不存在物料的返混,对大多数反应有利。其缺点是需要装卸料、清洗等辅助工序,产品质量不易稳定。

大规模生产应尽可能采用连续反应器。连续反应器的优点是产品质量稳定,易于操作控制。其缺点是连续反应器中存在程度不同的返混,这对大多数反应来说是不利因素,应通过反应器合理选型和结构设计加以抑制。

3.反应器的加料方式

对有2种以上原料的连续反应器,物料流向可采用并流或逆流。对几个反应器组成级联的设备,还可采用错流加料,即一种原料依次通过各个反应器,另一种原料分别加入各反应器。除流向有不同外,加料方式还有从反应器的一端(或两端)加入和分段加入之分,分段加入指一种原料由一端加入,另一种原料分成几段从反应器的不同位置加入,错流也可看成一种分段加料方式。采用何种加料方式,须根据反应过程的特征决定。

4.反应器的换热方式

多数反应有明显的热效应。为使反应在适宜的温度条件下进行,往往需对反应物系进行换热。换热方式有间接换热和直接换热。间接换热指反应物料和载热体通过间壁进行换热,直接换热指反应物料和载热体直接接触进行换热。对于放热反应,可以用反应产物携带的反应热来加热反应原料,使之达到所需的反应温度,这种反应器称为自热式反应器。

按反应过程中的换热状况,反应器可分为:

①等温反应器:反应物温度处处相等的一种理想反应器。反应热效应极小,或反应物料和载热体间充分换热,或反应器内的热量反馈极大(如剧烈搅拌的釜式反应器)的反应器,这样可近似看作等温反应器。

②绝热反应器:反应区与环境无热量交换的一种理想反应器。反应区内无换热装置的大型工业反应器,与外界换热可忽略时,可近似看作绝热反应器。

③非等温非绝热反应器:与外界有热量交换,反应器内也有热反馈,但达不到等温条件的反应器,如列管式固定床反应器。

换热可在反应区进行,如通过夹套进行换热的搅拌釜,也可在反应区间进行,如级间换热的多级反应器。

5.反应器的操作条件

主要指反应器的操作温度和操作压力。温度是影响反应过程的敏感因素,必须选择适宜的操作温度或温度序列,使反应过程在优化条件下进行。例如对可逆放热反应应采用先高后低的温度序列,以兼顾反应速率和平衡转化率(见化学平衡)。

反应器可在常压、加压或负压(真空)下操作。加压操作的反应器主要用于有气体参与的反应过程,提高操作压力有利于加速气相反应,对于总摩尔数减小的气相可逆反应,则可提高平衡转化率,如合成氨、合成甲醇等。

6. 反应器的选型

对于特定的反应过程，反应器的选型需综合考虑技术、经济及安全等诸方面的因素。

反应过程的基本特征决定了适宜的反应器形式。例如气固相反应过程大致是用固定床反应器、流化床反应器或移动床反应器。但是适宜的选型则需考虑反应的热效应、对反应转化率和选择率的要求、催化剂物理化学性质和失活等多种因素，甚至需要对不同的反应器分别作出概念设计，进行技术和经济的分析以后才能确定。

除反应器的形式以外，反应器的操作方式和加料方式也需考虑。例如，对于有串联或平行副反应的过程，分段进料可能优于一次进料。温度序列也是反应器选型的一个重要因素。例如，对于放热的可逆反应，应采用先高后低的温度序列，多级、级间换热式反应器可使反应器的温度序列趋于合理。反应器在过程工业生产中占有重要地位。就全流程的建设投资和操作费用而言，反应器所占的比例未必很大。但其性能和操作的优劣却影响着前后处理及产品的产量和质量，对原料消耗、能量消耗和产品成本也产生重要影响。因此，反应器的研究和开发工作对于发展各种过程工业有重要的意义。

(二)主要物料的平衡及流向

原料从原料罐由柱塞泵输送到釜式反应器内，物料在反应器内反应后被输送到产品罐内。

(三)带有控制点的工艺及设备流程图

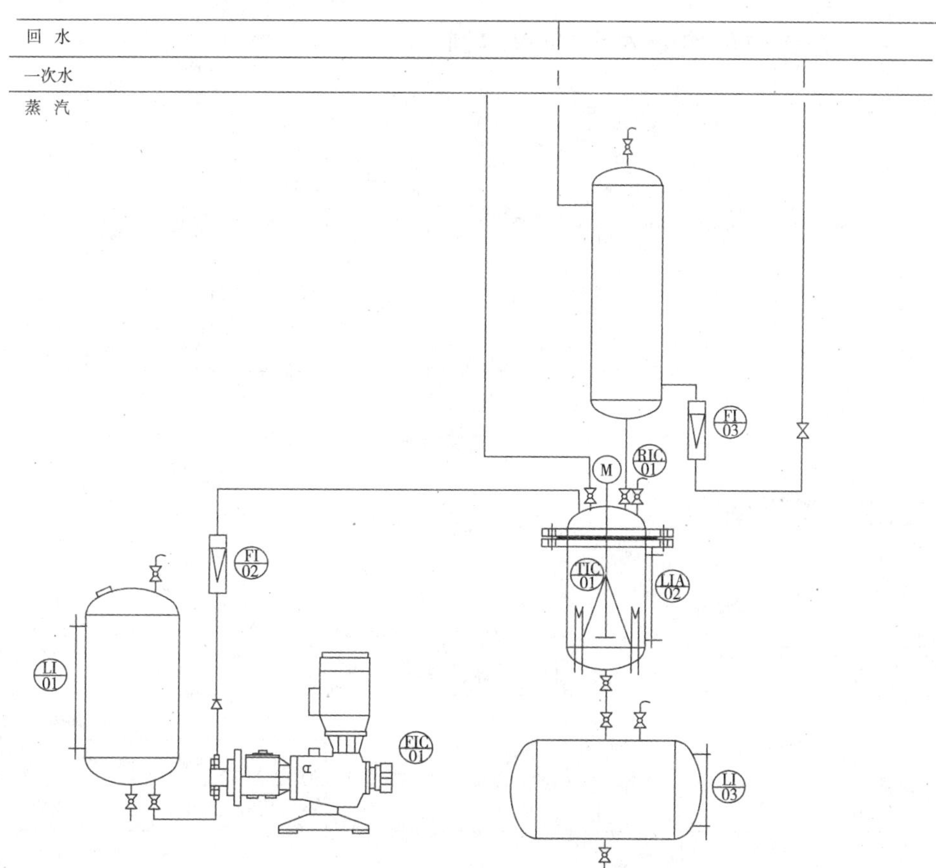

图 2-47　釜式反应器实训装置流程图

三、生产控制技术

在化工生产中,对各工艺变量有一定的控制要求。有些工艺变量对产品的数量和质量起着决定性的作用。例如,反应温度必须保持一定,才能得到合格的产品。有些工艺变量虽不直接影响产品的数量和质量,然而保持其平稳却是使生产获得良好控制的前提。例如,用蒸汽加热时,在蒸汽压力波动剧烈的情况下,要把反应温度控制好极为困难。

为了实现控制要求,可以有 2 种方式,一是人工控制,二是自动控制。自动控制是在人工控制的基础上发展起来的,使用了自动化仪表等控制装置来代替人的观察、判断、决策和操作。

先进控制策略在化工生产过程的推广应用,能够有效提高生产过程的平稳性和产品质量的合格率,对于降低生产成本、节能减排降耗、提升企业的经济效益具有重要意义。

(一)各项工艺操作指标

反应器压力:0～2MPa

反应器温度:室温～90.0℃

加热电压:0～200V

高位原料罐液位控制:300～400mm

(二)主要控制点的控制方法、仪表控制

反应温度控制:

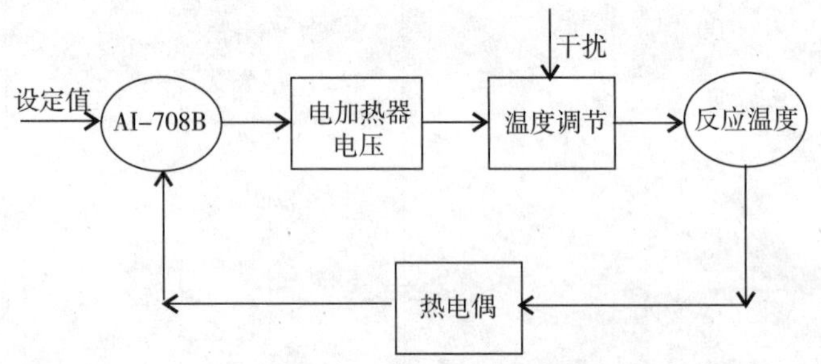

图 2-48　电加热棒加热控温方式控制方块图

四、物耗能耗指标

原辅材料:原料液(水)、冷却水

能源动力:电能

表 2-33　物耗、能耗一览表

名称	耗量	名称	耗量	名称	额定功率
原料	2L	冷却水		柱塞进料泵	1.5W
				反应釜加热器	0.55kW
总计	2L				2.05kW

注:电能实际消耗与产量相关。

五、安全生产技术

按规定穿戴劳防用品：进入化工单元实训基地必须穿戴劳防用品，在指定区域正确戴上安全帽，穿上安全鞋，在进入任何作业过程中佩戴安全防护眼镜，在任何作业过程中佩戴合适的防护手套。无关人员未得允许不得进入实训基地。

（一）动设备操作安全注意事项

1. 检查柱塞计量泵润滑油油位是否正常。
2. 检查冷却水系统是否正常。
3. 确认工艺管线、工艺条件是否正常。
4. 启动电机前先盘车，正常才能通电。通电时立即查看电机是否启动；若启动异常，应立即断电，避免电机烧毁。
5. 启动电机后观察其工艺参数是否正常。
6. 观察有无过大噪声、振动及松动的螺栓。
7. 观察有无泄露。
8. 电机运转时不允许接触转动件。

（二）静设备操作安全注意事项

1. 操作及取样过程中注意防止静电产生。
2. 装置内的反应器、储槽在需清理或检修时应按安全作业规定进行。
3. 容器应严格按规定的装料系数装料。

（三）安全技术

进行实训之前必须了解室内总电源开关与分电源开关的位置，以便在出现用电事故时及时切断电源；在启动仪表柜电源前，必须清楚每个开关的作用。

设备配有温度、液位等测量仪表，对相关设备的工作进行集中监视，出现异常时应及时处理。

由于本实训装置使用蒸汽加热，蒸汽通过的地方温度较高，应规范操作，避免烫伤。

不能使用有缺陷的梯子，登梯前必须确保梯子支撑稳固，面向梯子上下并双手扶梯，一人登梯时要有同伴护稳梯子。

（四）防火措施

有些反应物属于易燃易爆品，操作过程中严禁烟火。

当反应器压力过高时，应及时处理，避免反应器内反应物外泄。

（五）职业卫生

1. 噪声对人体的危害：噪声对人体的危害是多方面的，噪声可以使人耳聋，引起高血压、心脏病、神经官能症等疾病。噪声还污染环境，影响人们的正常生活，降低劳动生产率。

2. 工业企业噪声的卫生标准：工业企业生产车间和作业场所的工作点噪声标准为85dB。现有工业企业经努力暂时达不到标准时，可适当放宽，但不能超过90dB。

3. 噪声的防扩：

噪声的防扩方法很多，主要有3个方面，即控制声源、控制噪声传播、加强个人防护。当然，降低噪声的根本途径是对声源采取隔声、减震和消除噪声的措施。

(六)行为规范

1. 不准吸烟。
2. 保持实训环境的整洁。
3. 不准从高处乱扔杂物。
4. 不准随意坐在灭火器箱、地板和教室外的凳子上。
5. 非紧急情况下不得随意使用消防器材(训练除外)。
6. 不得倚靠在实训装置上。
7. 在实训基地、教室里不得打骂和嬉闹。
8. 将使用好的用具清洗干净，按规定放置整齐。

六、实训操作步骤

(一)开车前准备

1. 熟悉各取样点及温度和压力测量与控制点的位置。
2. 检查公用工程(水、电、汽)是否处于正常供应状态。
3. 设备上电，检查流程中各设备、仪表是否处于正常开车状态，动设备试车。
4. 检查产品罐是否有足够空间贮存实训产生的塔顶产品；如空间不够应放出产品。
5. 检查原料罐是否有足够原料供实训使用，如原料不足则进行补料操作。
6. 检查流程中各阀门是否处于正常开车状态。
7. 按照要求制定操作方案。

(二)釜式反应器实训操作

1. 正常开车

(1)打开原料罐底阀，启动进料泵，进一定物料。

(2)进料完毕后关闭进料泵，关闭各阀门。

(3)启动反应器搅拌装置，并将搅拌转速调节到一定值。

(4)将反应温度设定在规定值(50～90℃)，对反应物进行加热。

(5)电加热方式：打开电加热开关按钮，对反应物料进行加热。

(6)随时观测反应器内的温度、压力、变化情况，每5min记录一次数据。

(7)当反应器内温度TIRC01稳定一段时间(15min)后，进入正常操作。

2. 正常操作

(1)打开冷却水阀引入冷却水，开始回流冷却循环。观察反应器内的温度、压力变化。

(4)打开气瓶总阀门,再调节减压阀,打开釜进气阀,向反应釜通入气体,并保持釜内的压力,反应一段时间后,可以从釜底取样,分析物料。

3.正常停车

(1)将反应器温度设定在室温,停止加热。

(2)将反应器内物料导入产品罐。

(3)将各阀门恢复到初始状态。

(4)关仪表电源和总电源。

(5)清理装置,打扫卫生。

七、设备一览表

序号	位号	名称	用途	规格
1	R101	反应釜	完成反应的容器	ϕ273×400mm,带夹套,不锈钢
2	V101	原料罐	储存原料	ϕ273×400mm,不锈钢
3	V101	产品储罐	储存原料	ϕ273×400mm,不锈钢
4	E101	冷凝器	冷却反应物料	壳程 ϕ108×400mm,管程 ϕ10×400mm,换热面积 0.2m²,不锈钢
5	P101	进料泵	将反应物料输送到反应器	DPXS0.6/2.0 柱塞式计量泵

八、仪表计量一览表及主要仪表规格型号

序号	位号	仪表用途	仪表位置	规格		执行器
				传感器	显示仪	
1	TIRC101	反应釜 R101 温度控制	集中	K—型热电偶	AI—808D	加热器
2	TI02	产品温度	集中	K—型热电偶	AI—501D	
3	LI01	原料罐液位	现场	玻璃管		
4	LIC02	反应釜液位	集中	液位传感器	AI—501D	
5	LI03	产品罐液位	现场	玻璃管		
6	PI01	反应器压力显示	集中	2MPa 压力传感器	AI—501D	

九、仪表的使用

见附录 2。

项目 13
管式反应器实习实训装置操作规程

一、实训目的

1. 了解测定气－固催化管式反应速度的方法及数据处理。

2. 了解测定气－固催化管式反应收率及转化率的方法及数据处理。

3. 了解气－固催化管式反应的工艺过程和操作以及工艺参数对反应的影响、优化参数的方法。

二、生产工艺过程

凡是流体通过不动的固体物料形成的床层面进行反应的设备都称为固定床反应器，而在化工生产中应用最为广泛的，是利用气态的反应物料通过由固体催化剂所构成的床层进行反应的设备。

(一)管式反应器

管式反应器是一种呈管状、长径比很大的连续操作反应器。这种反应器可以很长，如丙烯二聚的反应器管长以公里计。反应器的结构可以是单管，也可以是多管并联；可以是空管，如管式裂解炉，也可以是在管内填充颗粒状催化剂的填充管，以进行多相催化反应，如列管式固定床反应器。通常，反应物流处于湍流状态时，空管的长径比大于 50，填充段长与粒径之比大于 100(气体)或 200(液体)，物料的流动可近似地视为平推流。

图 2-49　管式反应器

管式反应器返混小，因而容积效率(单位容积生产能力)高，对要求转化率较高或有串联副反应的场合尤为适用。此外，管式反应器可实现分段温度控制。其主要缺点是，反应速率很低时所需管道过长，工业上不易实现。

管式反应器与釜式反应器之间有差异，至于是否可以换回还要看反应的工艺要求和反应过程如何，一般来说，管式反应器属于平推流反应器，釜式反应器属于全混流反应器，反应过程对平推流和全混流的反应有无具体的要求？管式反应器的停留时间一般要短一些，而釜式反应器的停留时间一般要长一些，从移走反应热来说，管式反应器要难一些，而釜式反应器容易一些，可以在釜外设夹套或釜内设盘管解决，也可以考虑管式加釜式的混合反应进行，即釜式反应器底部出口物料通过外循环进入管式反应器再返回到釜式反应器，可以在管式反应器后设置外循环冷却器来控制温度，反应原料从管式反应器的进口或外循环泵的进口进入，反应完成后的物料从釜式反应器的上部溢流出来，这样两种反应器都用了进去。

(二)管式反应器的数学模型

1.非中空固体颗粒的当量直径及形状系数

非中空固体颗粒的当量直径可以用许多不同的方法来表示。在流体力学研究中，常常采用与非中空颗粒体积相等的球体的直径来表示颗粒的当量直径。若非中空颗粒的体积为 V_P，按等体积的圆球直径计算的非中空颗粒的当量直径 d_P 可表示如下：

$$d_P=\left(\frac{6V_P}{\pi}\right)^{\frac{1}{3}}$$

再以 S_S 表示与非中空颗粒等体积圆球的外表面积，则

$$S_S=\pi d_P^2$$

非球形颗粒的外表面积 S_P 一定大于等体积的圆球的外表面积。因此，引入一个无因次系数 ϕ_S，称为颗粒的形状系数，其值如下：

$$\varphi_S=\frac{S_S}{S_P}$$

即与非中空颗粒体积相等的圆球的外表面积与非中空颗粒的外表面积之比，对于球形颗粒，$\phi_S=1$；对于非球形颗粒，$\phi_S<1$。形状系数说明了颗粒与圆球的差异程度。

形状系数 ϕ_S 可由颗粒的体积及外表面积算得。非中空颗粒的体积可由实验测定，或由其质量及密度计算。形状规则的颗粒，例如圆柱形及三叶草形催化剂颗粒，其外表面积可由直径及高度求出；形状不规则的颗粒外表面积却难以直接测量，这时可由待测颗粒所组成的固定床压力降来计算形状系数。

在固定床传热及传质研究中，通常采用与非中空颗粒外表面积相等的圆球直径来表示颗粒的当量直径 D_P 。此时

$$D_P=\sqrt{\frac{S_P}{\pi}}$$

非中空颗粒的当量直径还有另一种常见的表示方法，即以非中空颗粒的比表面积 S_V($S_V=\frac{S_P}{V_P}$)与相同比表面积的圆球直径来表示其当量直径。因此，对于非中空非球形颗粒，根据定义可知，其当量直径可用下式表示：

$$d_P=\frac{6}{S_V}=\frac{6V_P}{S_P}$$

上述 3 种颗粒的当量直径 d_P、D_P、d_S 与形状系数间的相互关系可表示如下：

$$\varphi_S d_P=d_S=\frac{6V_P}{S_P}\text{ 及 }\varphi_S=\left(\frac{d_P}{D_P}\right)^2$$

2. 混合颗粒的平均直径及形状系数

某些催化剂是大块物料破碎而成的碎块，如氨合成用铁催化剂，形状是不规则的，大小也不均匀，这就有一个如何计算混合颗粒的平均粒度及形状系数的问题。

对于大小不等的混合颗粒，如果颗粒不太细(如大于 0.075mm)，平均直径可以由筛分分析数据来决定。将混合颗粒用标准筛组进行筛析，分别称量留在各号筛上的颗粒质量，然后根据颗粒的总质量分别算出各种颗粒所占的分率。在某一号筛上的颗粒，其直径通常为该号筛孔净宽与上一号筛孔净宽的几何平均值(即两相邻筛孔净宽乘积的平方根)。如混合颗粒中，直径为 d_1、d_2、…、d_n 的颗粒的质量分率分别为 X_1、X_2、…、X_n，则该混合颗粒的算术平均直径 $\bar{d}_P$ 为

$$\bar{d}_P=\sum_{i=1}^{n}X_i d_i$$

而调和平均直径 $\bar{d}_P$ 为

$$\frac{1}{\bar{d}_P}=\sum_{i=1}^{n}\frac{X_i}{d_i}$$

在固定床和流化床的流体力学计算中，用调和平均直径比较符合实验数据。

大小不等且形状也各异的混合颗粒，其形状系数由待测颗粒所组成的固定床压力降来计算。同一批混合颗粒，平均直径的计算方法不同，计算出来的形状系数也不同。

3. 固定床的当量直径

为了将处理流体在管道中流动的方法应用于解决固定床中的流体流动问题，必须确定固定床的当量直径 d_e。按定义，固定床的当量直径应为水力半径 R_H 的 4 倍，而水力半径可由床层的空隙率和单位床层体积中颗粒的润湿表面积计算得到。当不考虑颗粒间相互接触而减少表面积时，床层中均匀颗粒的比表面积 S_e，即单位体积床层中颗粒的外表面积或颗粒的润湿表面积，可由床层的空隙率及非中空单颗颗粒的体积 V_P 及外表面积 S_P 计算而得

$$S_e=\frac{(1-\varepsilon)S_P}{V_P}=\frac{6(1-\varepsilon)}{d_S}$$

按水力半径的定义得

$$R_H=\frac{\text{有效截面积}}{\text{润湿周边}}=\frac{\text{床层的空隙体积}}{\text{总的润湿面积}}=\frac{\varepsilon}{S_e}$$

因此床层的当量直径

$$d_e=4R_H=\frac{4\varepsilon}{S_e}=\frac{2}{3}\left(\frac{\varepsilon}{1-\varepsilon}\right)\varphi_S d_P$$

当床层由单孔环柱体、多通孔环柱体等中空颗粒组成时，不能使用上式。

4. 固定床的空隙率

固定床的空隙率是颗粒物料层中颗粒间自由体积与整个床层体积之比，它是固定床的重要特性之一。空隙率对流体通过床层的压力降、床层的有效导热系数及比表面积都有重大的影响。床层空隙率 ε 的数值与下列因素有关：颗粒形状、颗粒的粒度分布、颗粒表面的粗糙度、充填方式、颗粒直径与容器直径之比等。

紧密填充固定床的床层空隙率低于疏松填充固定床，反应器中充填催化剂时应以适当方式加以震动压紧，床层的压力降虽较大，但装填的催化剂可较多。固定床中同一截面上的

空隙率也是不均匀的，近壁处空隙率较大，而中心处空隙率较小，固定床由均匀球形颗粒乱堆在圆形容

5.固定床的流动特性

流体在固定床中的流动比在空管内的情况要复杂得多。在固定床中，流体在颗粒物料所组成的孔道中流动，这些孔道相互交错联通，而且是弯曲的；各个孔道的几何形状相差甚大，其横截面积也很不规则且不相等，各个床层横截面上孔道的数目也不相同。

床层中孔道的特性主要取决于构成床层的颗粒特性：粒度、粒度分布、形状及粗糙度，即影响床层空隙率的因素都与孔道的特性有关。颗粒的粒度越小，则构成的孔道数目越多，孔道的截面积也越小。颗粒的粒度越不均匀，形状越不规则，表面越粗糙，则构成的孔道越不规则，各个孔道间的差异也就越大。一般说来，如果颗粒是随意堆积的，床层直径与平均颗粒直径之比大于 8 时，床层任何部分的空隙率大致相同。床层中的自由体积并不等于所有孔道的总体积，而是存在部分死角，死角中的流体处于不流动的状态。流体在床层中的孔道内流动时，经常碰撞前面的颗粒，加上孔道截面的不均匀，时而扩大，时而缩小，以致流体作轴向流动时，往往在颗粒间产生再分布，流体的旋涡运动不如在空管中那么自由。由于孔道特性的改变以及流体的再分布，旋涡运动的范围要受到流动空间的限制，即取决于孔道的形状及大小。在固定床内流动时流体旋涡的数目比在与床层直径相等的空管中流动时要多得多。在空管中流体的流动状态由滞流转入湍流时是突然改变的，转折非常明显；在固定床中流体的流动状态由滞流转入湍流是一个逐渐过渡的过程，这是由于各孔道的截面积不相同，在相同的体积流率下，某一部分孔道内流体处于滞流状态，而另一部分孔道内流体则已转入湍流状态。

6.单相流体通过固定床的压力降

单相流体通过固定床时要产生压力损失，主要来自 2 个方面：一方面是由于颗粒的黏滞曳力，即流体与颗粒表面间的摩擦；另一方面，由于流体流动过程中孔道截面积突然扩大和收缩，以及流体对颗粒的撞击及流体的再分布而产生。在低流速时，压力降主要是由于表面摩擦而产生，在高流速及薄床层中流动时，扩大、收缩则起着主要作用：如果容器直径与颗粒直径的比值较小，还应计入壁效应对压力降的影响。

影响固定床压力降的因素可以分为 2 个方面：一方面是属于流体的，如流体的黏度、密度等物理性质和流体的质量流率；另一方面是属于床层的，如床层的高度和流通截面积、床层的空隙率，以及颗粒的物理特性如粒度、形状、表面粗糙度等。

(三)主要物料的平衡及流向

1.气相流向

气体经减压阀减压后，经过管道过滤器进入质量流量计计量流量，由计前阀调节流量，然后气体进入预热器预热，与汽化的物料一起进入反应器发生目标反应；反应后，反应产物和未反应物进入冷凝器冷却，沸点低的物料冷凝为液体，气液混合物一起进入气液分离器分离，气体经背压阀放空。

2.液相流向

液体从原料罐出来，经管道过滤器由柱塞式计量泵输送至预热器，液体进入预热器后汽化与气态物料一起进入反应器发生目标反应；反应后，反应产物和未反应物进入冷凝器冷

却，沸点低的物料冷凝为液体，气液混合物一起进入气液分离器分离，液体在气液分离器中临时储存。一段时间后，将液体放入产品储罐，或是与进料泵接通继续反应。

(四)带有控制点的工艺及设备流程图

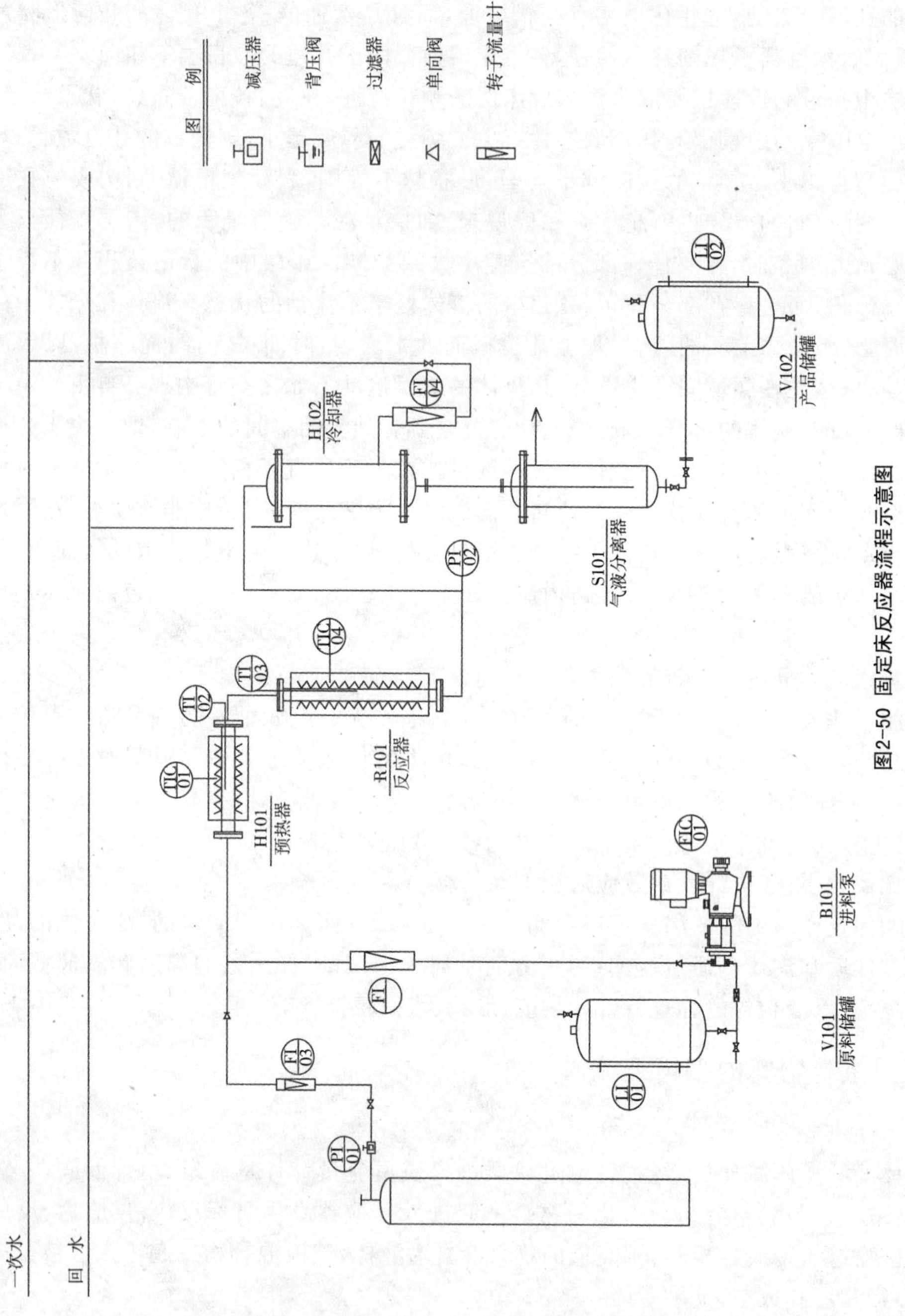

图 2-50 固定床反应器流程示意图

三、生产控制技术

在化工生产中，对各工艺变量有一定的控制要求。有些工艺变量对产品的数量和质量起着决定性的作用。例如，原料的流量直接影响反应的转化率和收率；反应温度的控制直接影响反应的速率以及反应的选择性（对于有副反应伴随的体系）。

为了实现控制要求，可以有 2 种方式：一是人工控制，二是自动控制。自动控制是在人工控制的基础上发展起来的，使用了自动化仪表等控制装置来代替人的观察、判断、决策和操作。

先进控制策略在化工生产过程的推广应用，能够有效提高生产过程的平稳性和产品质量的合格率，对于降低生产成本、节能减排降耗、提升企业的经济效益具有重要意义。

（一）各项工艺操作指标

液态原料流量：0～5L/h

气态原料流量：0～160L/h

预热温度控制：室温～200℃

反应温度控制：室温～500℃

反应压力控制：常压

（二）主要控制点的控制方法、仪表控制

1. 预热温度控制

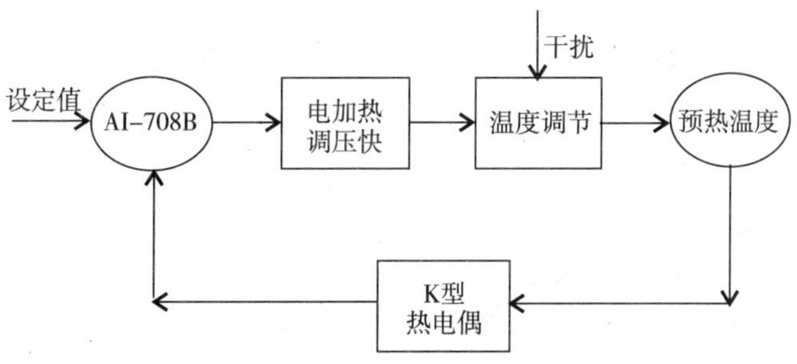

图 2-51　预热温度控制方块图

2. 反应温度控制

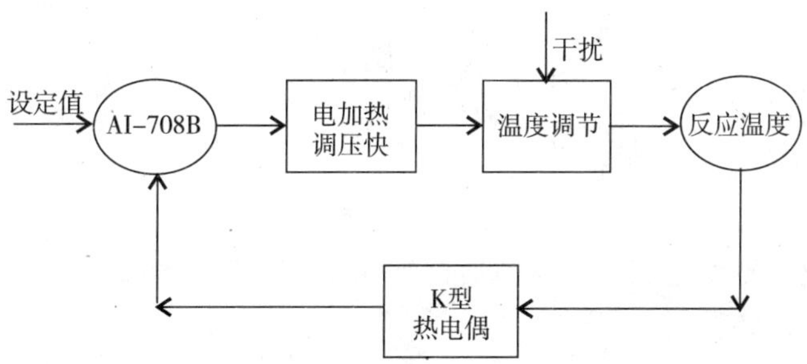

图 2-52　反应温度控制方块图

四、物耗能耗指标

本实训装置的物质消耗为:气体反应物/保护气;液体反应物。

本实训装置的能量消耗为:加热器耗电;进料泵耗电。

表 2-34 物耗能耗一览表

<table>
<tr><th>名称</th><th>耗量</th><th>名称</th><th>耗量</th><th>名称</th><th>额定功率</th></tr>
<tr><td rowspan="3">气体</td><td rowspan="3">0～0.16m³/h</td><td rowspan="3">液体</td><td rowspan="3">0～5L/h</td><td>预热器</td><td>3kW</td></tr>
<tr><td>加热器</td><td>6kW</td></tr>
<tr><td>进料泵</td><td>370W</td></tr>
<tr><td>总计</td><td>0～0.16m³/h</td><td>总计</td><td>0～5L/h</td><td>总计</td><td>9.37kW</td></tr>
</table>

注:此表为最大耗量,实际消耗与操作条件相关。

五、安全生产技术

(一)生产事故及处理预案

固定床的常见异常现象及处理方法:

1.预热器和反应器温度下降

首先检查温度设定值,看控制温度设定是否有变化,若温度设定没有变化则检查进料流量,检查进料计量泵的行程是否改变。若上述参数均正常则请指导教师处理。

2.反应温度骤升

首先检查反应炉温度是否有变化,若反应炉温度正常,则是反应器出现“飞温”情况,那么就停止液相反应物进料,观察温度变化,待温度恢复到设定值并稳定一段时间后,重新开始液相进料。若停止液相进料后温度仍然上升,则请指导教师进行处理。

(二)工业卫生和劳动保护

化工单元实训基地的老师和学生进入化工单元实训基地后必须穿戴劳防用品:在指定区域正确戴上安全帽,穿上安全鞋,在进入任何作业过程中佩戴安全防护眼镜,在任何作业过程中佩戴合适的防护手套。无关人员不得进入化工单元实训基地。

1.行为规范

(1)不准吸烟。

(2)保持实训环境的整洁。

(3)不准从高处乱扔杂物。

(4)不准随意坐在灭火器箱、地板和教室外的凳子上。

(5)非紧急情况下不得随意使用消防器材(训练除外)。

(6)不得靠在实训装置上。

(7)在实训场地、在教室里不得打骂和嬉闹。

(8)将使用后的用具清洗干净,按规定放置整齐。

2.用电安全

(1)进行实训之前必须了解室内总电源开关与分电源开关的位置,以便出现用电事故时及时切断电源。

(2)在启动仪表柜电源前,必须清楚每个开关的作用。

(3)启动电机,上电前先用手转动一下电机的轴,通电后,立即查看电机是否已转动;若不转动,应立即断电,否则电机很容易烧毁。

(4)在实训过程中,如果发生停电现象,必须切断电闸。以防操作人员离开现场后,因突然供电而导致电器设备在无人看管下运行。

(5)不要打开仪表控制柜的后盖和强电桥架盖,应请专业人员进行电器的维修。

3.烫伤的防护

本实训装置采用电加热器进行加热,加热炉外壁温度很高,切不可接近,更不可手触。

4.环保

不得随意丢弃化学品,不得随意乱扔垃圾,避免水、能源和其他资源的浪费,保持实训基地的环境卫生。本实训装置无三废产生。在实验过程中要注意,不能发生热油的跑、冒、滴、漏。

六、实训操作步骤

(一)开车前准备

1.熟悉各取温度测量与控制点和压力测量点的位置。

2.检查公用工程(水、电)是否处于正常供应状态。

3.设备上电,检查流程中各设备、仪表是否处于正常开车状态,动设备试车。

4.检查产品罐是否有足够空间贮存实训产生的液相产品;如空间不够,则打开放料阀将产品移出。

5.检查原料罐,是否有足够原料供实训使用,检测原料是否符合操作要求,如有问题,进行补料或调整的操作。

6.检查流程中各阀门是否处于正常开车状态。

7.按照要求制定操作方案。

(二)正常开车

1.调节进气减压阀出口压力到规定值(小于0.2MPa);然后调节转子流量计前阀,将气体流量调节到规定值。

2.打开冷却水,并将流量调节到规定值。

3.打开反应炉加热按钮,将反应温度设定到规定值(小于500℃),开始加热反应器。

4.待反应温度接近设定值时,打开预热炉加热按钮,开始加热预热器。

5.预热温度和反应温度都达到规定值后,打开进料泵按钮,开始液相进料,同时注意观察预热温度和反应温度的变化。

(三)正常操作

1.调节柱塞式计量泵的手柄,将流量调节到规定值,启动进料泵。

2.随时观察进气流量、预热温度、反应温度、反应压力以及尾气流量的变化，5min 记录一次数据。

3.反应稳定一段时间后，取样分析产物的组成。

（四）正常停车

1.关闭进料计量泵，停止液相进料。

2.10min 后关闭反应炉加热按钮，关闭预热炉加热按钮。

3.待反应炉和预热炉的温度降至 100℃时，关闭进气减压阀。

4.关闭冷却水。

5.关闭操作台电源。

七、设备一览表

序号	位号	名称	用途	规格
1	R101	反应器	完成目标反应的容器	DN50×800mm，不锈钢，功率 6kW
2	H101	预热器	完成液相汽化的容器	ϕ20×200mm，不锈钢，功率 1kW
3	H102	冷却器	将沸点低的物质冷凝	壳程 ϕ108×400mm，换热面积 0.2m^2，不锈钢
4	V101	原料罐	储存液相原料	ϕ108×300mm，不锈钢
5	V102	产品罐	储存液相产品	ϕ108×300mm，不锈钢
6	S101	气液分离器	将气体和冷凝的液体分离	ϕ200×600mm，不锈钢
7	B101	进料泵	将反应物料输送到预热器	DPXS 5.0/2.0 柱塞式计量泵

八、仪表计量一览表及主要仪表规格型号

序号	位号	仪表用途	仪表位置	规格		执行器
				传感器	显示仪	
1	TIC01	预热温度控制	集中	K-型热电偶	AI-708D	电加热器
2	TI02	预热温度显示	集中	K-型热电偶	AI-501D	
3	TI03	反应温度	集中	K-型热电偶	AI-501D	
4	TIC04	反应炉温度控制	集中	K-型热电偶	AI-708D	电加热器
5	FIC01	液相进料流量计量	现场	DPXS5.0/2.0 柱塞式计量泵		
6	FI02	液相进料显示	现场	1.0～10 L/h 液体转子流量计		
7	FI03	进气流量计量	集中	16～160 L/h 气体转子流量计		
8	FI04	冷却水流量计量	现场	40～400L/h 液体转子流量计		
9	PI01	进气压力	现场	0.6MPa 指针压力表		
10	PI02	反应压力	集中	0.6MPa 压力传感器	AI-501B	
11	LI01	原料罐液位	现场	玻璃管液位计		
12	LI02	产品罐液位	现场	玻璃管液位计		

九、仪表的使用及推荐反应体系

1.见附录 2。

2.见附录 5。

项目 14
固定床反应器实训装置操作规程

一、实训目的

1. 了解测定气—固催化固定床反应速度的方法及数据处理。

2. 了解测定气一固催化固定床反应收率及转化率的方法及数据处理。

3. 了解气一固催化固定床反应的工艺过程和操作,以及工艺参数对反应的影响、优化参数的方法。

二、生产工艺过程

凡是流体通过不动的固体物料形成的床层面进行反应的设备都称为固定床反应器,而其中尤以利用气态的反应物料,通过由固体催化剂所构成的床层进行反应的气—固相催化反应器在化工生产中应用最为广泛。

(一)固定床反应器

固定床反应器又称填充床反应器,是装填有固体催化剂或固体反应物用以实现多相反应过程的一种反应器。固体物通常呈颗粒状,粒径为 2～15mm,堆积成一定高度(或厚度)的床层。床层静止不动,流体通过床层进行反应。它与流化床反应器及移动床反应器的区别在于其固体颗粒处于静止状态。固定床反应器主要用于实现气固相催化反应,如氨合成塔、二氧化硫接触氧化器、烃类蒸汽转化炉等。用于气固相或液固相非催化反应时,床层则填装固体反应物。涓流床反应器也可归于固定床反应器,气液相并流向下通过床层,呈气液固相接触。

1.固定床反应器的 3 种基本形式

(1)轴向绝热式固定床反应器(图 2-53a)。流体沿轴向自上而下流经床层,床层同外界无热交换。

(2)径向绝热式固定床反应器。流体沿径向流过床层,可采用离心流动(图 2-53b)或向心流动,床层同外界无热交换。径向反应器与轴向反应器相比,流体流动的距离较短,流道截面积较大,流体的压力降较小。但径向反应器的结构较轴向反应器复杂。以上 2 种形式都属于绝热反应器,适用于反应热效应不大,或反应系统能承受绝热条件下由反应热效应引起的温度变化的场合。

(3)列管式固定床反应器(图 2-53c)。该反应器由多根反应管并联构成。管内或管间置催化剂,载热体流经管间或管内进行加热或冷却,管径通常在 25~50mm 之间,管数可多达上万根。列管式固定床反应器适用于反应热效应较大的反应。此外,尚有由上述基本形式串联组合而成的反应器,称为多级固定床反应器。例如:当反应热效应大或需分段控制温度时,可将多个绝热反应器串联成多级绝热式固定床反应器(图 2-53d),反应器之间设换热器或补充物料以调节温度,以便在接近于最佳温度条件下操作。

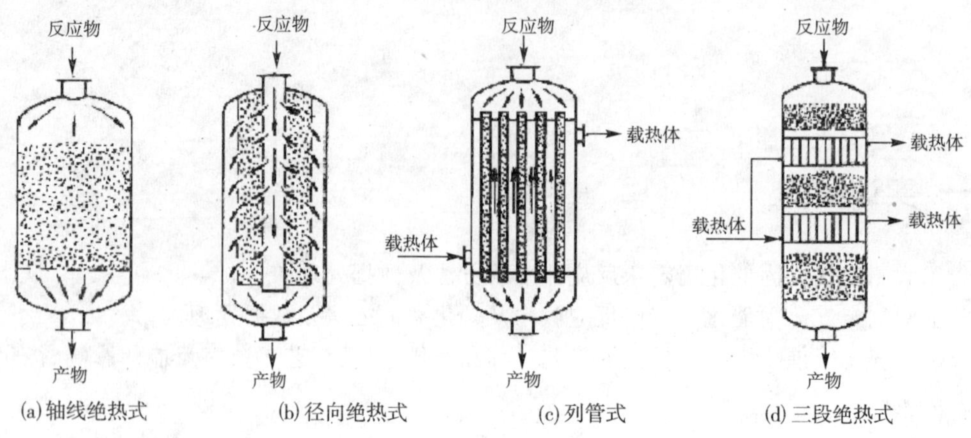

图 2-53　固定床反应器的分类

2. 固定床反应器的优点

(1)在生产操作中,除床层极薄和气体流速很低的特殊情况外,床层内气体的流动皆可看成是理想置换流动,因此在化学反应速度较快时完成同样的生产能力所需要的催化剂用量和反应器体积较小。

(2)气体停留时间可以严格控制,温度分布可以调节,因而有利于提高化学反应的转化率和选择性。

(3)催化剂不易磨损,可以较长时间连续使用。

(4)适宜于高温高压条件下操作。

(5)结构简单。

3. 固定床反应器的缺点

(1)催化剂载体往往导热性不好,气体流速受压降限制又不能太大,所以造成床层中传热性能较差,给温度控制带来困难。对于放热反应,在换热式反应器的入口处,因为反应物浓度较高,反应速度较快,放出的热量往往来不及移走,而使物料温度升高,这又促使反应以更快的速度进行,放出更多的热量,物料温度继续升高,直到反应物浓度降低,反应速度减慢,传热速度超过了反应速度时,温度才逐渐下降。所以在放热反应时,通常在换热式反应器的轴向存在一个最高的温度点,称为“热点”。如设计或操作不当,则在强放热反应时,床内热点温度会超过工艺允许的最高温度,甚至失去控制而出现“飞温”。此时,对反应的选择性、催化剂的活性和寿命、设备的强度等均不利。

(2)不能使用细粒催化剂,否则流体阻力增大,破坏了正常操作,催化剂的活性内表面得不到充分利用。

(3)催化剂的再生、更换均不方便。催化剂需要频繁再生的反应一般不宜使用，常代之以流化床反应器或移动床反应器。固定床反应器中的催化剂不限于颗粒状，如网状催化剂早已应用于工业上，而蜂窝状、纤维状催化剂目前也已被广泛使用。

固定床反应器是研究得比较充分的一种多相反应器，描述固定床反应器的数学模型有多种，大致分为拟均相模型(不考虑流体和固体间的浓度、温度差别)和多相模型(考虑到流体和固体间的浓度、温度差别)两类，每一类按是否返混可分为无返混模型和有返混模型，又可按是否考虑反应器径向的浓度梯度和温度梯度分为一维模型和二维模型。

(二)固定床反应器流体力学

1.非中空固体颗粒的当量直径及形状系数

非中空固体颗粒的当量直径可以用许多不同的方法来表示。在流体力学研究中，常常采用与非中空颗粒体积相等的球体的直径来表示颗粒的当量直径。若非中空颗粒的体积为 V_P，按等体积的圆球直径计算的非中空颗粒的当量直径 d_P 可表示如下：

$$d_P = \left(\frac{6V_P}{\pi}\right)^{\frac{1}{3}}$$

再以 S_S 表示与非中空颗粒等体积圆球的外表面积，则

$$S_S = \pi d_P^2$$

非球形颗粒的外表面积 S_P 一定大于等体积的圆球的外表面积。因此，引入一个无因次系数 ϕ_S，称为颗粒的形状系数，其值如下：

$$\varphi_S = \frac{S_S}{S_P}$$

即与非中空颗粒体积相等的圆球的外表面积与非中空颗粒的外表面积之比，对于球形颗粒，$\phi_S = 1$；对于非球形颗粒，$\phi_S < 1$。形状系数说明了颗粒与圆球的差异程度。

形状系数 ϕ_S 可由颗粒的体积及外表面积算得。非中空颗粒的体积可由实验测定，或由其质量及密度计算。形状规则的颗粒，例如圆柱形及三叶草形催化剂颗粒，其外表面积可由直径及高度求出；形状不规则的颗粒外表面积却难以直接测量，这时可由待测颗粒所组成的固定床压力降来计算形状系数。

在固定床传热及传质研究中，通常采用与非中空颗粒外表面积相等的圆球直径来表示颗粒的当量直径 D_P 。此时

$$D_P = \sqrt{\frac{S_P}{\pi}}$$

非中空颗粒的当量直径还有另一种常见的表示方法，即以非中空颗粒的比表面积 S_V($S_V = \dfrac{S_P}{V_P}$)与相同比表面积的圆球直径来表示其当量直径。因此，对于非中空非球形颗粒，根据定义可知，其当量直径可用下式表示：

$$d_P = \frac{6}{S_V} = \frac{6V_P}{S_P}$$

上述 3 种颗粒的当量直径 d_P、D_P、d_S 与形状系数间的相互关系可表示如下：

$$\varphi_S d_P = d_S = \frac{6V_P}{S_P} \text{ 及 } \varphi_S = \left(\frac{d_P}{D_P}\right)^2$$

2.混合颗粒的平均直径及形状系数

某些催化剂是大块物料破碎而成的碎块,如氨合成用铁催化剂,形状是不规则的,大小也不均匀,这就有一个如何计算混合颗粒的平均粒度及形状系数的问题。

对于大小不等的混合颗粒,如果颗粒不太细(如大于0.075mm),平均直径可以由筛分分析数据来决定。将混合颗粒用标准筛组进行筛析,分别称量留在各号筛上的颗粒质量,然后根据颗粒的总质量分别算出各种颗粒所占的分率。在某一号筛上的颗粒,其直径通常为该号筛孔净宽与上一号筛孔净宽的几何平均值(即两相邻筛孔净宽乘积的平方根)。如混合颗粒中,直径为d_1、d_2、…、d_n的颗粒的质量分率分别为X_1、X_2、…、X_n,则该混合颗粒的算术平均直径$\bar{d}_P$为

$$\bar{d}_P=\sum_{i=1}^{n}X_i d_i$$

而调和平均直径$\bar{d}_P$为

$$\frac{1}{\bar{d}_P}=\sum_{i=1}^{n}\frac{X_i}{d_i}$$

在固定床和流化床的流体力学计算中,用调和平均直径比较符合实验数据。

大小不等且形状也各异的混合颗粒,其形状系数由待测颗粒所组成的固定床压力降来计算。同一批混合颗粒,平均直径的计算方法不同,计算出来的形状系数也不同。

3.固定床的当量直径

为了将处理流体在管道中流动的方法应用于解决固定床中的流体流动问题,必须确定固定床的当量直径d_e。按定义,固定床的当量直径应为水力半径R_H的4倍,而水力半径可由床层的空隙率和单位床层体积中颗粒的润湿表面积计算得到。当不考虑颗粒间相互接触而减少表面积时,床层中均匀颗粒的比表面积S_e,即单位体积床层中颗粒的外表面积或颗粒的润湿表面积,可由床层的空隙率及非中空单颗颗粒的体积V_P及外表面积S_P计算而得

$$S_e=\frac{(1-\varepsilon)S_P}{V_P}=\frac{6(1-\varepsilon)}{d_S}$$

按水力半径的定义得

$$R_H=\frac{\text{有效截面积}}{\text{润湿周边}}=\frac{\text{床层的空隙体积}}{\text{总的润湿面积}}=\frac{\varepsilon}{S_e}$$

因此床层的当量直径

$$d_e=4R_H=\frac{4\varepsilon}{S_e}=\frac{2}{3}\left(\frac{\varepsilon}{1-\varepsilon}\right)\varphi_S d_P$$

当床层由单孔环柱体、多通孔环柱体等中空颗粒组成时,不能使用上式。

4.固定床的空隙率

固定床的空隙率是颗粒物料层中颗粒间自由体积与整个床层体积之比,它是固定床的重要特性之一。空隙率对流体通过床层的压力降、床层的有效导热系数及比表面积都有重大的影响。床层空隙率ε的数值与下列因素有关:颗粒形状、颗粒的粒度分布、颗粒表面的粗糙度、充填方式、颗粒直径与容器直径之比等。

紧密填充固定床的床层空隙率低于疏松填充固定床,反应器中充填催化剂时应以适当方式加以震动压紧,床层的压力降虽较大,但装填的催化剂可较多。固定床中同一截面上的

空隙率也是不均匀的，近壁处空隙率较大，而中心处空隙率较小，固定床由均匀球形颗粒乱堆在圆形容

5. 固定床的流动特性

流体在固定床中的流动比在空管内的情况要复杂得多。在固定床中，流体在颗粒物料所组成的孔道中流动，这些孔道相互交错联通，而且是弯曲的；各个孔道的几何形状相差甚大，其横截面积也很不规则且不相等，各个床层横截面上孔道的数目也不相同。

床层中孔道的特性主要取决于构成床层的颗粒特性：粒度、粒度分布、形状及粗糙度，即影响床层空隙率的因素都与孔道的特性有关。颗粒的粒度越小，则构成的孔道数目越多，孔道的截面积也越小。颗粒的粒度越不均匀，形状越不规则，表面越粗糙，则构成的孔道越不规则，各个孔道间的差异也就越大。一般说来，如果颗粒是随意堆积的，床层直径与平均颗粒直径之比大于 8 时，床层任何部分的空隙率大致相同。床层中的自由体积并不等于所有孔道的总体积，而是存在部分死角，死角中的流体处于不流动的状态。流体在床层中的孔道内流动时，经常碰撞前面的颗粒，加上孔道截面的不均匀，时而扩大，时而缩小，以致流体作轴向流动时，往往在颗粒间产生再分布，流体的旋涡运动不如在空管中那么自由。由于孔道特性的改变以及流体的再分布，旋涡运动的范围要受到流动空间的限制，即取决于孔道的形状及大小。在固定床内流动时流体旋涡的数目比在与床层直径相等的空管中流动时要多得多。在空管中流体的流动状态由滞流转入湍流时是突然改变的，转折非常明显；在固定床中流体的流动状态由滞流转入湍流是一个逐渐过渡的过程，这是由于各孔道的截面积不相同，在相同的体积流率下，某一部分孔道内流体处于滞流状态，而另一部分孔道内流体则已转入湍流状态。

6. 单相流体通过固定床的压力降

单相流体通过固定床时要产生压力损失，主要来自 2 个方面：一方面是由于颗粒的黏滞曳力，即流体与颗粒表面间的摩擦；另一方面，由于流体流动过程中孔道截面积突然扩大和收缩，以及流体对颗粒的撞击及流体的再分布而产生。在低流速时，压力降主要是由于表面摩擦而产生，在高流速及薄床层中流动时，扩大、收缩则起着主要作用：如果容器直径与颗粒直径的比值较小，还应计入壁效应对压力降的影响。

影响固定床压力降的因素可以分为 2 个方面：一方面是属于流体的，如流体的黏度、密度等物理性质和流体的质量流率；另一方面是属于床层的，如床层的高度和流通截面积、床层的空隙率，以及颗粒的物理特性如粒度、形状、表面粗糙度等。

(三)主要物料的平衡及流向

1. 气相流向

气体经减压阀减压后，经过管道过滤器进入质量流量计计量流量，由计前阀调节流量，然后气体进入预热器预热，与汽化的物料一起进入反应器发生目标反应；反应后，反应产物和未反应物进入冷凝器冷却，沸点低的物料冷凝为液体，气液混合物一起进入气液分离器分离，气体经背压阀放空。

2. 液相流向

液体从原料罐出来，经管道过滤器由柱塞式计量泵输送至预热器，液体进入预热器后汽化与气态物料一起进入反应器发生目标反应；反应后，反应产物和未反应物进入冷凝器冷

却，沸点低的物料冷凝为液体，气液混合物一起进入气液分离器分离，液体在气液分离器中临时储存。一段时间后，将液体放入产品储罐，或是与进料泵接通继续反应。

（四）带有控制点的工艺及设备流程图

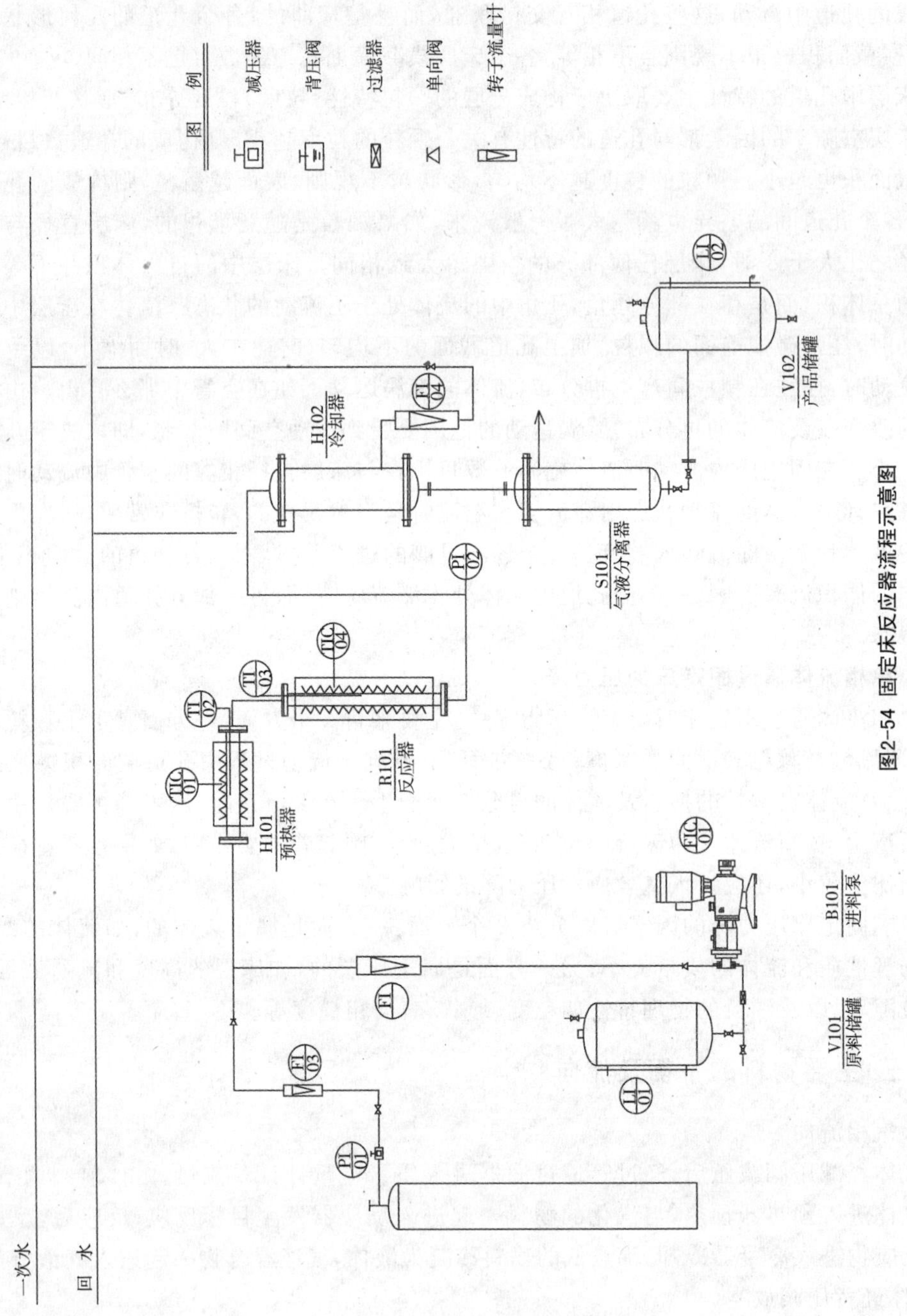

图2-54 固定床反应器流程示意图

三、生产控制技术

在化工生产中，对各工艺变量有一定的控制要求。有些工艺变量对产品的数量和质量起着决定性的作用。例如，原料的流量直接影响反应的转化率和收率；反应温度的控制直接影响反应的速率以及反应的选择性（对于有副反应伴随的体系）。

为了实现控制要求，可以有两种方式，一是人工控制，二是自动控制。自动控制是在人工控制的基础上发展起来的，使用了自动化仪表等控制装置来代替人的观察、判断、决策和操作。

先进控制策略在化工生产过程的推广应用，能够有效提高生产过程的平稳性和产品质量的合格率，对于降低生产成本、节能减排降耗、提升企业的经济效益具有重要意义。

（一）各项工艺操作指标

液态原料流量：0～5 L/h

气态原料流量：0～160 L/h

预热温度控制：室温～200℃

反应温度控制：室温～500℃

反应压力控制：常压

（二）主要控制点的控制方法、仪表控制

预热温度控制

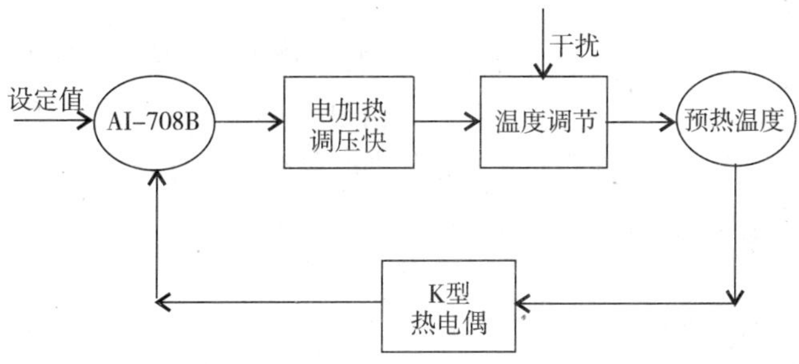

图 2-55　预热温度控制方块图

反应温度控制

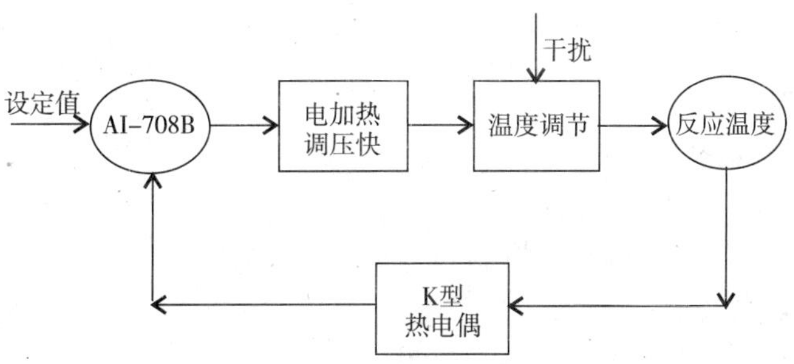

图 2-56　反应温度控制方块图

四、物耗能耗指标

本实训装置的物质消耗为：气体反应物/保护气；液体反应物

本实训装置的能量消耗为：加热器耗电；进料泵耗电。

表 2-35 物耗能耗一览表

<table>
<tr><th>名称</th><th>耗量</th><th>名称</th><th>耗量</th><th>名称</th><th>额定功率</th></tr>
<tr><td rowspan="3">气体</td><td rowspan="3">0～0.16 m³/h</td><td rowspan="3">液体</td><td rowspan="3">0～5 L/h</td><td>预热器</td><td>3KW</td></tr>
<tr><td>加热器</td><td>6KW</td></tr>
<tr><td>进料泵</td><td>370W</td></tr>
<tr><td>总计</td><td>0～0.16 m³/h</td><td>总计</td><td>0～5 L/h</td><td>总计</td><td>9.37KW</td></tr>
</table>

注：此表为最大耗量，实际消耗与操作条件相关。

五、安全生产技术

(一)生产事故及处理预案

固定床的常见异常现象及处理方法：

1.预热器和反应器温度下降

首先检查温度设定值，看控制温度设定是否有变化？若温度设定没有变化则检查进料流量，检查进料计量泵的行程是否改变；若上述参数均正常则请指导教师处理。

3.反应温度骤升

首先检查反应炉温度是否有变化，若反应炉温度正常，则是反应器出现“飞温”情况，那么停止液相反应物进料，观察温度变化，待温度恢复到设定值并稳定一段时间后，重新开始液相进料；若停止液相进料后温度仍然上升，则请指导教师进行处理。

(二)工业卫生和劳动保护

化工单元实训基地的老师和学生进入化工单元实训基地后必须穿戴劳防用品：在指定区域正确戴上安全帽，穿上安全鞋，在进入任何作业过程中佩戴安全防护眼镜，在任何作业过程中佩戴合适的防护手套。无关人员不得进入化工单元实训基地。

1.行为规范

(1)不准吸烟；

(2)保持实训环境的整洁；

(3)不准从高处乱扔杂物；

(4)不准随意坐在灭火器箱、地板和教室外的凳子上；

(5)非紧急情况下不得随意使用消防器材(训练除外)；

(6)不得靠在实训装置上；

(7)在实训场地、在教室里不得打骂和嬉闹；

(8)使用后的清洁用具按规定放置整齐。

2. 用电安全

(1)进行实训之前必须了解室内总电源开关与分电源开关的位置,以便出现用电事故时及时切断电源;

(2)在启动仪表柜电源前,必须清楚每个开关的作用;

(3)启动电机,上电前先用手转动一下电机的轴,通电后,立即查看电机是否已转动;若不转动,应立即断电,否则电机很容易烧毁;

(4)在实训过程中,如果发生停电现象,必须切断电闸。以防操作人员离开现场后,因突然供电而导致电器设备在无人看管下运行;

(5)不要打开仪表控制柜的后盖和强电桥架盖,应请专业人员进行电器的维修。

3. 烫伤的防护

本实训装置采用电加热器进行加热,加热炉外壁温度很高,切不可接近,更不可手触。

4. 环保

不得随意丢弃化学品,不得随意乱扔垃圾,避免水、能源和其他资源的浪费,保持实训基地的环境卫生。本实训装置无三废产生。在实验过程中,要注意,不能发生热油的跑、冒、滴、漏。

六、实训操作步骤

(一)开车前准备

1. 熟悉各取温度测量与控制点和压力测量点的位置;

2. 检查公用工程(水、电)是否处于正常供应状态;

3. 设备上电,检查流程中各设备、仪表是否处于正常开车状态,动设备试车;

4. 检查产品罐是否有足够空间贮存实训产生的液相产品;如空间不够,则打开放料阀将产品移出;

5. 检查原料罐,是否有足够原料供实训使用,检测原料是否符合操作要求,如有问题进行补料或调整的操作;

6. 检查流程中各阀门是否处于正常开车状态;

7. 按照要求制定操作方案。

(二)正常开车

1. 调节进气减压阀出口压力到规定值(小于 0.2MPa);然后调节转子流量计计前阀,将气体流量调节到规定值;

2. 打开冷却水,并将流量调节到规定值;

3. 打开反应炉加热按钮,将反应温度设定到规定值(小于 500℃),开始加热反应器;

4. 待反应温度接近设定值时,打开预热炉加热按钮,开始加热预热器;

5. 预热温度和反应温度都达到规定值后,打开进料泵按钮,开始液相进料,同时注意观察预热温度和反应温度的变化;

(三)正常操作

1. 调节柱塞式计量泵的手柄,将流量调节到规定值,启动进料泵;

2. 随时观察进气流量、预热温度、反应温度、反应压力以及尾气流量的变化，5 分钟记录一次数据；

3. 反应稳定一段时间后，取样分析产物的组成。

(四)正常停车

1. 关闭进料计量泵，停止液相进料；

2. 10 分钟后关闭反应炉加热按钮，关闭预热炉加热按钮；

3. 待反应炉和预热炉的温度降至 100℃时，关闭进气减压阀；

4. 关闭冷却水；

5. 关闭操作台电源。

七、设备一览表

序号	位号	名称	用途	规格
1	R101	反应器	完成目标反应的容器	DN50×800mm，不锈钢，功率 6 KW
2	H101	预热器	完成液相汽化的容器	ϕ20×200mm，不锈钢，功率 1 KW
3	H102	冷却器	将沸点低的物质冷凝	壳程 ϕ108×400mm，换热面积 0.2m^2，不锈钢
4	V101	原料罐	储存液相原料	ϕ273×400mm，不锈钢
5	V102	产品罐	储存液相产品	ϕ273×400mm，不锈钢
6	S101	气液分离器	将气体和冷凝的液体分离	ϕ200×600mm，不锈钢，
7	B101	进料泵	将反应物料输送到预热器	DPXS 5.0/2.0 柱塞式计量泵

八、仪表计量一览表及主要仪表规格型号

序号	位号	仪表用途	仪表位置	规格		执行器
				传感器	显示仪	
1	TIC01	预热温度控制	集中	K－型热电偶	AI－708D	电加热器
2	TI02	预热温度显示	集中	K－型热电偶	AI－501D	
3	TI03	反应温度	集中	K－型热电偶	AI－501D	
4	TIC04	反应炉温度控制	集中	K－型热电偶	AI－708D	电加热器
5	FIC01	液相进料流量计量	现场	DPXS5.0/2.0 柱塞式计量泵		
6	FI02	液相进料显示	现场	1.0－10 L/h 液体转子流量计		
7	FI03	进气流量计量	集中	16－160 L/h 气体转子流量计		
8	FI04	冷却水流量计量	现场	40－400L/h 液体转子流量计		
9	PI01	进气压力	现场	0.6MPa 指针压力表		
10	PI02	反应压力	集中	0.6MPa 压力传感器	AI－501B	
11	LI01	原料罐液位	现场	玻璃管液位计		
12	LI02	产品罐液位	现场	玻璃管液位计		

九、仪器的使用及推荐反应体系

1. 见附录 2。

2. 见附录 5。

项目 15
流化床反应器实训设备操作规程

一、实训目的

1. 了解测定气一固催化流化床反应速度的方法及数据处理。

2. 了解测定气一固催化流化床反应收率及转化率的方法及数据处理。

3. 了解气一固催化流化床反应的工艺过程和操作，以及工艺参数对反应的影响、优化参数的方法。

二、生产工艺过程

流态化——固体粒子像流体一样进行流动的现象。除重力作用外，一般是依靠气体或液体的流动来带动固体粒子运动的。

(一)流态化

流态化简称流化，它是利用流动流体的作用，将固体颗粒群悬浮起来，从而使固体颗粒具有某些流体表观特征，利用这种流体与固体间的接触方式实现生产过程的操作，称为流态化技术，属于粉体工程的研究范畴。流态化技术在强化某些单元操作和反应过程以及开发新工艺方面，起着重要作用。它已在化工、炼油、冶金、轻工和环保等部门得到广泛应用。

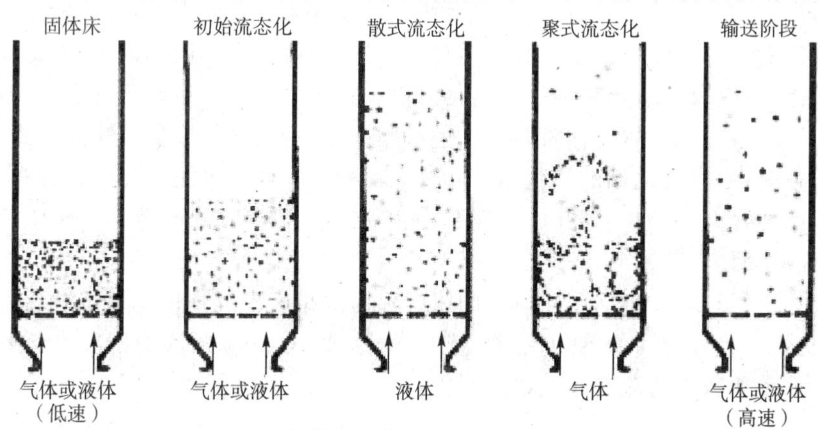

图 2-57　固体颗粒层与流体接触的不同类型

1. 流态化现象

将一批固体颗粒堆放在多孔的分布板上形成床层(图 2-57),使流体自下而上通过床层。由于流体的流动及其与颗粒表面的摩擦,造成流体通过床层的压力降。当流体通过床层的表观流速(按床层截面计算的流速)不大时,颗粒之间仍保持静止和互相接触,这种床层称为固定床。当表观流速增大至起始流化速度时,床层压力降等于单位分布板面积上的颗粒浮重(颗粒的重力减去同体积流体的重力),这时颗粒不再相互支撑,并开始悬浮在流体之中。进一步提高表观流速,床层随之膨胀,床层压力降近乎不变,但床层中颗粒的运动加剧,这时的床层称为流化床。当表观流速增加到等于颗粒的自由沉降速度时,所有颗粒都被流体带走,而流态化过程进入输送阶段。(见图 2-58)

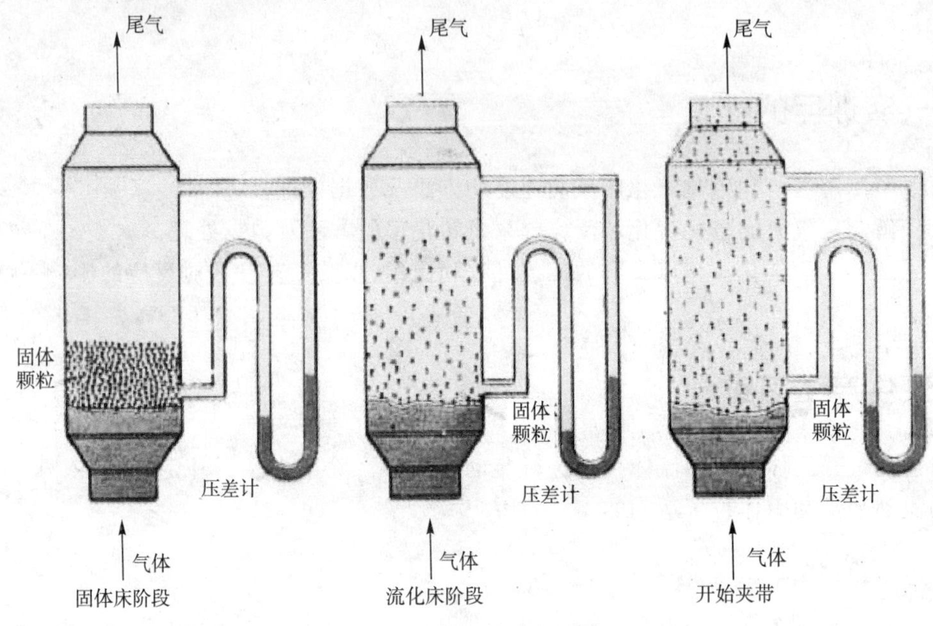

图 2-58　固体颗粒层在床层内的不同状态

2. 散式流态化和聚式流态化

这两种流态化现象,是根据流化床内颗粒和流体的运动状况来区分的。在散式流态化时,颗粒均匀分布在流体中,并在各方向上做随机运动,床层表面平稳且清晰,床层随流体表观流速的增加而均匀膨胀。在聚式流态化时,床层内出现组成不同的两个相,即含颗粒甚少的不连续气泡相,以及含颗粒较多的连续乳化相。乳化相的气固运动状况和空隙率,与起始流化状态相近。通过床层的流体,部分从乳化相的颗粒间通过,其余以气泡形式通过床层。增加流体流量时,通过乳化相的气量基本不变,而气泡量相应增加。气泡在分布板上生成,在上升过程中长大,小气泡会合并成大气泡,大气泡也会破裂成小气泡。气泡上升至床面时破裂,使床面频繁地波动起伏,同时将一部分固体颗粒抛撒到界面以上,形成一个含固体颗粒较少的稀相区;与此相对应,床面以下的床层称为浓相区。气泡的运动既让床层中的颗粒剧烈运动,也影响到气固间的均匀接触。美国学者 R. H. 威海姆和中国学者郭慕孙提出用下式计算的弗劳德数作为流态化类型的判据:

$$Fr = \frac{u_{mf}^2}{gd_p}$$

式中 u_{mf} 为起始流化速度；d_P 为粒径；g 为重力加速度。$Fr<1$ 时为散式流态化，$Fr>1$ 时为聚式流态化。一般情况下，液固系统为散式流态化，气固系统为聚式流态化。

床层中出现气泡（图 2-59）是聚式流态化的基本特征。较小的气泡呈球形，较大的气泡呈帽形。气泡的中心是基本上不含颗粒的空穴；气泡的外层称为晕，这是渗透着气泡气流的乳化相。泡底有尾涡区，称为尾迹。尾迹的体积为气泡体积的 20%～30%。在气泡上升过程中，尾迹中的颗粒不断脱落，并不断引入新的颗粒。气泡上升到床面时发生破裂，尾迹中的颗粒撒于床面，返回乳化相中。晕和尾迹是气泡相和乳化相间发生物质交换的媒介，对于流化床中发生的过程起重要作用。

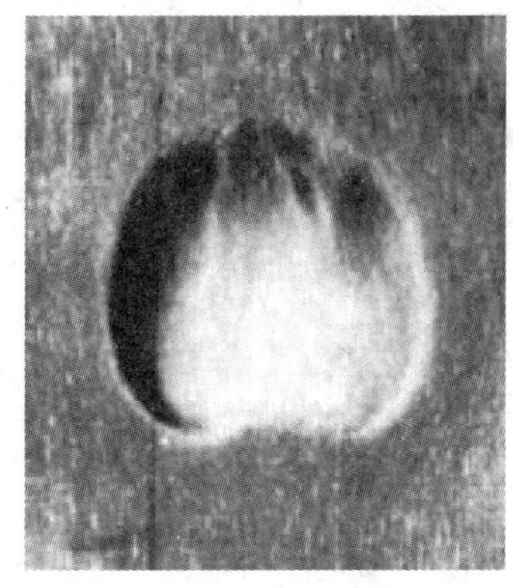

图 2-59　床层中的气泡

3. 沟流和腾涌

这是流态化的不正常现象，出现在设计或操作不合理的流化床层中。沟流是指床层中出现通道，大量流体经此短路流过，使床层其余部分仍处于固定床状态（死床），严重地影响到流体与固体间的均匀接触。导致沟流的原因有：分布板的设计不当；颗粒细而密度大，形状不规则；颗粒有黏附性或含湿量较大。腾涌是当气泡直径增大到接近于床层直径时的流态化现象。腾涌有 2 种形式：①直径接近于床径的气泡沿床上升，颗粒从气泡边缘下降（图 2-60a）；②气泡呈柱塞状（图 2-60b），一段段床层由气泡推动着上升，当气泡到达床界面时，气泡破裂，床层塌落，颗粒成团或分散下落。腾涌严重影响流体与颗粒的相互接触，并加速颗粒和设备的磨损。颗粒粗及高径比大的床层，容易发生腾涌。

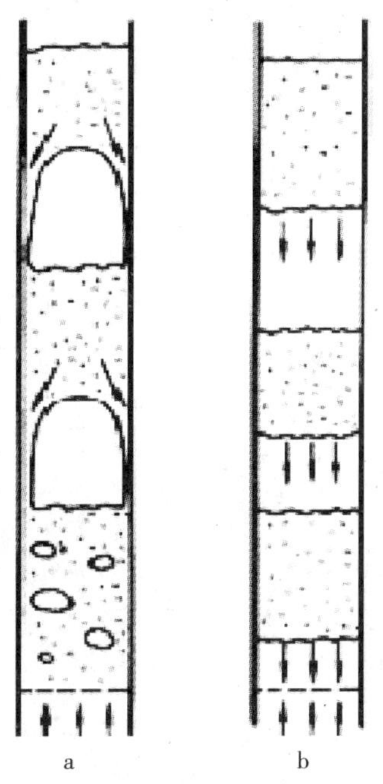

图 2-60　腾涌现象

4. 经典流态化和广义流态化

床层中没有颗粒连续加入和流出时，颗粒虽不断地运动，但它在床层中的平均位置不随时间而改变，这种流态化称为经典流态化，习惯上所说的流化床属于此列。在有些过程中，颗粒和流体同时连续加入和流出，此时颗粒的平均位置随时间而改变，即颗粒有相对于器壁的运动。将经典流态化的概念延伸至颗粒和流体同时流动的系统，即成广义流态化。郭慕孙对广义流态化系统中颗粒和流体的运动作了分类。根据颗粒和流体的流向及流化系统中是否设有分布板，分成 8 种可能的操作方式(图 2-61)，并将散式流态化理论推广到广义流态化，对各种操作方式作出分析。

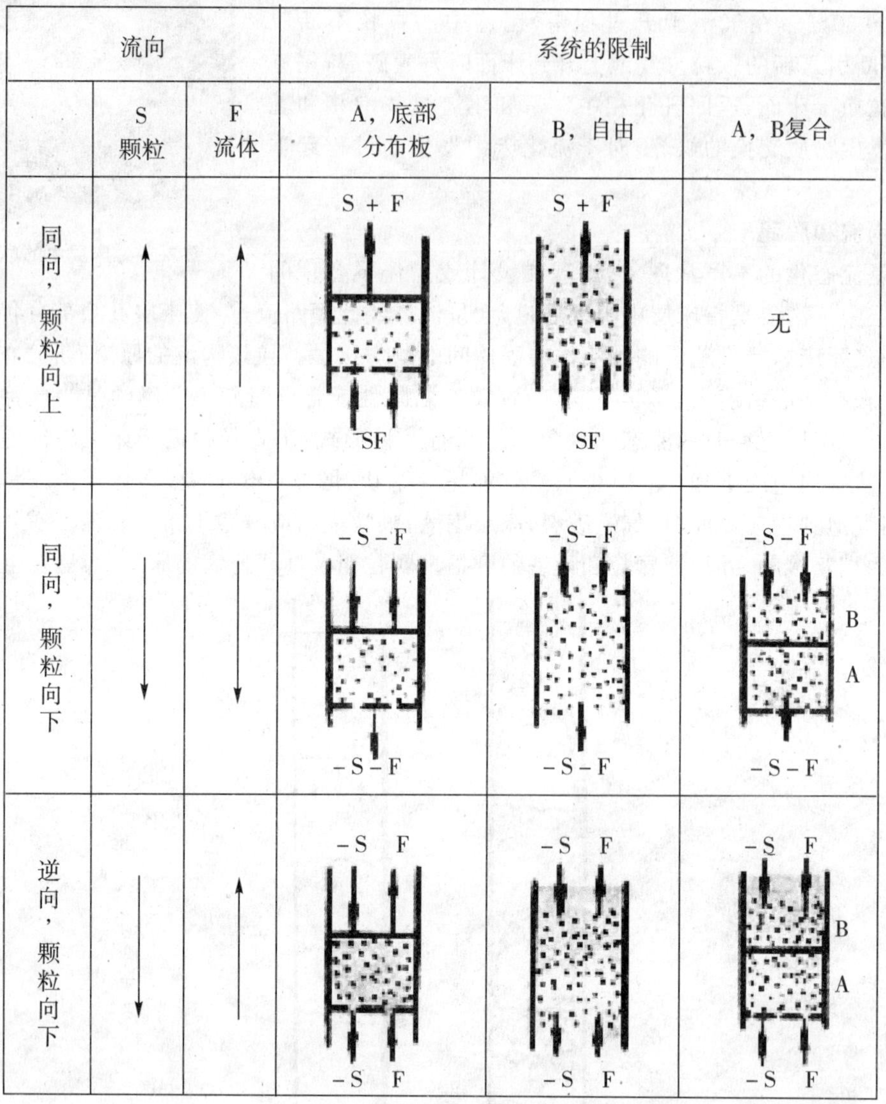

流向			系统的限制		
	S 颗粒	F 流体	A，底部 分布板	B，自由	A，B复合
同向，颗粒向上	↑	↑	S + F SF	S + F SF	无
同向，颗粒向下	↓	↓	–S–F –S–F	–S–F –S–F	–S–F B A –S–F
逆向，颗粒向下	↓	↑	–S　F –S　F	–S　F –S　F	–S　F B A –S　F

图 2-61　广义流态化的 8 种操作

5.流态化技术的进展

流态化技术在工业上的应用，首推 1926 年在德国工业上的煤气化温克勒炉。1942 年在美国建成第一套石油馏分流化床催化裂化反应装置，这是流态化技术应用的巨大成功。随后流态化技术进入许多领域。中国于 20 世纪 50 年代中期，在南京永利宁厂成功地应用流化床作为硫铁矿的焙烧炉。目前，流化床在化工、石油、冶金、轻工和环保等部门得到了广泛应用。随着流态化技术的发展，人们对流态化现象的认识逐步深入。从 20 世纪 40 年代末对流化床总体性状的研究，发展到应用两相流体力学、流变学、统计学和计算机技术等对床层内部性状作深入研究。近来的研究发现，当粒径为 20～100μm 的颗粒在比它的沉降速度大 5～10 倍的气速下流态化，并且在旋风分离器和床层间作大量循环时，所形成的流化床称为高速流化床。与一般流化床相比，高速流化床中气固接触大为改善，受到广泛重视。

(二)流化床反应器

流化床反应器是一种利用气体或液体通过颗粒状固体层而使固体颗粒处于悬浮运动状态，并进行气固相反应过程或液固相反应过程的反应器。在用于气固系统时，该反应器又称沸腾床反应器。

流化床反应器在现代工业中的早期应用是 20 世纪 20 年代出现的粉煤气化的温克勒炉；但现代流化反应技术是以 20 世纪 40 年代石油催化裂化为代表的。目前，流化床反应器已在化工、石油、冶金、核工业等部门得到广泛应用。

1.流化床的分类

按形状可分为圆筒形和圆锥形流化床。圆筒形流化床反应器结构简单，制造容易，设备容积利用率高。圆锥形流化床反应器的结构比较复杂，制造比较困难，设备的利用率较低，但因其截面自下而上逐渐扩大，故也具有很多优点。按照床层中是否设置有内部构件可分为自由床和限制床。床层中设置内部构件的称为限制床，未设置内部构件的称为自由床。设置内部构件的目的在于增进气固接触，减少气体返混，改善气体停留时间分布，提高床层的稳定性，从而使高床层和高流速操作成为可能。许多流化床反应器都采用挡网、挡板等作为内部构件。对于反应速度快、延长接触时间不至于产生严重副反应或对于产品要求不严的催化反应过程，则可采用自由床，如石油炼制工业的催化裂化反应器便是典型的一例。

按反应器内层数可分为单层和多层流化床。对气固相催化反应主要采用单层流化床。多层式流化床中，气流由下往上通过各段床层，流态化的固体颗粒则沿溢流管从上往下依次流过各层分布板，如用于石灰石焙烧的多层式流化床的结构。

按是否催化反应可分为气固相流化床催化反应器和气固相流化床非催化反应器 2 种。以一定的流动速度使固体催化剂颗粒呈悬浮湍动，并在催化剂作用下进行化学反应的设备是气固相流化床催化反应器，它是气固相催化反应常用的一种反应器。而在气固相流化床非催化反应器中，原料直接与悬浮湍动的固体原料发生化学反应。

按固体颗粒是否在系统内循环可分为单器(或称非循环操作的流化床)和双器流化床(或称循环操作的流化床)。单器流化床在工业上应用最为广泛，多用于催化剂使用寿命较长的气固相催化反应过程，如乙烯氧氯化反应器、萘氧化反应器和乙烯氧化反应器等。

按流化床反应器的应用可分为 2 类：一类的加工对象主要是固体，如矿石的焙烧，称为固相加工过程；另一类的加工对象主要是流体，如石油催化裂化、酶反应过程等催化反应过程，称为流体相加工过程。

流化床反应器的结构有 2 种形式：①有固体物料连续进料和出料装置，用于固相加工过程或催化剂迅速失活的流体相加工过程。例如催化裂化过程，催化剂在几分钟内即显著失活，须用上述装置不断予以分离后进行再生。②无固体物料连续进料和出料装置，用于固体颗粒性状在相当长时间(如半年或1年)内不发生明显变化的反应过程。

2.流化床的主要特征

(1)从整体看,床层显示出某些类似于液体的表观性质,例如保持床层界面的水平,对置于床内的物体产生浮力,具有与床高成正比的静压差,能从高处流向低处和从孔口流出等。由于床层具有流动性,可以很方便地使固体颗粒连续加入和排出,无需机械装置就能实现连续操作。

(2)气固流化床宛如沸腾着的液体,固体颗粒在床内激烈运动,造成整个流化床宏观上的均匀性,床层各处的温度基本均一,非常适合于有强热效应的过程。但颗粒的激烈运动也造成各颗粒在流化床中停留时间的不均一和流体的返混。

(3)流化床的压力降保持恒定,这使流化床可以采用小颗粒,而无须担心过大的压降;小颗粒的采用有利于流体与颗粒间的热量传递和质量传递,也缩短了颗粒内部的传递和反应距离。

(4)在聚式流化床中,大量气体以气泡形式通过床层,这部分气体与固体接触甚少;而少量流经乳化相的气体,在床内有较长时间与固体接触。这种气固间的不均匀接触是流化床的主要缺点。

(5)颗粒在床内剧烈运动,造成固体颗粒和床内设备的磨损,生成粉尘。为回收有价值的物料和保护环境,须设置粉尘回收设备。

近年来,细颗粒和高气速的湍流流化床及高速流化床均已有工业应用。在气速高于颗粒夹带速度的条件下,通过固体的循环以维持床层,由于强化了气固两相间的接触,特别有利于相际传质阻力居重要地位的情况。但另一方面由于大量的固体颗粒被气体夹带而出,需要进行分离并再循环返回床层,因此,对气固分离的要求也就很高。

(三)流化床反应器的运行与操作

对于一般的工业流化床反应器,需要控制和测量的参数主要有颗粒粒度、颗粒组成、床层压力和温度、流量等。这些参数的控制除了受所进行的化学反应的限制外,还要受到流态化要求的影响。实际操作中是通过安装在反应器上的各种测量仪表来了解流化床中的各项指标,以便采取正确的控制步骤使反应器正常工作。

1.温度的测量与控制

流化床催化反应器的温度控制取决于化学反应的最优反应温度的要求。一般要求床内温度分布均匀,符合工艺要求的温度范围。通过温度测量可以发现过高温度区,进一步判断产生的原因是存在死区,还是反应过于剧烈,或者是换热设备发生故障。通常由于存在死区造成的高温,可及时调整气体流量来改变流化状态,从而消除死区。如果是因为反应过于激烈,可以通过调节反应物流量或配比加以改变。换热器是保证稳定反应温度的重要装置,正常情况下通过调节加热剂或致冷剂的流量就能保证工艺对温度的要求。但是设备自身出现故障的话,就必须加以排除。最常用的温度测量办法是采用标准的热敏元件,如适应各种范围温度测量的热电偶。可以在流化床的轴向和径向安装这样的热电偶,再结合压力测量,就可以对流化床反应器的运行状况有一个全面的了解。

2.流量控制

气体的流量在流化床反应器中是一个非常重要的控制参数,它不仅影响着反应过程,而且关系到流化床的流化效果。所以作为既是反应物又是流化介质的气体，其流量必须要在保证最优流化状态下，有较高的反应转化率。一般原则是气量达到最优流化状态所需的气速后，应在不超过工艺要求的最高或最低反应温度的前提下，尽可能提高气体流量，以获得最高的生产能力。

气体流量的测量一般采用孔板流量计，要求被测的气体是清洁的。当气体中含有水、油和固体粉尘时，通常要先净化，然后再进行测量。系统内部的固体颗粒流动，通常是被控制的，但一般并不计量。它常常被调节在一个推理的基础上，如根据温度、压力、催化剂活性、气体分析等要求来调整。在许多煅烧操作中，人们常根据煅烧物料的颜色来控制固体的给料。

不同的反应过程采用的流化床反应器的结构各有差异。为了便于学习，我们以丙烯氨氧化流化床反应器为示例。原料混合气以一定速度通过底部气流分布板而急剧上升时，将反应器床层上堆积的固体催化剂细粒强烈搅动，上下浮沉。看起来非常像沸腾的液体，故称之为沸腾度。流化床的下部为浓相段，化学反应主要在此段进行。在浓相段中装有冷却水管和导向挡板。冷却水管是为了控制反应温度，回收反应热。导向挡板是为了改善反应器气固接触条件。

反应器浓相段上部为稀相段。在稀相段也装有冷却水管，目的是将反应温度降至规定的温度以下，以便中止反应。稀相段之上为扩大段。扩大段内装有内旋风分离器，以分离并回收被反应气夹带的催化剂细粒。

(四)主要物料的平衡及流向

1.气相流向

气体经减压阀减压后，经过管道过滤器进入质量流量计计量流量，由计前阀调节流量，然后气体进入预热器预热，与汽化的物料一起进入反应器发生目标反应；反应后，反应产物和未反应物进入冷凝器冷却，沸点低的物料冷凝为液体，气液混合物一起进入气液分离器分离，气体经背压阀放空。

2.液相流向

液体从原料罐出来，经管道过滤器由柱塞式计量泵输送至预热器，液体进入预热器后汽化与气态物料一起进入反应器发生目标反应；反应后，反应产物和未反应物进入冷凝器冷却，沸点低的物料冷凝为液体，气液混合物一起进入气液分离器分离，液体在气液分离器中临时储存，一段时间后，将液体放入产品储罐，或是与进料泵接通继续反应。

(五)带有控制点的工艺及设备流程图

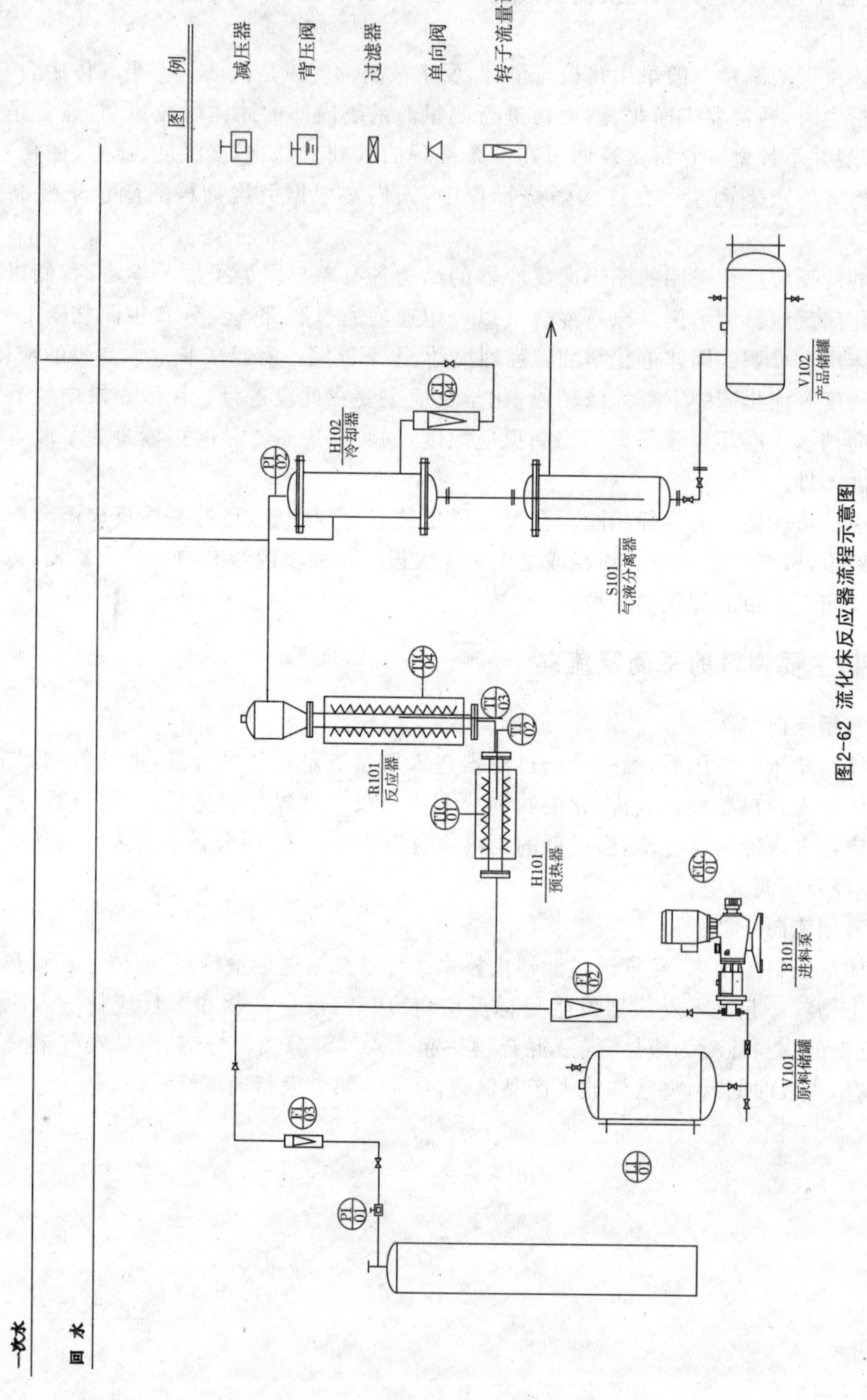

图2-62　流化床反应器流程示意图

三、生产控制技术

在化工生产中，对各工艺变量有一定的控制要求。有些工艺变量对产品的数量和质量起着决定性的作用。例如，原料的流量直接影响反应的转化率、收率以及流化床反应器的操作状态；反应温度的控制直接影响反应的速率以及反应的选择性(对于有副反应伴随的体系)。

为了实现控制要求，可以有两种方式，一是人工控制，二是自动控制。自动控制是在人工控制的基础上发展起来的，使用了自动化仪表等控制装置来代替人的观察、判断、决策和操作。

先进控制策略在化工生产过程的推广应用，能够有效提高生产过程的平稳性和产品质量的合格率，对于降低生产成本、节能减排降耗、提升企业的经济效益具有重要意义。

(一)各项工艺操作指标

液态原料流量：0～5 L/h

气态原料流量：0～400 L/h

预热温度控制：室温～200℃

反应温度控制：室温～500℃

(二)主要控制点的控制方法、仪表控制

1. 预热温度控制

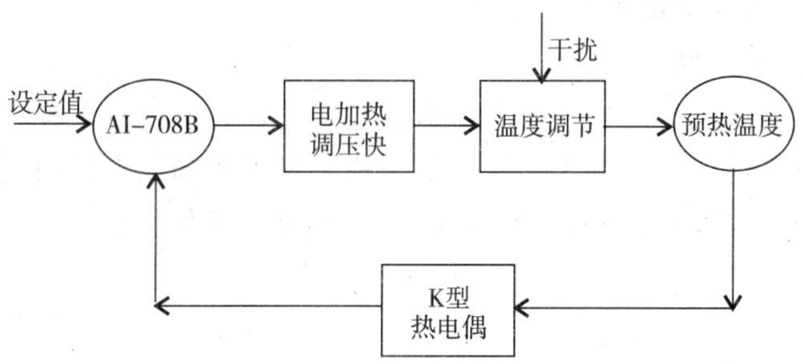

图 2-63 预热温度控制方块图

2. 反应温度控制

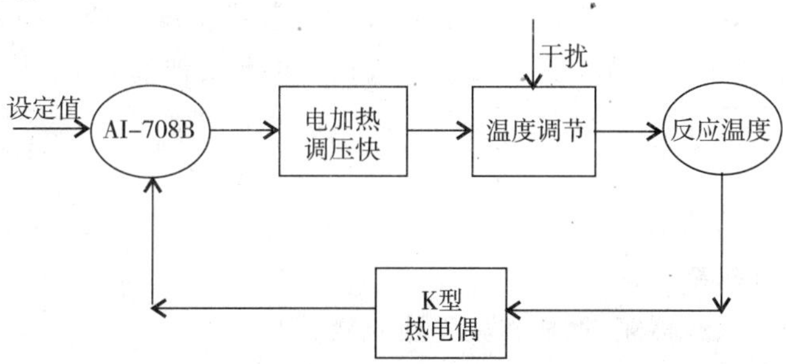

图 2-64 反应温度控制方块图

四、物耗能耗指标

本实训装置的物质消耗为:气体反应物/保护气;液体反应物。

本实训装置的能量消耗为:加热器耗电;进料泵耗电。

表 2-36 物耗能耗一览表

名称	耗量	名称	耗量	名称	额定功率
气体	0～0.4 m^3/h	液体	0～5 L/h	预热器	3KW
				加热器	6KW
				进料泵	370W
总计	0～0.4 m^3/h	总计	0～5 L/h	总计	9.37KW

注:此表为最大耗量,实际消耗与操作条件相关。

五、安全生产技术

(一)生产事故及处理预案

流化床的常见异常现象及处理方法:

1.流化状态异常

流化床扩大段内出现大量固体粒子,同时反应转化率降低。首先检查温度设定值,看控制温度设定是否升高,若温度设定没有变化则检查进料流量,检查进料计量泵的行程是否变大。若上述参数均正常则请指导教师处理。

2.反应转化率显著降低

首先检查温度设定值,看控制温度设定是否有变化。若温度设定没有变化则检查进料流量,检查进料计量泵的行程是否改变。加入一些新鲜催化剂,看反应转化率是否有变化,若反应转化率升高则初步判断为催化剂结块,需停车更换催化剂。若上述参数均正常则请指导教师处理。

(二)工业卫生和劳动保护

化工单元实训基地的老师和学生进入化工单元实训基地后必须穿戴劳防用品:在指定区域正确戴上安全帽,穿上安全鞋,在进入任何作业过程中佩戴安全防护眼镜,在任何作业过程中佩戴合适的防护手套。无关人员不得进入化工单元实训基地。

1.行为规范

(1)不准吸烟;

(2)保持实训环境的整洁;

(3)不准从高处乱扔杂物;

(4)不准随意坐在灭火器箱、地板和教室外的凳子上;

(5)非紧急情况下不得随意使用消防器材(训练除外);

(6)不得靠在实训装置上;

(7)在实训场地、在教室里不得打骂和嬉闹；

(8)使用后的清洁用具按规定放置整齐。

2.用电安全

(1)进行实训之前必须了解室内总电源开关与分电源开关的位置，以便出现用电事故时及时切断电源；

(2)在启动仪表柜电源前，必须清楚每个开关的作用；

(3)启动电机，上电前先用手转动一下电机的轴，通电后，立即查看电机是否已转动；若不转动，应立即断电，否则电机很容易烧毁；

(4)在实训过程中，如果发生停电现象，必须切断电闸。以防操作人员离开现场后，因突然供电而导致电器设备在无人看管下运行；

(5)不要打开仪表控制柜的后盖和强电桥架盖，应请专业人员进行电器的维修。

3.烫伤的防护

本实训装置采用电加热器进行加热，加热炉外壁温度很高，切不可接近，更不可手触。

4.环保

不得随意丢弃化学品，不得随意乱扔垃圾，避免水、能源和其他资源的浪费，保持实训基地的环境卫生。本实训装置无三废产生。在实验过程中，要注意，不能发生热油的跑、冒、滴、漏。

六、实训操作步骤

(一)开车前准备

1.熟悉各取温度测量与控制点和压力测量点的位置。

2.检查公用工程(水、电)是否处于正常供应状态。

3.设备上电，检查流程中各设备、仪表是否处于正常开车状态，动设备试车。

4.检查产品罐是否有足够空间贮存实训产生的液相产品；如空间不够，则打开放料阀将产品移出。

5.检查原料罐，是否有足够原料供实训使用，检测原料是否符合操作要求，如有问题进行补料或调整的操作。

6.检查流程中各阀门是否处于正常开车状态。

7.从流化床扩大段顶部加入规定量的固体催化剂粒子。

8.按照要求制定操作方案。

(二)正常开车

1.打开反应炉加热按钮，将反应温度设定到规定值，开始加热反应器。

2.打开预热炉加热按钮，将温度控制设定在规定值，开始预热。

3.调节进气减压阀出口压力到规定值；然后调节转子流量计计前阀，将气体流量调节到规定值。

4.打开冷却水，并将流量调节到规定值。

5. 预热温度和反应温度都达到规定值后，稳定 10min 后打开进料泵按钮，开始液相进料，同时注意观察预热温度和反应温度的变化以及视镜处的状态。

(三)正常操作

1. 调节柱塞式计量泵的手柄，将流量调节到规定值。
2. 随时观察进气流量、预热温度、反应温度、反应压力、尾气流量以及视镜处的状态的变化，5 分钟记录一次数据。
3. 反应稳定一段时间后，取样分析产物的组成。

(四)正常停车

1. 关闭进料计量泵，停止液相进料。
2. 关闭反应炉加热按钮，关闭预热炉加热按钮。
3. 待反应炉和预热炉的温度降至 100℃时，关闭进气减压阀。
4. 关闭冷却水。
5. 关闭操作台电源。

七、设备一览表

序号	位号	名称	用途	规格
1	R101	反应器	完成目标反应的容器	DN50×800mm，不锈钢，加热功率 6 KW
2	H101	预热器	完成液相汽化的容器	φ20×200mm，不锈钢，加热功率 1 KW
3	H102	冷却器	将沸点低的物质冷凝	φ108×400mm，换热面积 0.2m2，不锈钢
4	V101	原料罐	储存液相原料	φ273×400mm，不锈钢
5	V102	产品罐	储存液相产品	φ273×400mm，不锈钢
6	S101	气液分离器	将气体和冷凝的液体分离	φ200×600mm，不锈钢，
7	B101	进料泵	将反应物料输送到预热器	DPXS 5.0/2.0 柱塞式计量泵

八、仪表计量一览表及主要仪表规格型号

序号	位号	仪表用途	仪表位置	规格		执行器
				传感器	显示仪	
1	TIC01	预热温度控制	集中	K一型热电偶	AI一708D	电加热器
2	TI02	汽化温度显示	集中	K一型热电偶	AI一501D	
3	TI03	反应温度	集中	K一型热电偶	AI一501D	
4	TIC04	反应炉温度控制	集中	K一型热电偶	AI一708D	电加热器
7	FIC01	进气流量计量	现场	DPXS 5.0/2.0 柱塞式计量泵		
8	FI02	液相进料流量计量	现场	1.0一10L/h 液体转子流量计		
9	FI03	气相进料显示	现场	40一400L/h 气体转子流量计		
10	FI04	冷却水流量计量	现场	40一400L/h 液体转子流量计		
12	PI01	进气压力	现场	0.6MPa 指针压力表		
13	PI02	反应压力	集中	0.6MPa 压力传感器	AI一501B	
14	LI01	原料罐液位	现场	玻璃管液位计		
15	LI02	产品罐液位	现场	玻璃管液位计		

九、仪表的使用及推荐反应体系

1. 见附录 2。
2. 见附录 5。

项目 16
MTP 反应评价实训装置操作规程

一、实训目的

1. 了解测定 MTP 反应评价设备反应速度的方法及数据处理。

2. 了解测定 MTP 反应评价设备反应收率及转化率的方法及数据处理。

3. 了解 MTP 反应评价设备反应的工艺过程和操作及工艺参数对反应的影响并优化参数。

二、生产工艺过程

DCS 控制 MTP 反应评价设备是一套高温、高压催化剂气液多用途评价反应装置，适用于对催化剂进行 MTP 反应评价设备气、液相初活性及稳定性的考察。

装置特点：

(1)是一套高温高压催化剂气、液多用途评价反应装置，适用于对催化剂进行固定床气、液相初活性及稳定性的考察；可进行反应机理及反应动力学研究、催化剂评定及筛选等工作。

(2)可做恒温及程序升温反应，可以做连续流动反应——色谱法、脉冲——色谱法、程序升温——色谱法评价，并可与质谱连接。

(3)可做气固、液固、气液固反应。可选用三路(或两路)气体稳压、质量流量计控制的物料气路，一路液体进样口。

(4)气路可根据用户需要配置为一路或两路。

(一)MTP 反应评价设备反应器

又称填充床反应器，装填有固体催化剂或固体反应物用以实现多相反应过程的一种反应器。固体物通常呈颗粒状，粒径 2～15mm 左右，堆积成一定高度(或厚度)的床层。床层静止不动，流体通过床层进行反应。它与流化床反应器及移动床反应器的区别在于固体颗粒处于静止状态。MTP 反应评价设备反应器主要用于实现气固相催化反应，如氨合成塔、二氧化硫接触氧化器、烃类蒸汽转化炉等。用于气固相或液固相非催化反应时，床层则填装固体反应物。涓流床反应器也可归属于 MTP 反应评价设备反应器，气、液相并流向下通过床层，呈气液固相接触。

MTP 反应评价设备反应器有三种基本形式：①轴向绝热式 MTP 反应评价设备反应器

(图 2-65a)。流体沿轴向自上而下流经床层,床层同外界无热交换。②径向绝热式 MTP 反应评价设备反应器。流体沿径向流过床层,可采用离心流动(图 2-65b)或向心流动,床层同外界无热交换。径向反应器与轴向反应器相比,流体流动的距离较短,流道截面积较大,流体的压力降较小。但径向反应器的结构较轴向反应器复杂。以上两种形式都属绝热反应器,适用于反应热效应不大,或反应系统能承受绝热条件下由反应热效应引起的温度变化的场合。③列管式 MTP 反应评价设备反应器(图 2-65c)。由多根反应管并联构成。管内或管间置催化剂,载热体流经管间或管内进行加热或冷却,管径通常在 25～50mm 之间,管数可多达上万根。列管式 MTP 反应评价设备反应器适用于反应热效应较大的反应。此外,尚有由上述基本形式串联组合而成的反应器,称为多级 MTP 反应评价设备反应器。例如:当反应热效应大或需分段控制温度时,可将多个绝热反应器串联成多级绝热式 MTP 反应评价设备反应器(图 2-65d),反应器之间设换热器或补充物料以调节温度,以便在接近于最佳温度条件下操作。

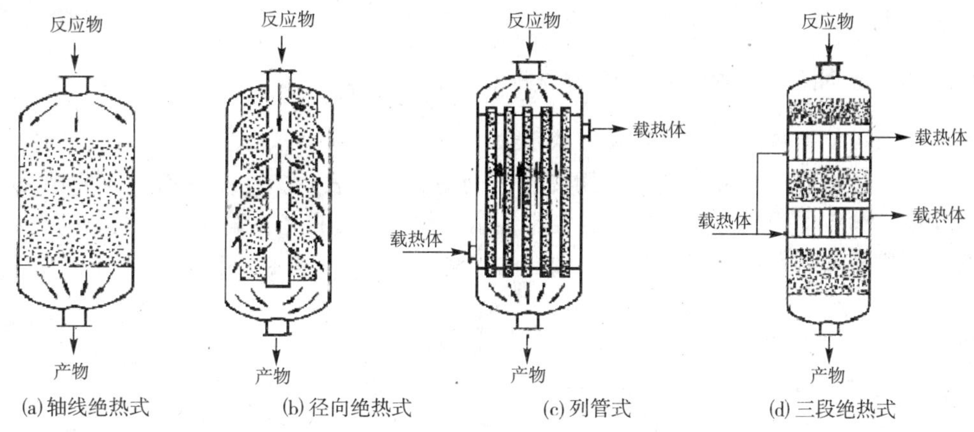

图 2-65　MTP 反应评价设备反应器的分类

MTP 反应评价设备反应器的优点是:

1. 在生产操作中,除床层极薄和气体流速很低的特殊情况外,床层内气体的流动皆可看成是理想置换流动,因此在化学反应速度较快,在完成同样生产能力时,所需要的催化剂用量和反应器体积较小;

2. 气体停留时间可以严格控制,温度分布可以调节,因而有利于提高化学反应的转化率和选择性;

3. 催化剂不易磨损,可以较长时间连续使用;

4. 适宜于高温高压条件下操作;

5. 结构简单。

MTP 反应评价设备反应器的缺点是:

1. 催化剂载体往往导热性不良,气体流速受压降限制又不能太大,则造成床层中传热性能较差,也给温度控制带来困难。对于放热反应,在换热式反应器的入口处,因为反应物浓度较高,反应速度较快,放出的热量往往来不及移走,而使物料温度升高,这又促使反应以更快的速度进行,放出更多的热量,物料温度继续升高,直到反应物浓度降低,反应速度减慢,传热速度超过了反应速度时,温度才逐渐下降。所以在放热反应时,通常在换热式反应器的轴向存在一个最高的温度点，称为"热点"。如设计或操作不当，则在强放热反应时，床内热点温度会超过工艺允许的最高温度，甚至失去控制而出现"飞温"。此时，对反应的选择性、催化剂的活性和寿命、设备的强度等均极不利；

2. 不能使用细粒催化剂，否则流体阻力增大，破坏了正常操作，所以催化剂的活性内表面得不到充分利用；

3. 催化剂的再生、更换均不方便。催化剂需要频繁再生的反应一般不宜使用，常代之以流化床反应器或移动床反应器。MTP 反应评价设备反应器中的催化剂不限于颗粒状，网状催化剂早已应用于工业上。目前，蜂窝状、纤维状催化剂也已被广泛使用；

MTP 反应评价设备反应器是研究得比较充分的一种多相反应器，描述 MTP 反应评价设备反应器的数学模型有多种，大致分为拟均相模型(不考虑流体和固体间的浓度、温度差别)和多相模型(考虑到流体和固体间的浓度、温度差别)两类，每一类又可按是否计及返混，分为无返混模型和有返混模型，按是否考虑反应器径向的浓度梯度和温度梯度分为一维模型和二维模型。

(二)MTP 反应评价设备流体力学

1. 非中空固体颗粒的当量直径及形状系数

非中空固体颗粒的当量直径可以用许多不同的方法来表示。在流体力学研究中，常常采用与非中空颗粒体积相等的球体的直径来表示颗粒的当量直径。若非中空颗粒的体积为 V_P ，按等体积的圆球直径计算的非中空颗粒的当量直径 d_P 可表示如下：

$$d_p = \left(\frac{6V_P}{\pi}\right)^{\frac{1}{3}}$$

再以 S_s 表示与非中空颗粒等体积圆球的外表面积，则

$$S_s = \pi d_P^2$$

非球形颗粒的外表面积 S_P 一定大于等体积的圆球的外表面积。因此，引入一个无因次系数 ϕ_S，称为颗粒的形状系数，其值如下

$$\phi_S = \frac{S_S}{S_P}$$

即与非中空颗粒体积相等的圆球的外表面积与非中空颗粒的外表面积之比，对于球形颗粒，$\phi_S = 1$；对于非球形颗粒，$\phi_S < 1$。形状系数说明了颗粒与圆球的差异程度。

形状系数 ϕ_S 可由颗粒的体积及外表面积算得。非中空颗粒的体积可由实验测定，或由其质量及密度计算。形状规则的颗粒，例如圆柱形及三叶草形催化剂颗粒，其外表面积可由直径及高度求出；形状不规则的颗粒外表面积却难以直接测量，这时可由待测颗粒所组成的固定床压力降来计算形状系数。

在固定床传热及传质研究中. 通常采用与非中空颗粒外表面积相等的圆球的直径来表示颗粒的当量直径 D_P ；此时

$$D_P = \sqrt{\frac{S_P}{\pi}}$$

非中空颗粒的当量直径还有另一种常见的表示方法，即以非中空颗粒的比表面积 S_V($S_V = \frac{S_P}{V_P}$) 与相同比表面积的圆球的直径来表示其当量直径。因此，对于非中空非球形

颗粒，校定义可知，其当；当量直径可用下式表示

$$d_P = \frac{6}{S_V} = \frac{6V_P}{S_P}$$

上述三种颗粒的当量直径 d_P、D_P、d_S 与形状系数间的相互可表示如下

$$\phi_S d_P = d_S = \frac{6V_P}{S_P} \text{ 及 } \phi_S = \left(\frac{d_P}{D_P}\right)^2$$

2.混合颗粒的平均直径及形状系数

某些催化剂是由大块物料破碎成的碎块，如氨合成用铁催化刑，形状是不规则的，大小也不均匀，这就有一个如何计算混合颗粒的平均粒度及形状系数的问题。

对于大小不等的混合颗粒，如果颗粒不太细（如大于 0.075mm），平均直径可以由筛分分析数据来决定。将混合颗粒用标准筛组进行筛析，分别称量留在各号筛上的颗粒质量，然后根据颗粒的总质量分别算出各种颗粒所占的分率。在某一号筛上的颗粒，其直径通常为该号筛孔净宽及上一号筛孔净宽的几何平均值（即两相邻筛孔净宽乘积的平方根）。如混合颗粒中，直径为 d_1、d_2、…、d_n 的颗粒的质量分率分别为 X_1、X_2、…、X_n，则该混合颗粒的算术平均直径 $\bar{d}_P$，为

$$\bar{d}_P = \sum_{i=1}^{n} X_i D_i$$

而调和平均直径 $\bar{d}_P$ 为

$$\frac{1}{\bar{d}_P} = \sum_{i=1}^{n} \frac{X_i}{d_i}$$

在固定床和流化床的流体力学汁算中，用调和平均直径较为符合实验数据。

大小不等且形状也各异的混合颗粒，其形状系数由待测颗粒所组成的固定床压力降来计算。同一批混合颗粒，平均直径的计算方法不同，计算出来的形状系数也不同。

3.MTP 反应评价设备的当量直径

为了将处理流体在管道中流动的方法应用于 MTP 反应评价设备中的流体流动问题，必须确定 MTP 反应评价设备的当量直径 d_e。按定义，MTP 反应评价设备的当量直径应为水力半径 R_H 的 4 倍，而水力半径可由床层的空隙率和单位床层体积中颗粒的润湿表面积计算得到。当不考虑颗粒间相互接触而减少表面积时，床层中均匀颗粒的比表面积 S_e，即单位体积床层中颗粒的外表面积，或颗粒的润湿表面积，可由床层的空隙率及非中空单颗颗粒的体积 V_P 及外表面积 S_P 计算而得：

$$S_e = \frac{(1-\varepsilon)S_P}{V_P} = \frac{6(1-\varepsilon)}{d_s}$$

按水力半径的定义得

$$R_H = \frac{\text{有效截面积}}{\text{润湿周边}} = \frac{\text{床层的空隙体积}}{\text{总的润湿面积}} = \frac{\varepsilon}{S_e}$$

因此床层的当量直径

$$d_e = 4R_H = \frac{4\varepsilon}{S_e} = \frac{2}{3}\left(\frac{\varepsilon}{1-\varepsilon}\right)\phi_S d_P$$

当床层由单孔环柱体，多通孔环柱体等中空颗粒组成时，不能使用上式。

4.MTP 反应评价设备的空隙率

MTP 反应评价设备的空隙率是颗粒物料层中颗粒间自由体积与整个床层体积之比，它是 MTP 反应评价设备的重要特性之一。空隙率对流体通过床层的压力降、床层的有效导热系数及比表面积都有重大的影响。床层空隙率 ε 的数值与下列因素有关：颗粒形状、颗粒的粒度分布、颗粒表面的粗糙度、充填方式、颗粒直径与容器直径之比等。

紧密填充 MTP 反应评价设备的床层空隙率低于疏松填充 MTP 反应评价设备，反应器中充填催化剂时应以适当方式加以震动压紧，床层的压力降虽较大，但装填的催化剂可较多。MTP 反应评价设备中同一截面上的空隙率也是不均匀的，近壁处空隙率较大，而中心处空隙率较小，MTP 反应评价设备由均匀球形颗粒乱堆在圆形容

5.MTP 反应评价设备的流动特性

流体在 MTP 反应评价设备中的流动比在空管内的情况要复杂得多。在 MTP 反应评价设备中，流体在颗粒物料所组成的孔道中流动，这些孔道相互交错联通，而且是弯曲的；各个孔道的几何形状相差甚大，其横截面积也很不规则且不相等，各个床层横截面上孔道的数目也不相同。

床层中孔道的特性主要取决于构成床层的颗粒特性：粒度、粒度分布、形状及粗糙度，即影响床层空隙率的因素都与孔道的特性有关。颗粒的粒度越小，则构成的孔道数目越多，孔道的截面积也越小。颗粒的粒度越不均匀，形状越不规则，表面越粗糙，则构成的孔道越不规则，各个孔道间的差异也就越大。一般说来，如果颗粒是随意堆积的，床层直径与平均颗粒直径之比大于 8 时，床层任何部分的空隙率大致相同。床层中的自由体积并不等于所有孔道的总体积，而是存在部分死角，死角中的流体处于不流动的状态。流体在床层中的孔道内流动时，经常碰撞前面的颗粒，加上孔道截面的不均匀，时而扩大，时而缩小，以致流体作轴向流动时，往往在颗粒间产生再分布，流体的旋涡运动不如在空管中那么自由。由于孔道特性的改变以及流体的再分布，旋涡运动的范围要受到流动空间的限制，即取决于孔道的形状及大小。在 MTP 反应评价设备内流动的流体旋涡的数目比在与床层直径相等的空管中流动时要多得多。在空管中流体的流动状态由滞流转入湍流时是突然改变的，转折非常明显；在 MTP 反应评价设备中流体的流动状态由滞流转人湍流是一个逐渐过渡的过程，这是由于各孔道的截面积不相同，在相同的体积流率下，某一部分孔道内流体处于滞流状态，而另一部分孔道内流体则已转人湍流状态。

6.单相流体通过 MTP 反应评价设备的压力降

单相流体通过 MTP 反应评价设备时要产生压力损失，主要来自两方面：一方面是由于颗粒的粘滞曳力，即流体与颗粒表面间的摩擦；另一方面，由于流体流动过程中孔道截面积突然扩大和收缩，以及流体对颗粒的撞击及流体的再分布而产生。在低流速时，压力降主要是由于表面摩擦而产生，在高流速及薄床层中流动时，扩大、收缩则起着主要作用：如果容器直径与颗粒直径之比值较小，还应计入壁效应对压力降的影响。

影响 MTP 反应评价设备压力降的因素可以分为两个方面；一方面是属于流体的，如流体的黏度、密度等物理性质和流体的质量流率；另一方面是属于床层的，如床层的高度和流通截面积、床层的空隙率，和颗粒的物理特性如粒度、形状、表面粗糙度等。

(三)主要物料的平衡及流向

气相流向:气体经减压阀减压后,经过管道过滤器进入质量流量计计量流量,由计前阀调节流量,然后气体进入预热器预热,与汽化的物料一起进入反应器发生目标反应;反应后,反应产物和未反应的反应物进入冷凝器冷却,沸点低的物料冷凝为液体,气液混合物一起进入气液分离器分离,气体经背压阀进入湿式流量计,最后放空。

液相流向:液体从原料罐出来,经管道过滤器由柱塞式计量泵输送至预热器,液体进入预热器后汽化与气态物料一起进入反应器发生目标反应;反应后,反应产物和未反应的反应物进入冷凝器冷却,沸点低的物料冷凝为液体,气液混合物一起进入气液分离器分离,液体在气液分离器中临时储存,一段时间后,将液体放入产品储罐。

(四)带有控制点的工艺及设备流程图

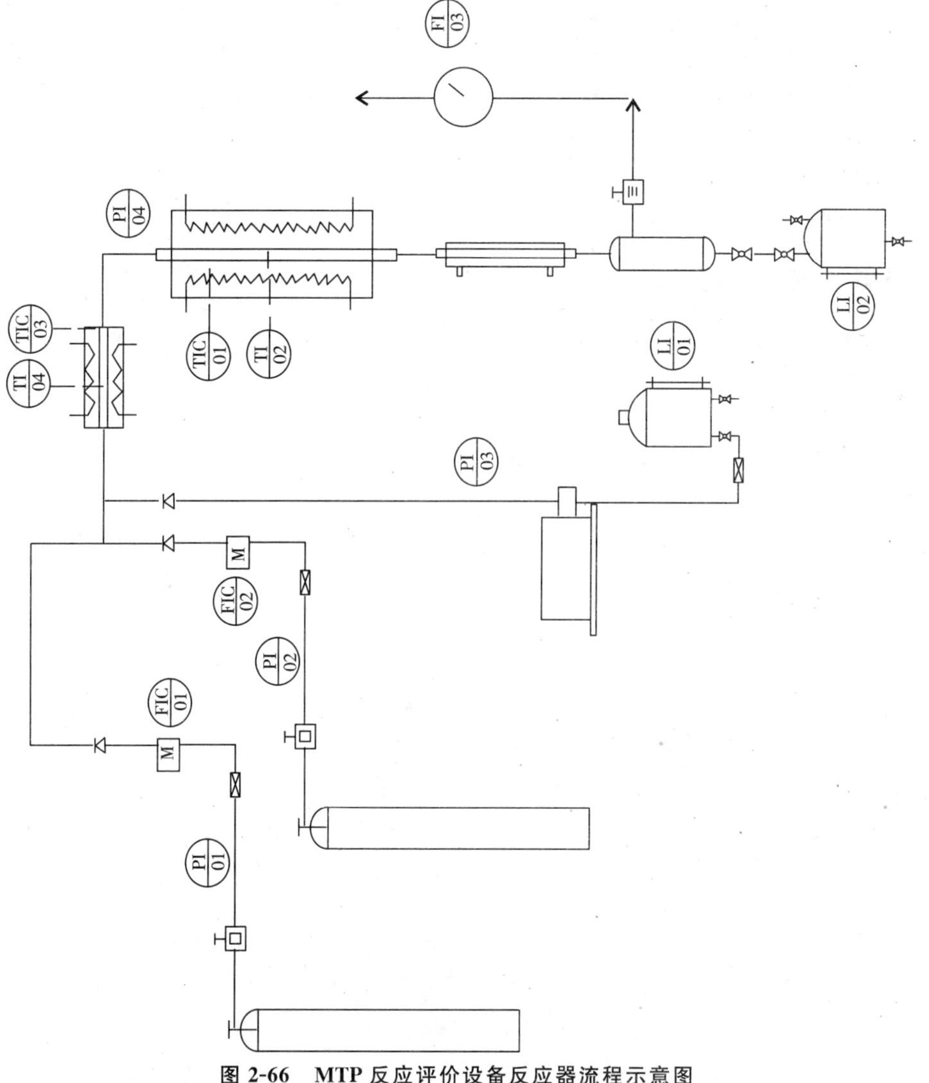

图 2-66　MTP 反应评价设备反应器流程示意图

三、生产控制技术

在化工生产中，对各工艺变量有一定的控制要求。有些工艺变量对产品的数量和质量起着决定性的作用。例如，原料的流量直接影响反应的转化率和收率；反应温度的控制直接影响反应的速率以及反应的选择性(对于有副反应伴随的体系)。

为了实现控制要求，可以有两种方式，一是人工控制，二是自动控制。自动控制是在人工控制的基础上发展起来的，使用了自动化仪表等控制装置来代替人的观察、判断、决策和操作。

先进控制策略在化工生产过程的推广应用，能够有效提高生产过程的平稳性和产品质量的合格率，对于降低生产成本、节能减排降耗、提升企业的经济效益具有重要意义。

(一)各项工艺操作指标

液态原料流量：0～5L/h

气态原料流量：50～300ml/min

预热温度控制：50～300℃

反应温度控制：50～600℃

反应压力控制：0.1～12Mpa

(二)主要控制点的控制方法、仪表控制

1.预热温度控制

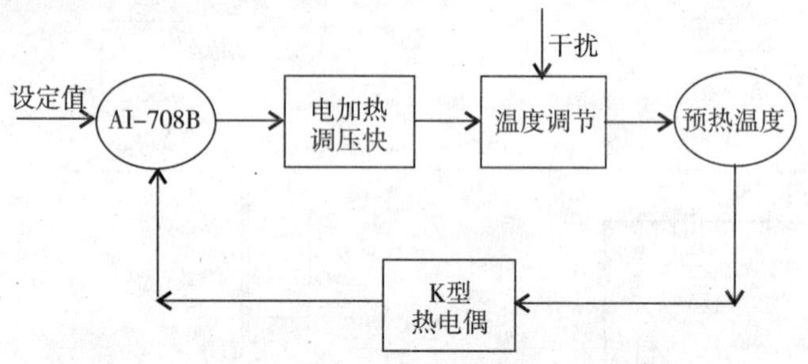

图 2-67 预热温度控制方块图

2.反应温度控制

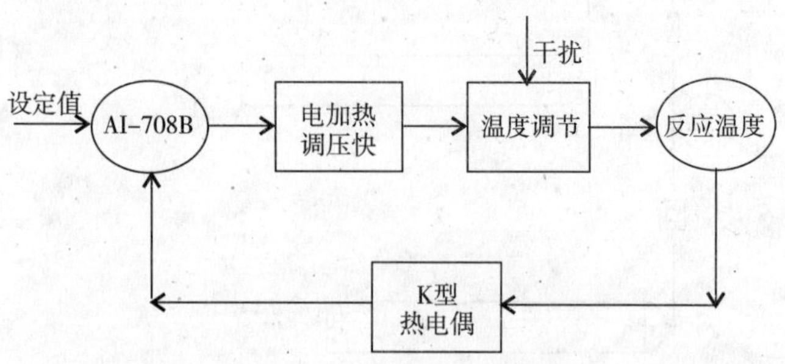

图 2-68 反应温度控制方块图

四、物耗能耗指标

本实训装置的物质消耗为：气体反应物/保护气；液体反应物

本实训装置的能量消耗为：加热器耗电；进料泵耗电。

表 2-37　物耗能耗一览表

名称	耗量	名称	耗量	名称	额定功率
气体	0～0.16 m^3/h	液体	0～5 L/h	预热器	3KW
				加热器	6KW
				进料泵	370W
总计	0～0.16 m^3/h	总计	0～5 L/h	总计	9.37KW

注：此表为最大耗量，实际消耗与操作条件相关。

五、安全生产技术

(一)生产事故及处理预案

MTP 反应评价设备的常见异常现象及处理方法：

1.预热器和反应器温度下降

首先检查温度设定值，看控制温度设定是否有变化？若温度设定没有变化则检查进料流量，检查进料计量泵的行程是否改变；若上述参数均正常则请指导教师处理。

2.反应温度骤升

首先检查反应炉温度是否有变化，若反应炉温度正常，则是反应器出现"飞温"情况，那么停止液相反应物进料，观察温度变化，待温度恢复到设定值并稳定一段时间后，重新开始液相进料；若停止液相进料后温度仍然上升，则请指导教师进行处理。

(二)工业卫生和劳动保护

化工单元实训基地的老师和学生进入化工单元实训基地后必须穿戴劳防用品：在指定区域正确戴上安全帽，穿上安全鞋，在进入任何作业过程中佩戴安全防护眼镜，在任何作业过程中佩戴合适的防护手套。无关人员不得进入化工单元实训基地。

1.行为规范

(1)不准吸烟。

(2)保持实训环境的整洁。

(3)不准从高处乱扔杂物。

(4)不准随意坐在灭火器箱、地板和教室外的凳子上。

(5)非紧急情况下不得随意使用消防器材(训练除外)。

(6)不得靠在实训装置上。

(7)在实训场地、在教室里不得打骂和嬉闹。

(8)使用后的清洁用具按规定放置整齐。

2.用电安全

(1)进行实训之前必须了解室内总电源开关与分电源开关的位置，以便出现用电事故时及时切断电源。

(2)在启动仪表柜电源前,必须清楚每个开关的作用。

(3)启动电机,上电前先用手转动一下电机的轴,通电后,立即查看电机是否已转动;若不转动,应立即断电,否则电机很容易烧毁。

(4)在实训过程中,如果发生停电现象,必须切断电闸。以防操作人员离开现场后,因突然供电而导致电器设备在无人看管下运行。

(5)不要打开仪表控制柜的后盖和强电桥架盖,应请专业人员进行电器的维修。

3.烫伤的防护

本实训装置采用电加热器进行加热,加热炉外壁温度很高,切不可接近,更不可手触。

4.环保

不得随意丢弃化学品,不得随意乱扔垃圾,避免水、能源和其他资源的浪费,保持实训基地的环境卫生。本实训装置无三废产生。在实验过程中,要注意,不能发生热油的跑、冒、滴、漏。

六、实训操作步骤

(一)开车前准备

1.熟悉各取温度测量与控制点和压力测量点的位置;

2.检查公用工程(水、电)是否处于正常供应状态;

3.设备上电,检查流程中各设备、仪表是否处于正常开车状态,动设备试车;

4.检查产品罐是否有足够空间贮存实训产生的液相产品;如空间不够,则打开放料阀将产品移出;

5.检查原料罐,是否有足够原料供实训使用,检测原料是否符合操作要求,如有问题进行补料或调整的操作;

6.检查流程中各阀门是否处于正常开车状态;

7.按照要求制定操作方案。

(二)正常开车

1.调节进气减压阀出口压力到规定值;然后调节转子流量计计前阀,将气体流量调节到规定值;

2.打开冷却水,并将流量调节到规定值;

3.打开反应炉加热按钮,将反应温度设定到规定值(小于500℃),开始加热反应器;

4.待反应温度接近设定值时,打开预热炉加热按钮,开始加热预热器;

5.预热温度和反应温度都达到规定值后,打开进料泵按钮,开始液相进料,同时注意观察预热温度和反应温度的变化;

(三)正常操作

1.调节柱塞式计量泵的手柄,将流量调节到规定值,启动进料泵;

2.随时观察进气流量、预热温度、反应温度、反应压力以及尾气流量的变化,5分钟记录一次数据；

3. 反应稳定一段时间后，取样分析产物的组成。

(四)正常停车

1. 关闭进料计量泵，停止液相进料；
2. 10 分钟后关闭反应炉加热按钮，关闭预热炉加热按钮；
3. 待反应炉和预热炉的温度降至 100℃时，关闭进气减压阀；
4. 关闭冷却水；
5. 关闭操作台电源。

七、设备一览表

序号	位号	名称	用途	规格
1	R101	反应器	完成目标反应的容器	DN50×800mm，不锈钢，功率 6 KW
2	H101	预热器	完成液相汽化的容器	ϕ20×200mm，不锈钢，功率 1 KW
3	H102	冷却器	将沸点低的物质冷凝	壳程 ϕ108×400mm，换热面积 0.2m^2，不锈钢
4	V101	原料罐	储存液相原料	ϕ108×300mm，不锈钢
5	V102	产品罐	储存液相产品	ϕ108×300mm，不锈钢
6	S101	气液分离器	将气体和冷凝的液体分离	ϕ200×600mm，不锈钢，
7	B101	进料泵	将反应物料输送到预热器	DPXS 5.0/2.0 柱塞式计量泵

八、仪表计量一览表及主要仪表规格型号

序号	位号	仪表用途	仪表位置	规格		执行器
				传感器	显示仪	
1	TIC01	预热温度控制	集中	K—型热电偶	AI—708D	电加热器
2	TI02	预热温度显示	集中	K—型热电偶	AI—501D	
3	TI03	反应温度	集中	K—型热电偶	AI—501D	
4	TIC04	反应炉温度控制	集中	K—型热电偶	AI—708D	电加热器
5	FIC01	进气流量计量	集中	0—300m L/min 气体质量流量控制器	AI—708D	
6	FIC02	进气流量计量	集中	0—300m L/min 气体质量流量控制器	AI—708D	
7	FI03	尾气流量计量	现场	湿式流量计		
8	PI01	氮气进气压力	现场	0.6MPa 指针压力表		
9	PI02	氢气进气压力	现场	0.25MPa 指针压力表		
10	PI03	反应压力	集中	12MPa 压力传感器	AI—501B	
11	LI01	原料罐液位	现场	玻璃管液位计		
12	LI02	产品罐液位	现场	玻璃管液位计		

九、仪表的使用及推荐反应体系

1. 见附录 2。
2. 见附录 5。

附录 1
变频器的使用

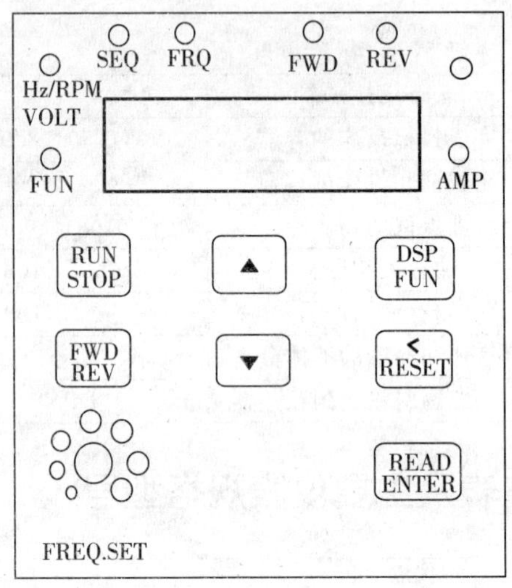

变频器面板图

①首先按下DSP/FUN键，若面板 LED 上显示 F_XXX（X 代表 0～9 中任意一位数字），则进入步骤 2；如果仍然只显示数字，则继续按DSP/FUN键，直到面板 LED 上显示 F_XXX 时才进入步骤 2。

②接下来按动▲或▼键来选择所要修改的参数号，由于 N2 系列变频器面板 LED 能显示四位数字或字母，可以使用</RESET键来横向选择所要修改的数字的位数，以加快修改速度，将 F_XXX 设置为 F_011 后，按下READ/ENTER键进入步骤 3。

③按动▲、▼键及</RESET键设定或修改具体参数，将参数设置为 0000（或 0002）。

④改完参数后，按下READ/ENTER键确认，然后按动DSP/FUN键，将面板 LED 显示切换到频率显示模式。

⑤按动▲、▼键及</RESET键设定需要的频率值，按下READ/ENTER键确认。

⑥按下RUN/STOP键运行或停止。

附录 2

仪表的使用

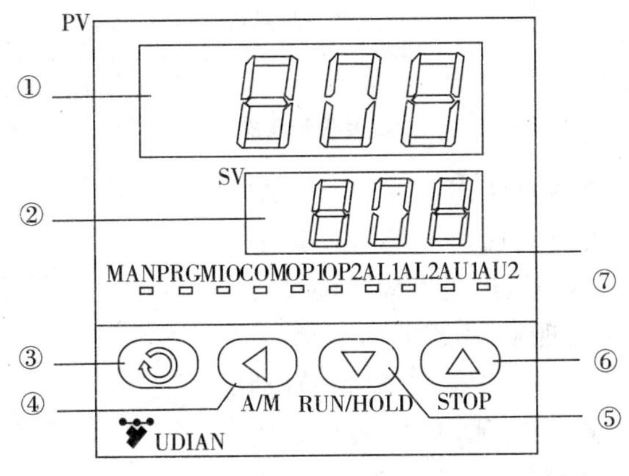

仪表面板图

①上显示窗

②下显示窗

③设置键

④数据移位

⑤数据减少键

⑥数据增加键

⑦10 个 LED 指示灯，其中 MAN 灯灭表示自动控制状态，灯亮表示手动输出状态；PRG 表示仪表处于程序控制状态；MIO、OP1、OP2、AL1、AL2、AU1、AU2 等分别对应模块输入输出动作；COM 灯亮表示正与上位机进行通讯。

1.基本使用操作

(1)显示切换：按◎键可以切换不同的显示状态。

(2)修改数据：需要设置给定值时，可将仪表切换到左侧显示状态，即可通过按◁、▽或△键来修改给定值。AI 仪表同时具备数据快速增减法和小数点移位法。按▽键减小数据，按△键增加数据，可修改数值位的小数点同时闪动(如同光标)。按键并保持不放，可以快速地增加/减少数值，并且速度会随小数点右移自动加快(3 级速度)。而按◁键则可直接移动修改数据的位置(光标)，操作快捷。

(3)设置参数：在基本状态下按◎键并保持约 2s，即进入参数设置状态。在参数设置状态下按◎ 键，仪表将依次显示各参数，例如上限报警值 HIAL、LoAL 等。用◁、▽ 、△ 等键可修改参数值。按④键并保持不放,可返回显示上一参数。先按④ 键不放接着再按⑥键,可退出设置参数状态。如果没有按键操作,约 30s 后会自动退出设置参数状态。

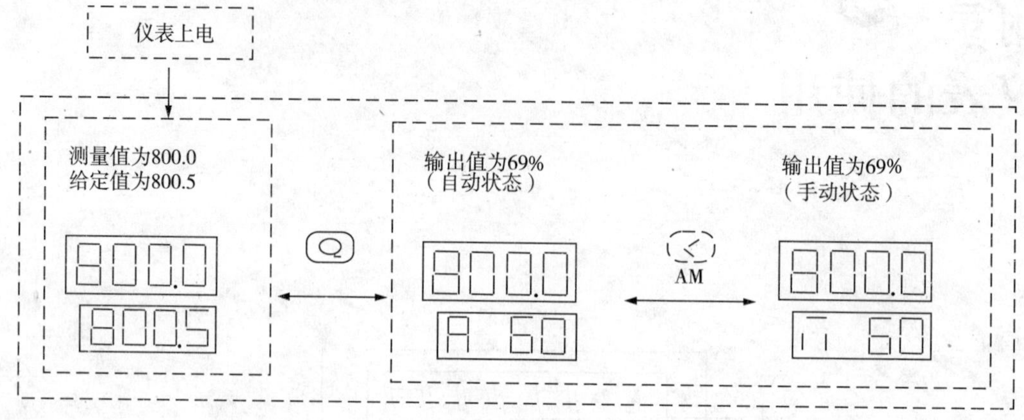

仪表显示状态

(4)AI 人工智能调节及自整定(AT)操作:AI 人工智能调节算法是采用模糊规则进行 PID 调节的一种新型算法。在误差大时,运用模糊算法进行调节,以消除 PID 饱和积分现象,当误差趋小时,采用改进后的 PID 算法进行调节,并能在调节中自动学习和记忆被控对象的部分特征,以使效果最优化。计算法具有无超调、高精度、参数确定简单、对复杂对象也能获得较好的控制效果等特点。AI 系列调节仪表还具备参数自整定功能,AI 人工智能调节方式初次使用时,可启动自整定功能来协助确定 M5、P、t 等控制参数。将参数 CtrL 设置为 2 的启动仪表自整定功能,此时仪表下显示器将闪动显示"At"字样,表明仪表已进入自整定状态。自整定时,仪表执行位式调节,经 2～3 次振荡后,仪表内部微处理器根据位式控制产生振荡,分析其周期、幅度及波型来自动计算出 M5 、P、t 等控制参数。如果在自整定过程中要提前放弃自整定,可再按④键并保持约 2s,使仪表下显示器停止闪动"At"字样即可。视不同系统,自整定需要的时间可从数秒至数小时不等。仪表在自整定成功后,会将参数 CtrL 设置为 3(出厂时为 1)或 4,这样今后无法从面板再按④键启动自整定,可以避免人为的误操作再次启动自整定。

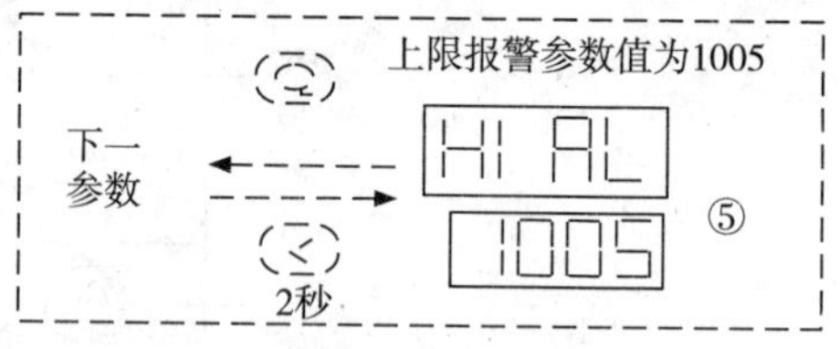

仪表参数设定

系统在不同给定值下整定得出的参数值不完全相同,执行自整定功能前,应先将给定值设置在最常用值或是中间值上。参数 Ctl(控制周期)及 dF(回差)的设置,对自整定过程也有影响,一般来说,这两个参数的设定值越小,理论上自整定参数准确度越高。但 dF 值如果过小,则仪表可能因输入波动而在给定值附近引起位式调节的误动作,这样反而可能整定出彻底错误的参数。推荐 Ctl=0～2,dF=2.0。此外,基于需要学习的原因,自整定结束后初次使用,控制效果可能不是最佳,需要使用一段时间(一般与自整定需要的时间相同)后方可获得最佳效果。

AI 仪表的自整定功能具备较高的准确度,可满足超过 90%用户的使用要求,但由于自动控制对象的复杂性,对于一些特殊应用场合,自整定出的参数可能并不是最佳值,所以也可能需要人工调整 MPT 参数。在以下场合自整定结果可能无法满意:①滞后时间很长的系统。②使用行程时间长的阀门来控制响应快速的物理量(例如流量、某些压力等),自整定的 P、t 值常常偏大。用手动自整定则可获得较准确的结果。③对于致冷系统及压力、流量等非温度类系统,M5 准确性较低,可根据其定义(即 M5 等于手动输出值改变 5%时测量值对应发生的变化)来确定 M5。④其他特殊的系统,如非线性或时变型系统。如果正确地操作自整定而无法获得满意的控制,可人为修改 M5、P、t 参数。人工调整时,注意观察系统响应曲线,如果是短周期振荡(与自整定或位式调节时振荡周期相当或略长),可减小 P(优先),加大 M5 及 t;如果是长周期振荡(数倍于位式调节时振荡周期),可加大 M5(优先),加大 P、t;如果无振荡而是静差太大,可减小 M5(优先),加大 P;如果最后能稳定控制但时间太长,可减小 t(优先),加大 P,减小 M5。调试时还可用逐试法,即将 MPT 参数之一增加或减少 30%~50%,如果控制效果变好,则继续增加或减少该参数,否则往反方向调整,直到效果满足要求。一般可先修改 M5,如果无法满足要求再依次修改 P、t 和 Ctl 参数,直到满足要求为止。

附录 3

常压下(101.3kPa)湿空气中水蒸气的相对湿度(%)与干、湿球温度的关系

湿球温度/℃	干球温度－湿球温度,℃																	
	0	1	2	3	4	5	6	7	8	9	10	11	12	13	14	15	16	17
0	100	83	67	54	42	31	22	14	7	1								
2	100	84	70	58	47	37	28	21	14	8	2							
4	100	86	73	61	51	42	33	26	20	14	9	4						
6	100	87	75	64	54	46	38	31	25	19	15	10	6	3				
8	100	88	76	66	57	49	42	35	29	24	19	15	11	8	5	2		
10	100	88	78	69	60	52	45	39	33	28	24	20	16	13	10	7	5	2
12	100	89	79	70	62	55	48	42	37	32	28	24	20	17	14	11	9	7
14	100	90	81	72	64	57	51	45	40	35	31	27	24	20	17	15	12	10
16	100	90	82	74	66	60	54	48	43	38	34	30	27	24	21	18	16	13
18	100	91	83	75	68	62	56	50	45	41	37	33	30	27	24	21	19	16
20	100	91	83	76	69	63	58	52	48	43	39	36	32	29	26	24	21	19
22	100	92	84	77	71	65	59	54	50	45	41	38	35	31	29	26	24	21
24	100	92	85	78	72	66	61	56	51	47	43	40	37	34	31	28	26	24
26	100	92	85	79	73	67	62	57	53	49	45	42	39	36	33	30	28	26
28	100	93	86	80	74	68	63	59	55	51	47	43	40	37	35	32	30	28
30	100	93	86	80	75	69	65	60	56	52	48	45	42	39	36	34	31	29
32	100	93	87	81	76	70	66	61	57	53	50	46	43	41	38	35	33	31

附录 4

乙醇—水溶液体系的平衡数据

液相中乙醇的含量（摩尔分数）	汽相中乙醇的含量（摩尔分数）	液相中乙醇的含量（摩尔分数）	汽相中乙醇的含量（摩尔分数）
0.0	0	0.40	0.614
0.004	0.053	0.45	0.635
0.01	0.11	0.50	0.657
0.02	0.175	0.55	0.678
0.04	0.273	0.60	0.698
0.06	0.34	0.65	0.725
0.08	0.392	0.70	0.755
0.10	0.43	0.75	0.785
0.14	0.482	0.80	0.82
0.18	0.513	0.85	0.855
0.20	0.525	0.894	0.894
0.25	0.551	0.90	0.898
0.30	0.575	0.95	0.942
0.35	0.595	1.0	1.0

附录 5

推荐反应体系——乙醇脱水制乙烯

乙烯是石油化工的基本有机原料，目前约有75%的石油化工产品由乙烯生产，它主要用来生产聚乙烯、聚氯乙烯、环氧乙烷/乙二醇、二氯乙烷、苯乙烯、聚苯乙烯、乙醇、醋酸乙烯等多种重要的有机化工产品，实际上，乙烯产量已成为衡量一个国家石油化工工业发展水平的标志。因此，乙烯行业也对中国经济发展产生巨大的影响。

生物乙醇是一种可再生资源，以其为原料生产的生物基乙烯，是石油基乙烯的重要补充或替代品。尤其在对乙烯需求仅仅是少量而运输不便的地域以及缺乏石油资源的地区，生物乙烯的优势非常明显。当前，石油资源日趋枯竭，石油价格起伏不定，我国乙烯工业可持续发展受到各种因素的挑战。在国内能源紧张的局势下，发展生物乙醇制乙烯技术，可有效发挥国内生物质资源优势，缓解石油危机，具有重大的战略意义。

据专家测算，当原油价格达到50美元/桶时，生物质制乙醇进而脱水制乙烯工艺可与石油裂解路线生产乙烯相竞争，因此，如果油价高位运行，利用可再生的生物质（如秸秆）制乙醇进而脱水生产乙烯的工业化生产应用肯定会越来越广泛。

工业应用的乙醇脱水催化剂主要分为两大类，第一类是活性氧化铝催化剂，第二类是分子筛催化剂。

乙醇脱水制乙烯工艺都是采用气相催化脱水，原料乙醇经预热汽化，在气相状态下进入反应器催化脱水，反应器主要有催化剂床层间换热的层式反应器及绝热固定床反应器两类。反应器的操作温度为300～400℃，稀释气体流量为100～4000L/h，乙醇进料量为0.5～2L/h。